できる® ゼロからはじめる Jw_cad 8 超入門

ジェイダブリューキャド

ObraClub &
できるシリーズ編集部

インプレス

できるシリーズは読者サービスが充実！

わからない操作が解決

できるサポート

本書購入のお客様なら無料です！

書籍で解説している内容について、電話などで質問を受け付けています。無料で利用できるので、分からないことがあっても安心です。なお、ご利用にあたっては236ページを必ずご覧ください。

詳しい情報は 236ページへ

ご利用は3ステップで完了！

ステップ1 書籍サポート番号のご確認

対象書籍の裏表紙にある6けたの「書籍サポート番号」をご確認ください。

ステップ2 ご質問に関する情報の準備

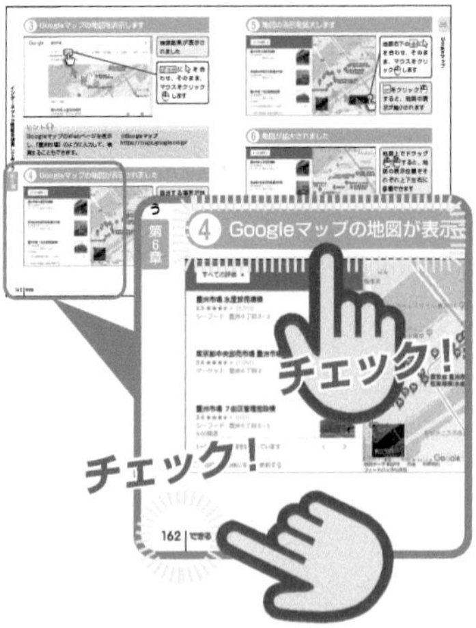

あらかじめ、問い合わせたい紙面のページ番号と手順番号などをご確認ください。

ステップ3 できるサポート電話窓口へ

●電話番号（全国共通）

0570-000-078

※月～金　10:00～18:00
土・日・祝休み
※通話料はお客様負担となります

以下の方法でも受付中！

- インターネット
- FAX
- 封書

操作を見て すぐに理解

できるネット 解説動画

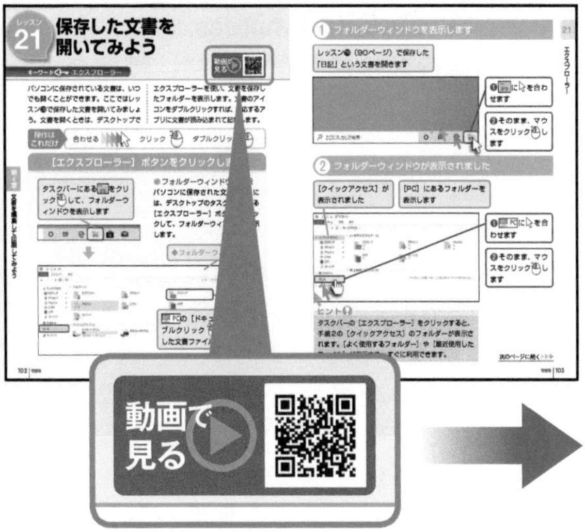

レッスンで解説している操作を動画で確認できます。画面の動きがそのまま見られるので、より理解が深まります。動画を見るには紙面のQRコードをスマートフォンで読み取るか、以下のURLから表示できます。

本書籍の動画一覧ページ
https://dekiru.net/chojwcad8

最新の役立つ情報がわかる！

できるネット

新たな一歩を応援するメディア

「できるシリーズ」のWebメディア「できるネット」では、本書で紹介しきれなかった最新機能や便利な使い方を数多く掲載。コンテンツは日々更新です！

●主な掲載コンテンツ

- Apple/Mac/iOS
- Windows/Office
- Facebook/Instagram/LINE
- Googleサービス
- サイト制作・運営
- スマホ・デバイス

パソコンはもちろん
スマートフォンでも読みやすい

https://dekiru.net

ご購入・ご利用の前にお読みください

本書は、2021年3月現在の情報をもとに「Jw_cad Version 8.22e」の操作方法について解説しています。
本書の発行後に「Jw_cad Version 8.22e」の機能や操作方法、画面などが変更された場合、本書の掲載内容通りに操作できなくなる可能性があります。
本書発行後の情報については、弊社のWebページ（https://book.impress.co.jp）などで可能な限りお知らせいたしますが、すべての情報の即時掲載ならびに、確実な解決をお約束することはできかねます。
本書の運用により生じる、直接的、または間接的な損害について、著者ならびに弊社では一切の責任を負いかねます。あらかじめご理解、ご了承ください。

本書で紹介している内容のご質問につきましては、できるシリーズの無料電話サポート「できるサポート」にて受け付けております。ただし、本書の発行後に発生した利用手順やサービスの変更に関しては、お答えしかねる場合があります。また、本書の奥付に記載されている初版発行日から3年が経過した場合、もしくは解説する製品やサービスの提供会社がサポートを終了した場合にも、ご質問にお答えしかねる場合があります。できるサポートのサービス内容については236ページの「できるサポートのご案内」をご覧ください。なお、都合により「できるサポート」のサービス内容の変更や「できるサポート」のサービスを終了させていただく場合があります。あらかじめご了承ください。

練習用ファイルについて

本書で使用する練習用ファイルを付属CD-ROMに収録しています。
練習用ファイルの使い方は、40ページのレッスン❼を参照してください。
練習用ファイルと書籍を併用することで、より理解が深まります。

用語の使い方

本文中では、「Jw_cad Version 8.22e」のことを「Jw_cad」と記述しています。なお、本文中で使用している用語は、基本的に実際の画面に表示される名称に則っています。

本書の前提

本書の各レッスンは、「Microsoft Windows 10」に「Jw_cad Version 8.22e」がインストールされているパソコンで、インターネットに常時接続されている環境を前提に画面を再現しています。お使いの環境と画面解像度が異なることもありますが、基本的に同じ要領で進めることができます。

まえがき

設計・製図のプロでなくとも、部屋の間取り図や家具のレイアウト図、DIYで作る棚の図面、ペーパークラフトの展開図、会場案内図、席次表などなど、ちょっとした図や正確な寸法の図を描きたいことがあると思います。

パソコンで図面を描くと言えばCADですが、設計のプロが使用する専門的なもので難しそうというイメージがあるかもしれません。しかし、この本で紹介するJw_cadを使ってみれば、そのイメージは覆ることでしょう。

Jw_cadは建築分野を中心に広い分野で、多くの設計者に利用されていますが、そうした設計・製図のプロだけでなく、一般の方が仕事に使う図や趣味に関わる図を描く際などにも広く活用されています。それは、Jw_cadが誰もが使うことのできる無料のソフトウェアだからです。Jw_cadでは、定規やコンパスを使って紙に図を描くのと近い感覚で、簡単な図や正確な寸法の図を作図できます。

本書『できるゼロからはじめるJw_cad 8超入門』では、パソコン初心者の方にも、図面を描いた経験のない方にも、スムーズにJw_cadを使い始めていただけるよう、付属CD-ROM収録のJw_cadをインストールする方法からていねいに解説しています。本書の前半では、線・円を描く、消す、簡単な図を描くなどを通して、Jw_cadの基本的な操作を学習します。後半では、不動産屋の広告などでお馴染みの部屋の間取り図を作図し、家具をレイアウトして、家具と家具の間隔なども測定してみます。

パソコンでちょっとした図を描きたい方、CADを経験してみたい方、正確な寸法の図面を作図したい方、ぜひ、この本でJw_cadを始めてみてください。

2021年3月

ObraClub

本書の読み方

本書では、大きな画面をふんだんに使い、大きな文字ですべての操作をていねいに解説しています。はじめてパソコンを使う人でも、迷わず安心して操作を進められます。

レッスン
見開き2ページを基本に、やりたいことを簡潔に解説します。

操作はこれだけ
ひとつのレッスンに必要な操作です。レッスンで行なう操作のポイントがわかります。

動画で見る
QRコードを読み取るとレッスンの操作を動画で見られます。

キーワード
機能名やサービス名などのキーワードからレッスン内容がわかります。

概　要
レッスンの目的を理解できるように要点を解説します。

左ページのつめでは、章タイトルでページを探せます。

ポイント
レッスンの概要や操作の要点を図解でていねいに解説します。概要や操作内容をより深く理解することで、確実に使いこなせるようになります。

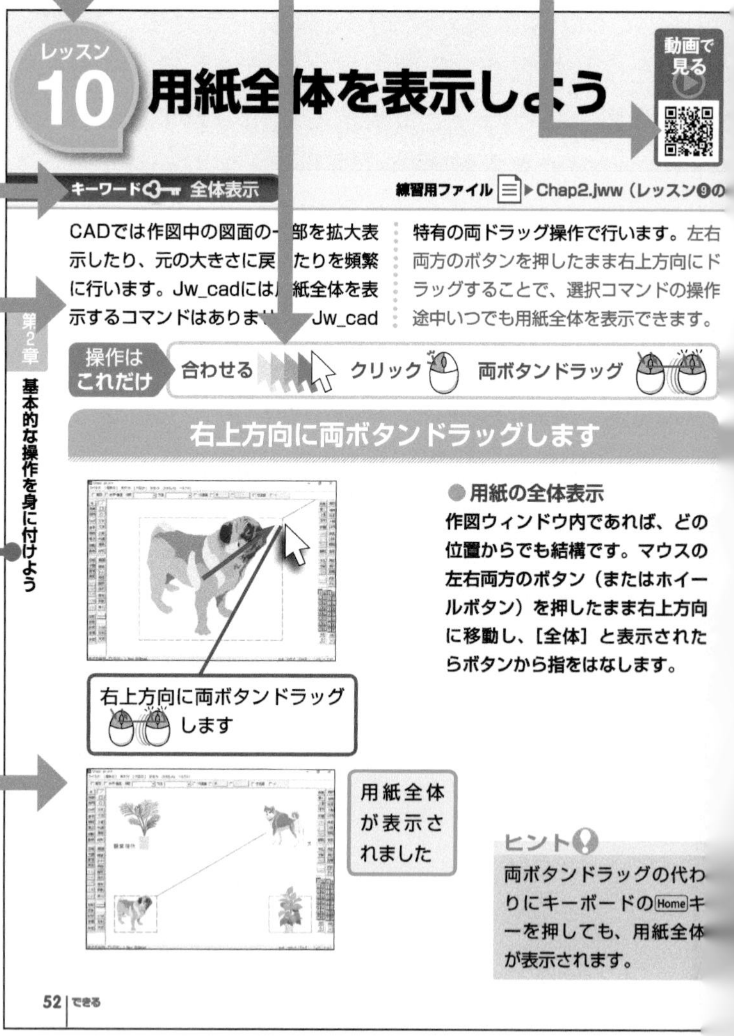

レッスン 10
用紙全体を表示しよう
動画で見る
キーワード 全体表示
練習用ファイル Chap2.jww（レッスン9の
CADでは作図中の図面の一部を拡大表示したり、元の大きさに戻したりを頻繁に行います。Jw_cadには用紙全体を表示するコマンドはありません。Jw_cad特有の両ドラッグ操作で行います。左右両方のボタンを押したまま右上方向にドラッグすることで、選択コマンドの操作途中いつでも用紙全体を表示できます。
第2章 基本的な操作を身に付けよう
操作はこれだけ 合わせる クリック 両ボタンドラッグ
右上方向に両ボタンドラッグします
●用紙の全体表示
作図ウィンドウ内であれば、どの位置からでも結構です。マウスの左右両方のボタン（またはホイールボタン）を押したまま右上方向に移動し、[全体] と表示されたらボタンから指をはなします。
右上方向に両ボタンドラッグします
用紙全体が表示されました
ヒント
両ボタンドラッグの代わりにキーボードのHomeキーを押しても、用紙全体が表示されます。
52 できる

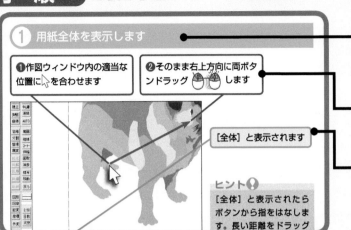

手順　必要な手順を、すべての画面とすべての操作を掲載して解説

① 用紙全体を表示します

❶作図ウィンドウ内の適当な位置に を合わせます

❷そのまま右上方向に両ボタンドラッグ します

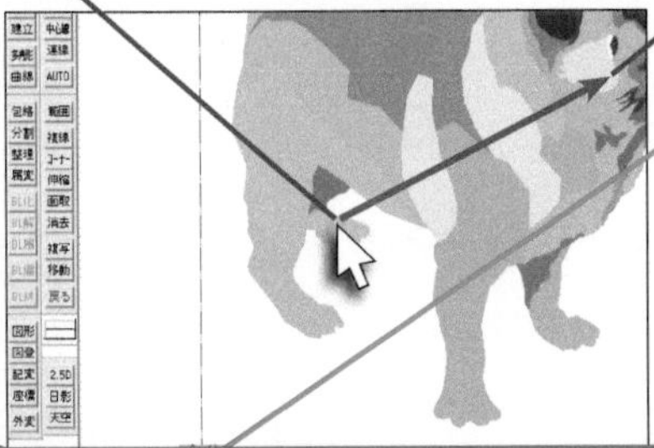

[全体] と表示されます

ヒント
[全体] と表示されたらボタンから指をはなします。長い距離をドラッグ

手順見出し
「○○を起動します」など、ひとつの手順ごとに、内容の見出しを付けています。番号順に読み進めてください。

操作解説
操作の意味や操作結果に関しての解説です。

操作説明
「○○をクリックします」など、それぞれの手順での実際の操作です。番号があるときは順に操作してください。

① 用紙全体を表示します

10　全体表示

右ページのつめでは、知りたい機能でページを探せます。

❶作図ウィンドウ内の適当な位置に を合わせます

❷そのまま右上方向に両ボタンドラッグ します

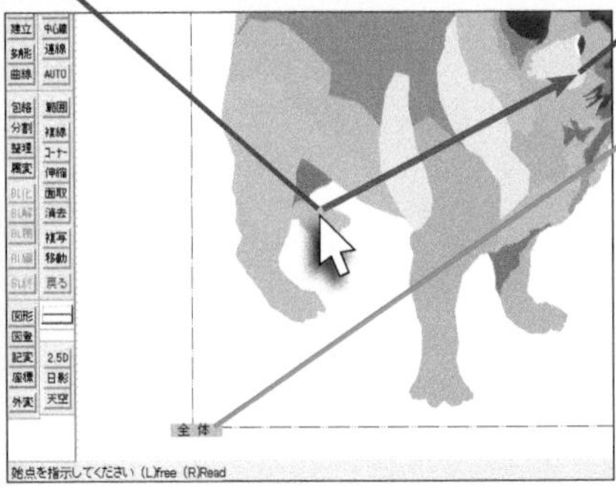

[全体] と表示されます

ヒント
[全体] と表示されたらボタンから指をはなします。長い距離をドラッグする必要はありません。

練習用ファイル
練習用ファイルがあるレッスンにはファイル名を明記しています。

ヒント
レッスンに関連した、さまざまな機能の紹介や、一歩進んだ使いこなしのテクニックを解説します。

② 用紙全体が表示されました

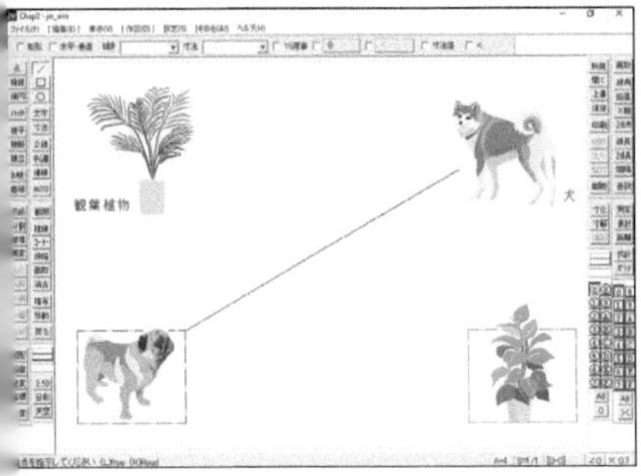

レッスン❾、❿の操作で、拡大表示と用紙全体表がいつでもできます

レッスン⓫で続けて操作するので、ファイルを開いたままにしておきます

終わり

できる 53

目 次

第3章 家具の平面図を作図してみよう 77

第4章 測定した寸法を基にワンルームの間取り図を作図しよう 127

パソコンの基本操作

パソコンを使うには、操作を指示するための「マウス」、文字を入力するための「キーボード」について知っておく必要があります。実際にレッスンを読み進める前に、それぞれの名称と操作方法を理解しておきましょう。

マウスの動かし方

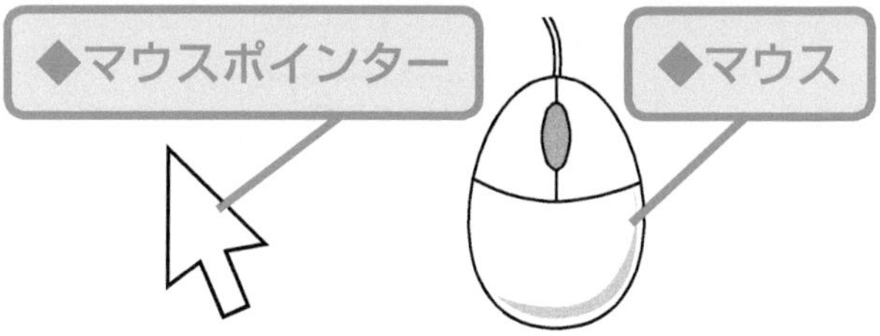

マウスを机の上など平らな場所に置き、軽く握ってゆっくりと滑らせると、パソコンの画面上にあるマウスポインター（ ）が移動します。

マウスを滑らせます

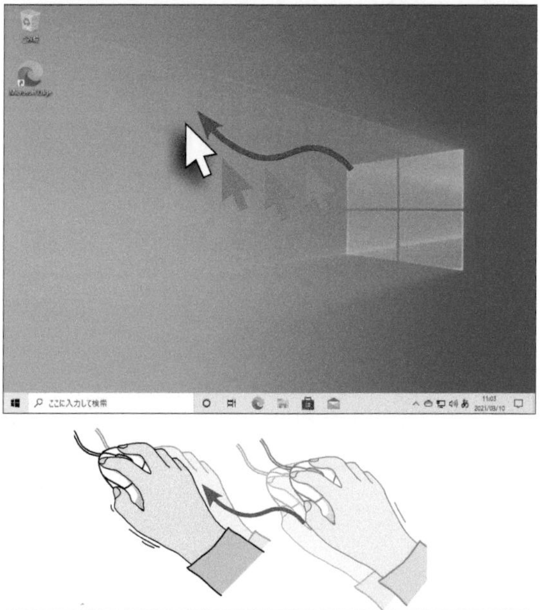

マウスを机の上などの平らな場所に置いて滑らせると、マウスの動きに合わせてマウスポインター（ ）が動きます

マウスを持ち上げます

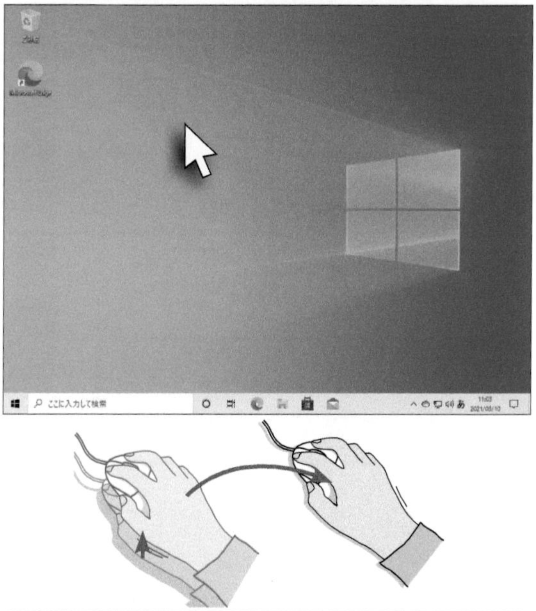

場所が狭いときはマウスを持ち上げて動かします。マウスを持ち上げている間は、マウスポインター（ ）は動きません

マウスの使い方

クリックします

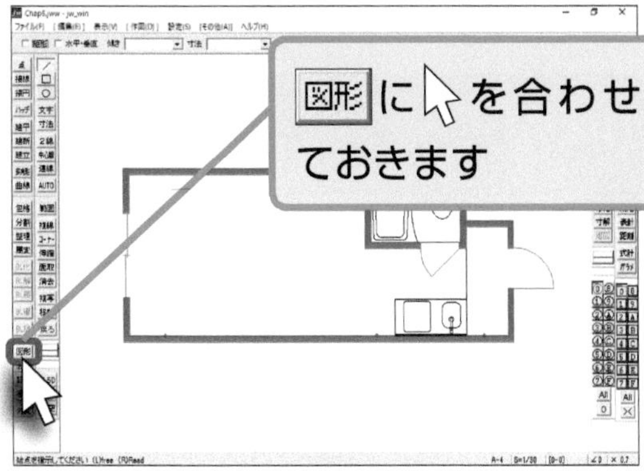

図形 に を合わせておきます

マウスの左ボタンをカチッと1回、軽く押す「クリック」をします

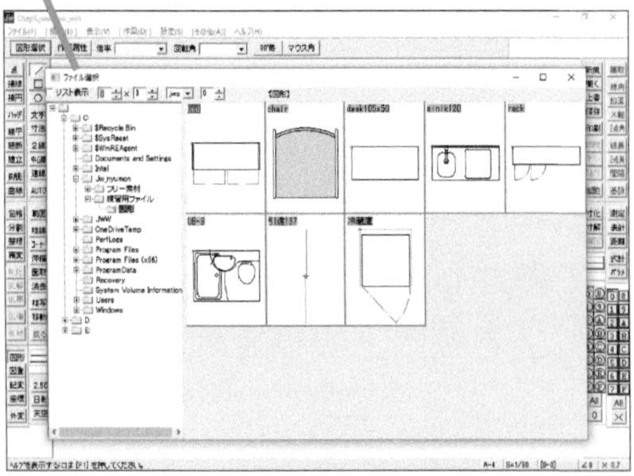

[ファイル選択] ダイアログボックスが表示されました

ダブルクリックします

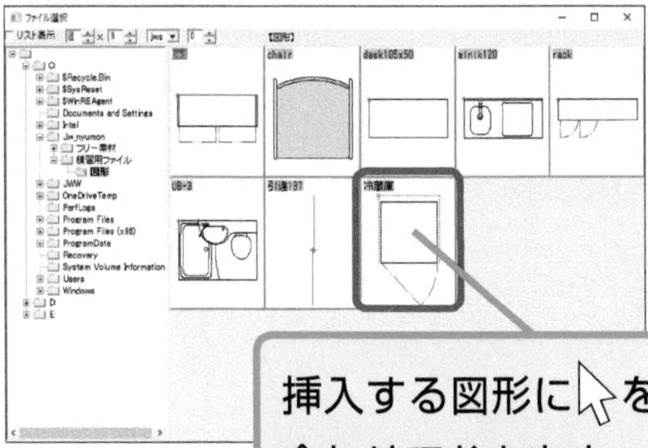

挿入する図形に を合わせておきます

マウスの左ボタンをカチカチッと2回、続けて押す「ダブルクリック」をします

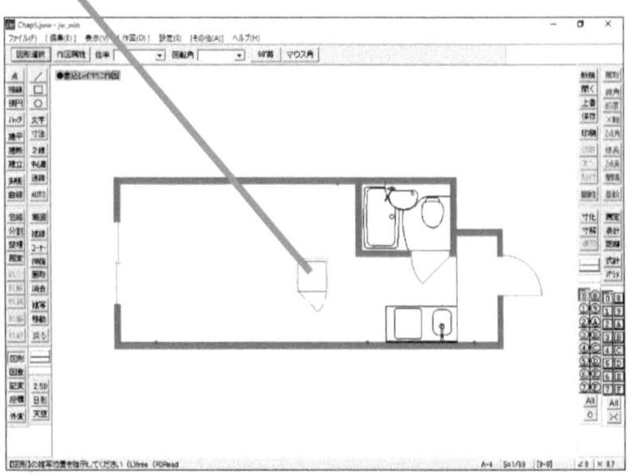

図形が選択されました

ドラッグします

スクロールバーに を合わせておきます

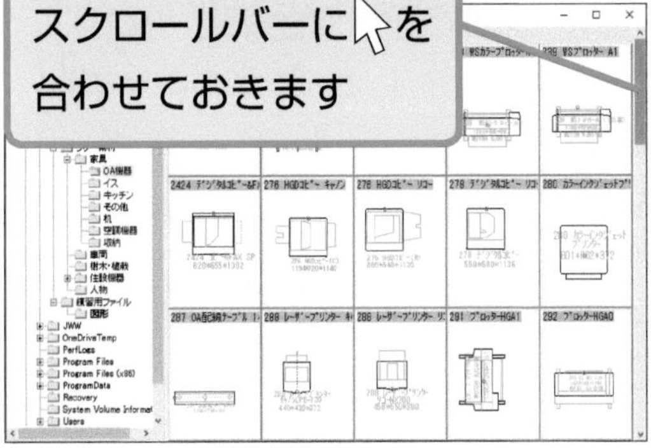

マウスの左ボタンを押したままの状態で、目的の位置まで を動かし、マウスから指を離す「ドラッグ」をします

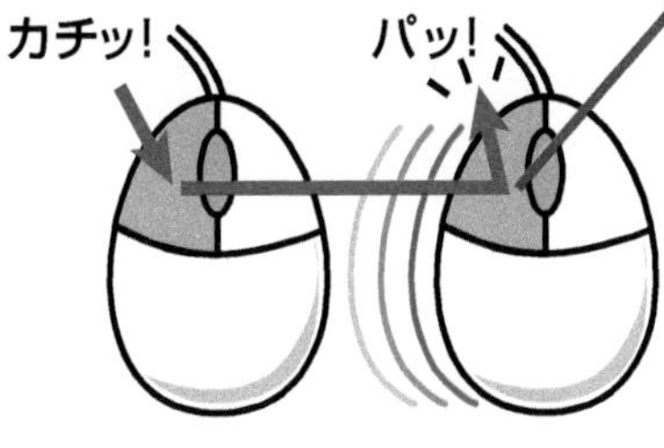

下の方に隠れていた図形が表示されました

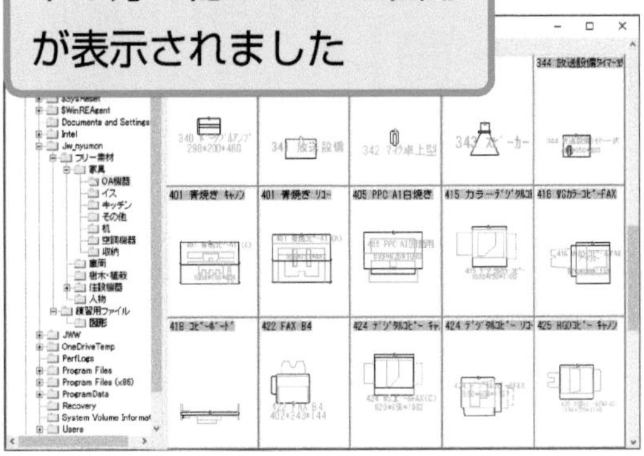

右クリックします

[円] コマンドを選択し、交点に を合わせます

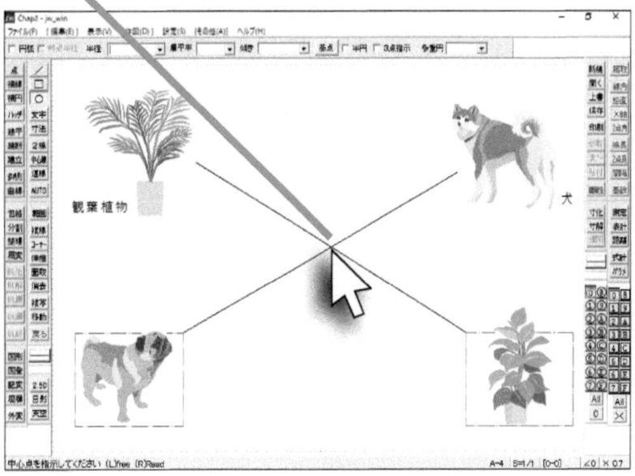

マウスの右ボタンをカチッと1回、軽く押す「右クリック」をします

描く円の中心点を指示できました

両ボタンドラッグします

マウスの左右のボタンを同時に押したままの状態で、目的の位置まで![pointer]を動かし、マウスから指を離す「両ボタンドラッグ」をします

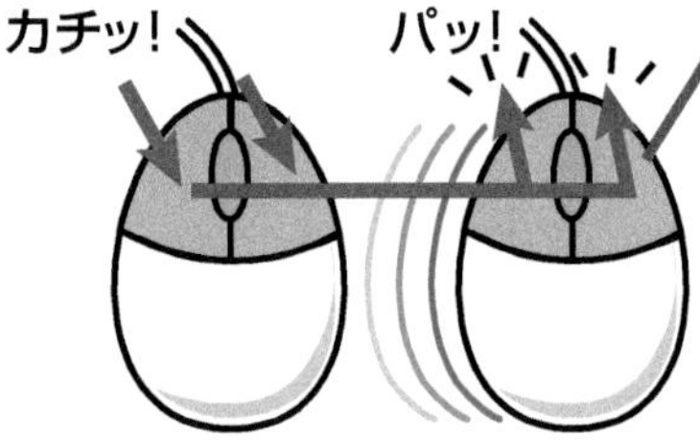

Jw_cadで図形を選択したり、画面を拡大したりするときに使用します

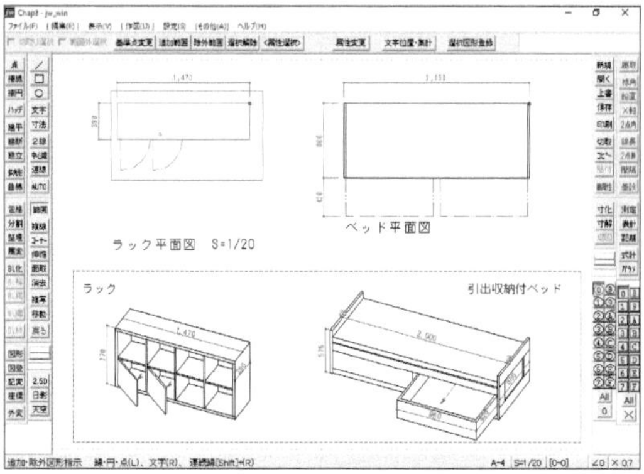

文字入力での主なキーの使い方

単独で文字キーを押します

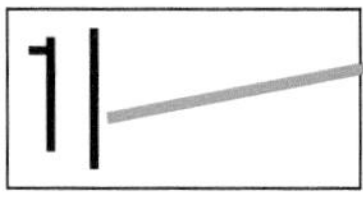

キー左下の文字が入力されます

Shift キーを押しながら文字キーを押します

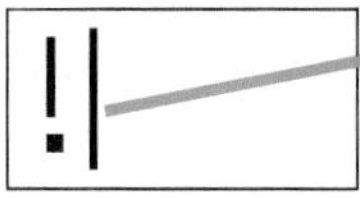

キー左上の文字が入力されます

ひらがなを入力してから Space キーを押します

入力した読みが漢字に変換されます

Enter キーを押します

変換した漢字が確定されます

第1章

Jw_cadを使う準備をしよう

Jw_cadは、紙に定規やコンパスを使って図を描くのに近い感覚で、簡単な図から本格的な設計図までを作図できる無料のソフトウェアです。この章では、付属CD-ROMからJw_cadをインストールし、入門者向けの設定を行います。

この章の内容

レッスン1 Jw_cadとは？

キーワード 2次元汎用CADソフト

Jw_cadは、建築分野を中心に幅広い分野の設計者に利用されている２次元汎用CADです。設計者が作図する図面はもちろんのこと、設計を仕事としていない一般の方が部屋のレイアウト図やDIY用の木工図、ペーパークラフトの展開図、あるいは席次表などの簡単な図を描くのにも利用できます。

CADとJw_cadについて知ろう

●CADって何？

CADは「Computer aided design」の略で、コンピューターを使ってデザイン・設計をするためのツール（道具）です。CADには、紙と鉛筆、定規、コンパスなどの道具に代わってコンピューター上で図面を作図する２次元汎用CAD、コンピューター上に立体的なモデルを作成できる３次元CAD、特定の分野に特化した専用CADなどがあります。これから学習するJw_cadは、特定の業種に限らず広い分野で利用できる２次元汎用CADです。

CADはコンピューターで設計を行うツールのことで、いろいろなメリットがあります

●CADで図を描くメリット

CAD以外でも線や円を描けるソフトウェアはありますが、それらとCADが大きく違うのは、実際の長さを指定することで正確な寸法の図を描けることです。また、作図した図面の各部の長さや間隔、角度、面積などを正確に測定し、寸法として記入することもできます。

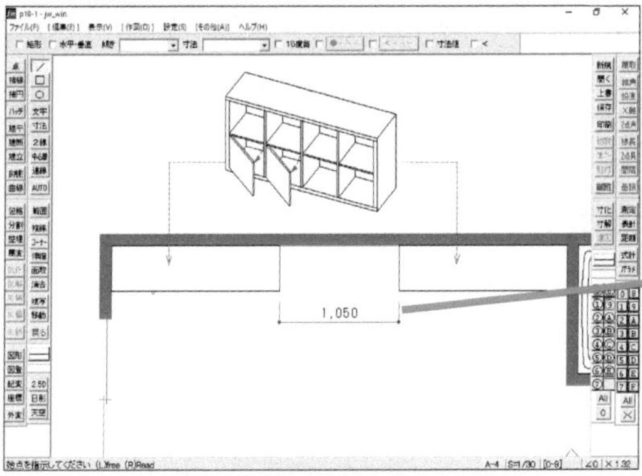

CADで描けば、部屋にラックを2つ並べたときの間隔をすぐに測定できます

●Jw_cadなら無料で誰でもCADに挑戦できる

Jw_cadは誰もが無料で使える2次元汎用CADソフトです。習得のための入門書や困ったときのQ&Aなど沢山の本が出版されており、インターネット上にもJw_cadのQ&A、ノウハウを紹介したサイトやユーザー同士の情報交換の場となる掲示板などがあり、Jw_cadの情報を得やすい環境が整っています。

ObraClub の Jw_cad トラブル Q&A
http://www.obraclub.com/SoftwareQA/SoftQA-JWW.html/

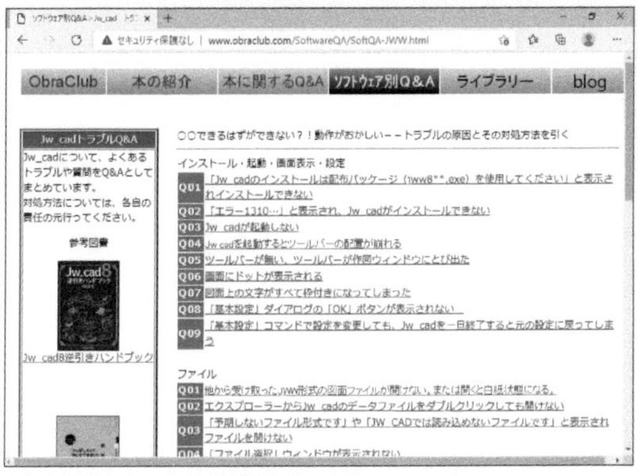

インターネット上で、Jw_cadの情報を得られます

レッスン 2

Jw_cadを使えるようにしよう

キーワード Jw_cadのインストール

はじめに、パソコンでJw_cadを使えるようにする操作、インストールを行います。Jw_cadはインターネットからも入手可能ですが、この本にはJw_cadのインストールプログラムを収録したCD-ROMが付属しています。付属CD-ROMからJw_cadをパソコンにインストールします。

操作はこれだけ　合わせる　クリック　ドラッグ

付属のCD-ROMからJw_cadをインストールします

ホイールボタンが付いた、3ボタンタイプの使用をおすすめします

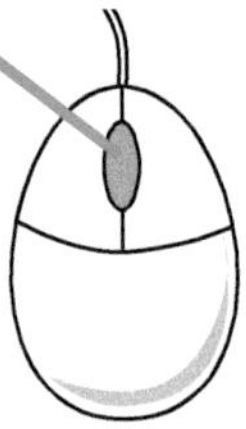

● Jw_cadの動作環境

Jw_cadは、Windows 10またはWindows 8.1が動作しているパソコンで利用できます。

付属CD-ROMからJw_cadをインストールします

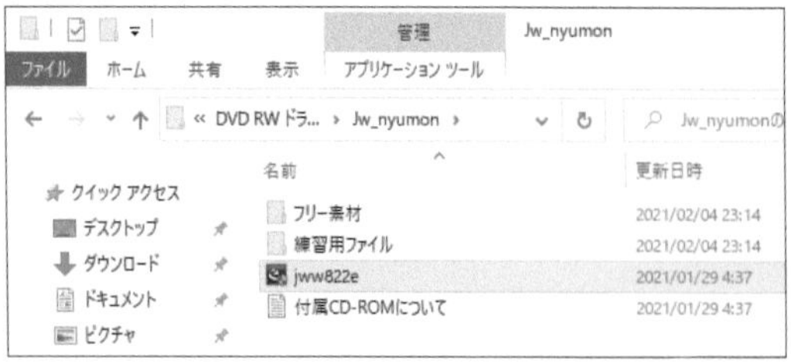

● 付属CD-ROMのインストールプログラム

付属CD-ROMには左図のように、Jw_cadインストールプログラム[jww822e]が収録されています。このプログラムを起動してJw_cadをインストールします。

① 付属CD-ROMをセットします

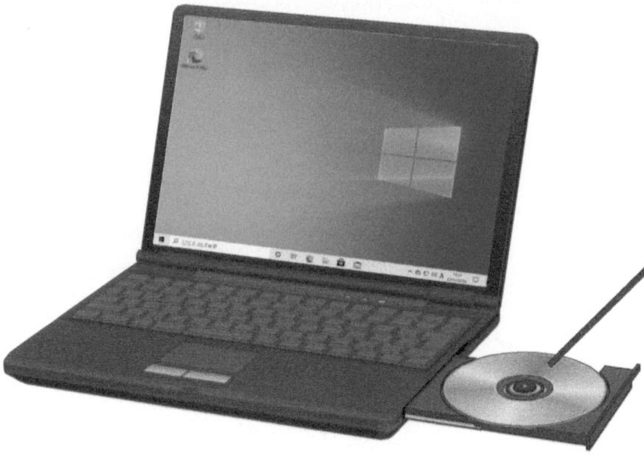

付属のCD-ROMをパソコンにセットします

ヒント

[jww822e] の [822e] は、Jw_cadのバージョンを示します。

② エクスプローラーを起動します

❶ に を合わせます

❷そのまま、マウスをクリック します

ヒント

手順1のCD-ROMのセットが完了すると、パソコン画面の右下にトーストと呼ばれる長方形の通知（右図）が表示されます。トースト通知からの操作指示も可能ですが、通常トースト通知は5秒で画面から消えます。トースト通知が自動的に消えない場合は右図の操作でトースト通知を閉じてください。

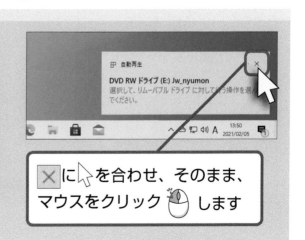

に を合わせ、そのまま、マウスをクリック します

次のページに続く▶▶▶

③ CD・DVDドライブの中身を表示します

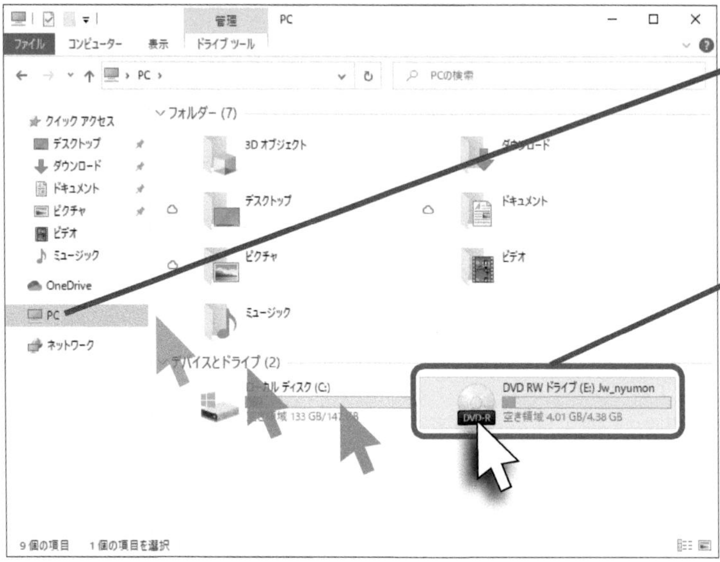

❶ PC に（マウスポインター）を合わせて、そのまま、マウスをクリック（マウス）します

❷CD・DVDドライブのアイコンに（マウスポインター）を合わせて、そのまま、マウスをダブルクリック（マウス）します

④ 付属CD-ROMの内容を表示します

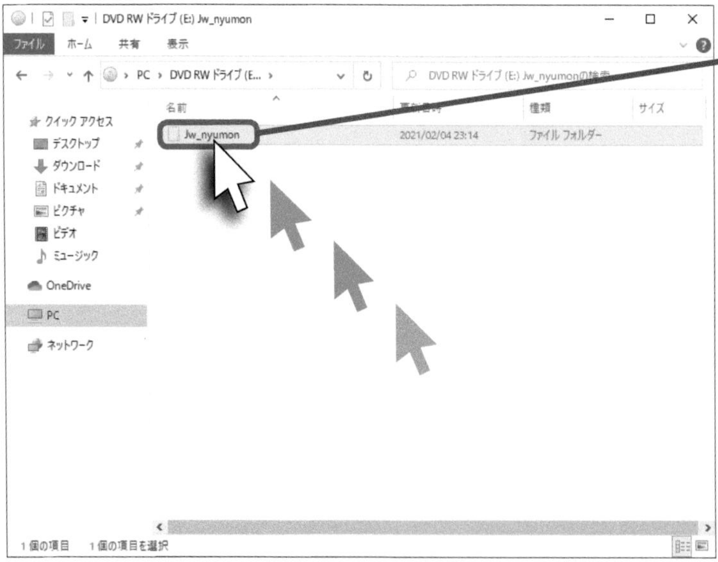

❶ Jw_nyumon に（マウスポインター）を合わせます

❷そのまま、マウスをダブルクリック（マウス）します

⑤ インストールプログラムを起動します

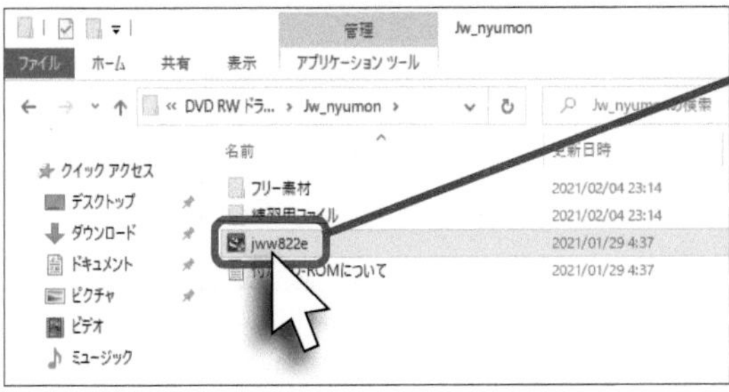

❶ jww822e に を合わせます

❷そのまま、マウスをダブルクリック します

[ユーザーアカウント制御] ダイアログボックスが表示されました

ヒント

インストールプログラムを起動しようとするとWindowsのセキュリティ機能が働き、左図のダイアログボックスが表示されます。

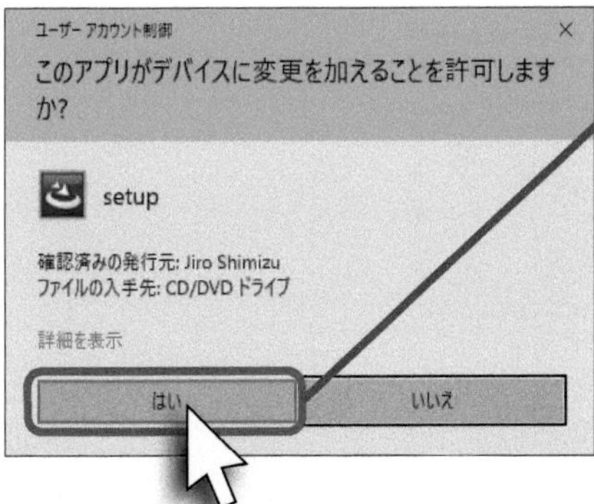

❸ はい に を合わせます

❹そのまま、マウスをクリック します

⑥ Jw_cadのインストールプログラムが起動しました

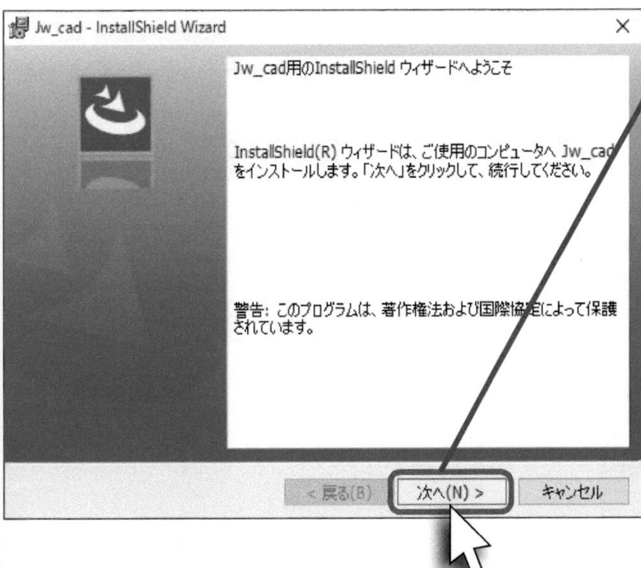

❶ 次へ(N) > に を合わせます

❷そのまま、マウスをクリック します

次のページに続く▶▶▶

⑦ 使用許諾契約を確認します

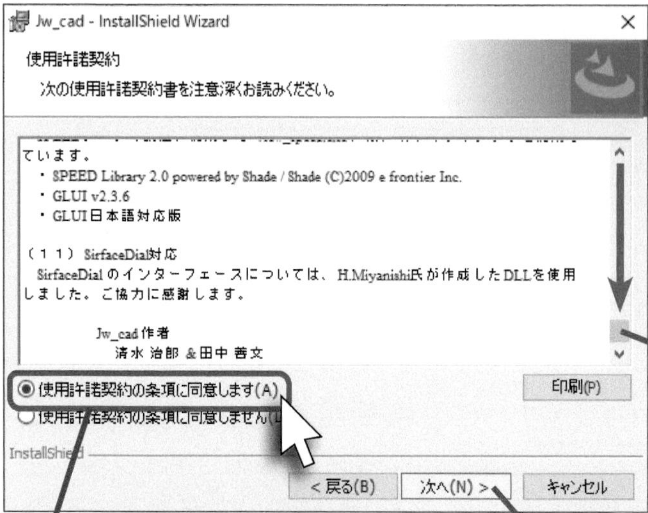

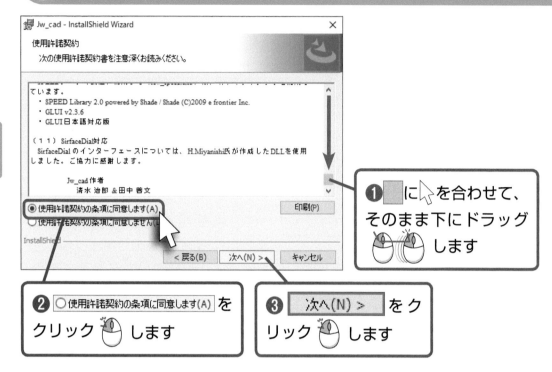

❶ [ ] に を合わせて、そのまま下にドラッグ します

❷ ［使用許諾契約の条項に同意します(A)］をクリック します

❸ ［次へ(N) >］をクリック します

⑧ Jw_cadのインストール先を指定します

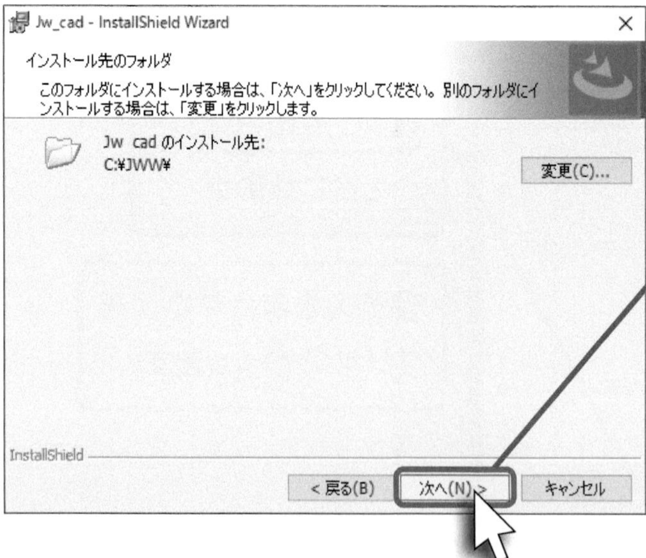

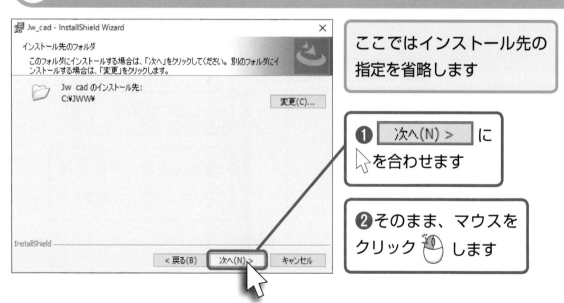

ここではインストール先の指定を省略します

❶ ［次へ(N) >］に を合わせます

❷そのまま、マウスをクリック します

⑨ Jw_cadのインストールを開始します

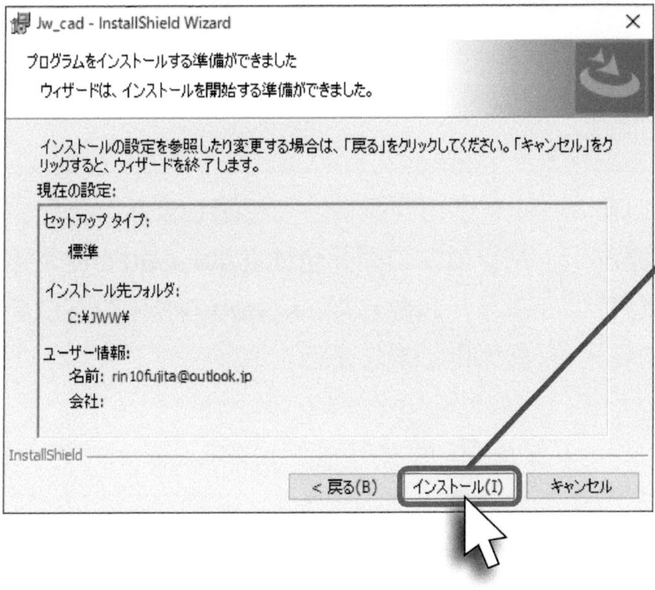

❶ インストール(I) に を合わせます

❷そのまま、マウスをクリック します

⑩ Jw_cadのインストールを完了します

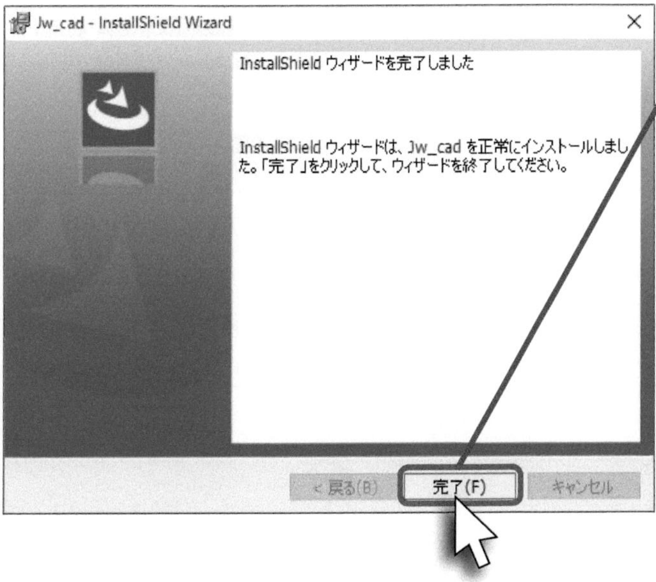

❶ 完了(F) に を合わせます

❷そのまま、マウスをクリック します

Jw_cadがインストールされました

終わり

レッスン 3 Jw_cadを起動しよう

キーワード Jw_cadの起動

インストールしたJw_cadを起動しましょう。ここでは、デスクトップ画面左下の［スタート］ボタンをクリックして表示される［スタート］メニューからJw_cadを選択して起動します。また、パソコンの画面全体をJw_cadで使えるよう、起動したJw_cadのウィンドウを最大化しましょう。

操作はこれだけ　合わせる　クリック

［スタート］メニューからJw_cadを起動します

◆ Jw_cad

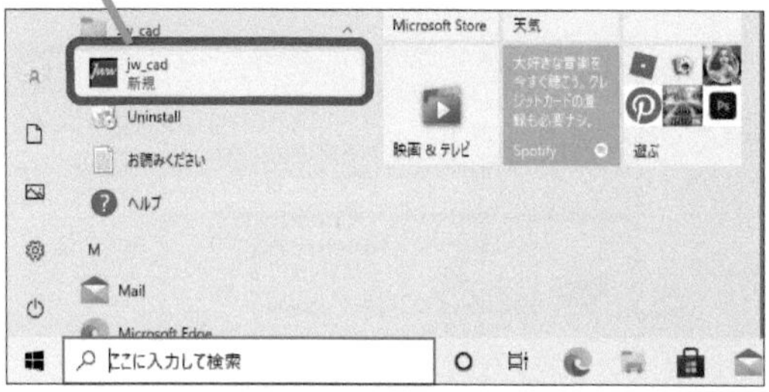

● ［スタート］メニューから起動

［スタート］メニューには、パソコンにインストールされているソフトウェアがアルファベット順に一覧表示されます。メニューをスクロールして、[J]欄からJw_cadを選択します。

◆ Jw_cad の起動画面

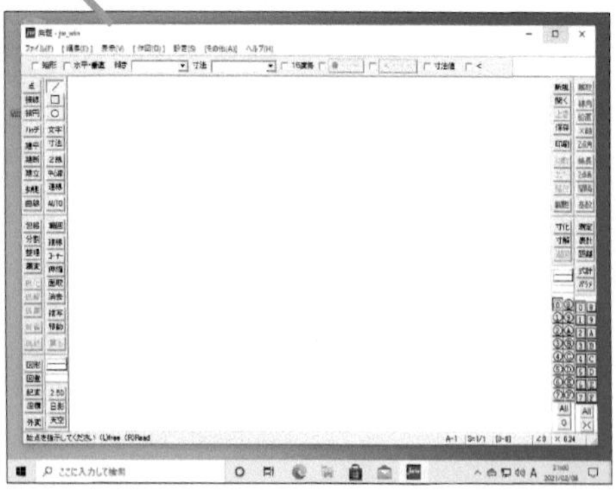

● Jw_cadの起動画面

インストール後、最初に起動すると、左図のようにJw_cadのウィンドウが開くので、パソコンの画面全体を使えるよう最大化します。一度最大化すれば、次からは最大化した状態で起動します。

1 [スタート] メニューを表示します

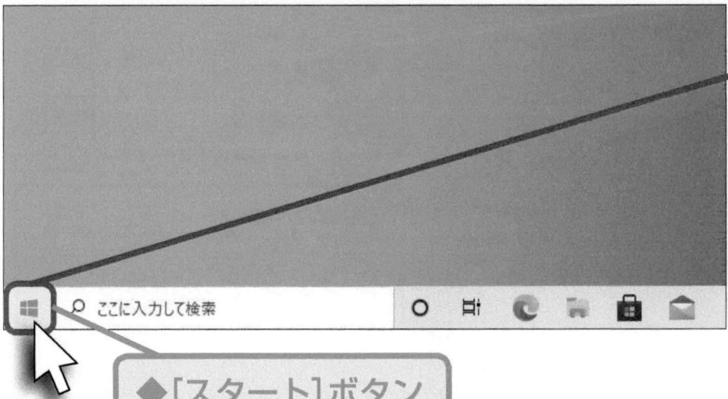

❶ [スタート]ボタンに を合わせます

❷そのまま、マウスをクリック します

◆[スタート]ボタン

2 Jw_cadのフォルダーを開きます

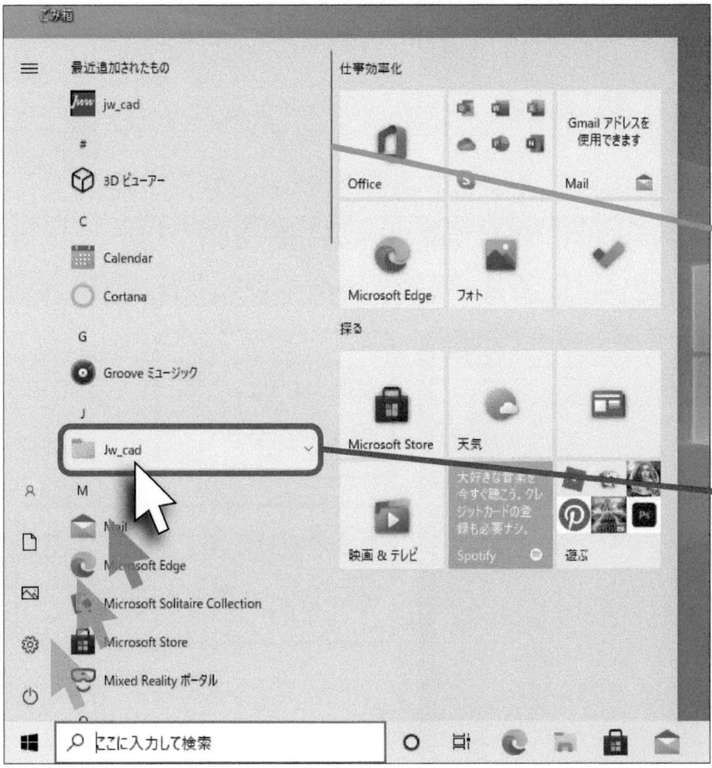

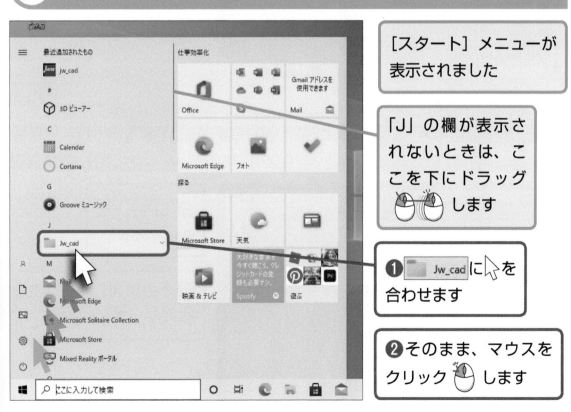

[スタート] メニューが表示されました

「J」の欄が表示されないときは、ここを下にドラッグ します

❶ Jw_cad に を合わせます

❷そのまま、マウスをクリック します

次のページに続く▶▶▶

③ Jw_cadを起動します

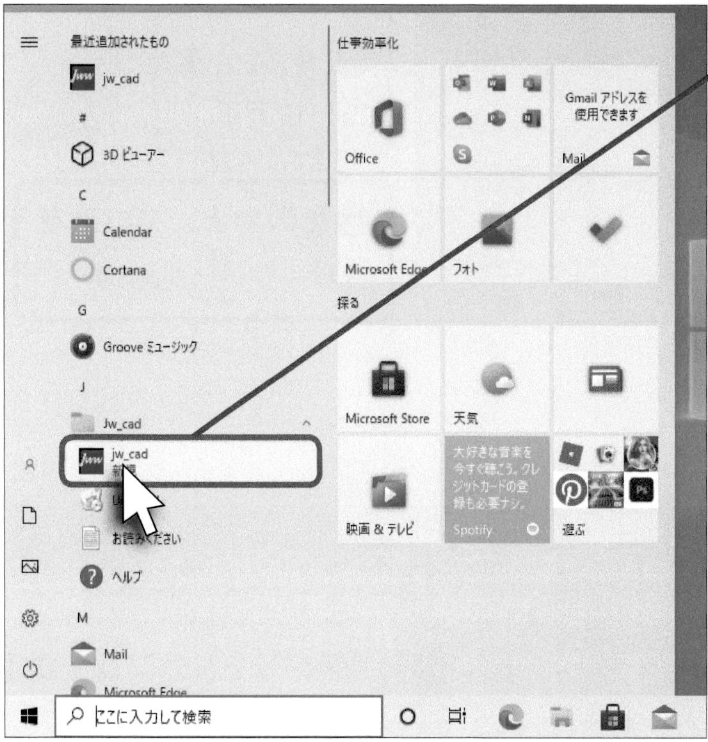

❶ jw_cad に を合わせます

❷そのまま、マウスをクリック します

④ Jw_cadを最大化します

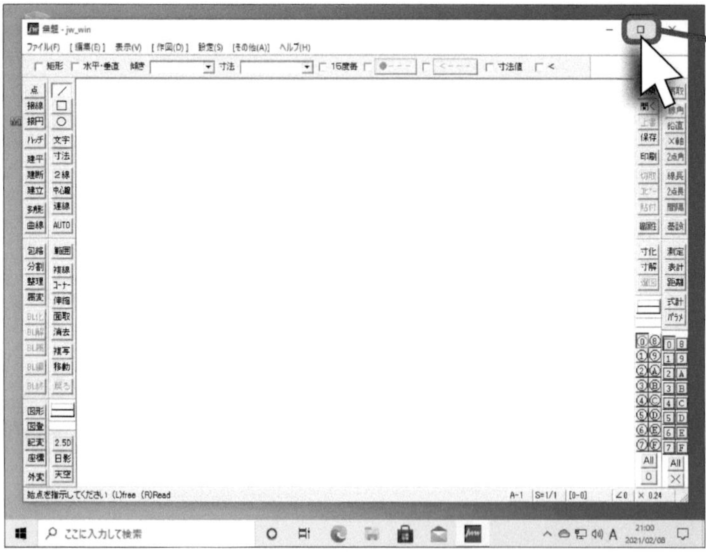

❶ □ に を合わせます

❷そのまま、マウスをクリック します

⑤ Jw_cadが最大化しました

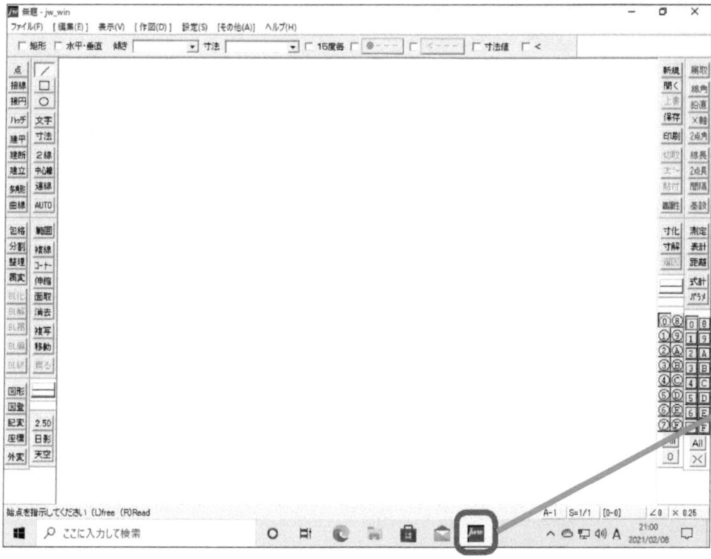

パソコンの画面いっぱいにJw_cadのウィンドウが最大化されました

Jw_cadの起動中はタスクバーに[Jw_cadアイコン]が表示されています

ヒント

毎回、［スタート］メニューをスクロールしてJw_cadを探すのが面倒なときは、以下の手順でJw_cadをタスクバーにピン留めしましょう。タスクバーには起動中のソフトウェアが表示されるほか、使用頻度の高いソフトウェアなどをピン留めしておくことができます。次回からはタスクバーにピン留めされたJw_cadのアイコンをクリックすることで、Jw_cadを起動できます。

❶ [jw_cad]を右クリックします

❷ [その他]にマウスポインターを合わせます

❸ [タスク バーにピン留めする]をクリックします

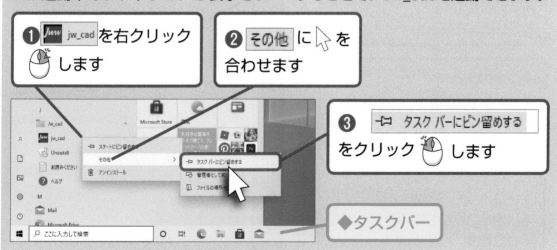

◆タスクバー

終わり

レッスン 4 Jw_cad画面の各部名称と役割を知ろう

キーワード Jw_cadの画面

Jw_cadの画面と各部の名称、その役割を見てみましょう。インストール後にJw_cadを起動すると、下図のように左右２列に作図のための道具（コマンド）を並べたツールバーが表示されます。ツールバーの配置は変更することもできますが、この本ではインストール後の状態のまま利用します。

Jw_cadの画面

◆タイトルバー

[-jw_win] の前に作図中の図面ファイル名が表示されます。未保存の場合は［無題］と表示されます

◆作図ウィンドウ

図面を作図する領域です。レッスン❺の手順3～4の設定を行うと、用紙範囲を示すピンクの点線の用紙枠が表示されます

◆ツールバー

各コマンドの選択ボタンが配置されています。選択中のコマンドは凹で表示されます

◆ステータスバー

選択中のコマンドで行う操作が表示されます。[(L)] はクリック、[(R)] は右クリックを表します

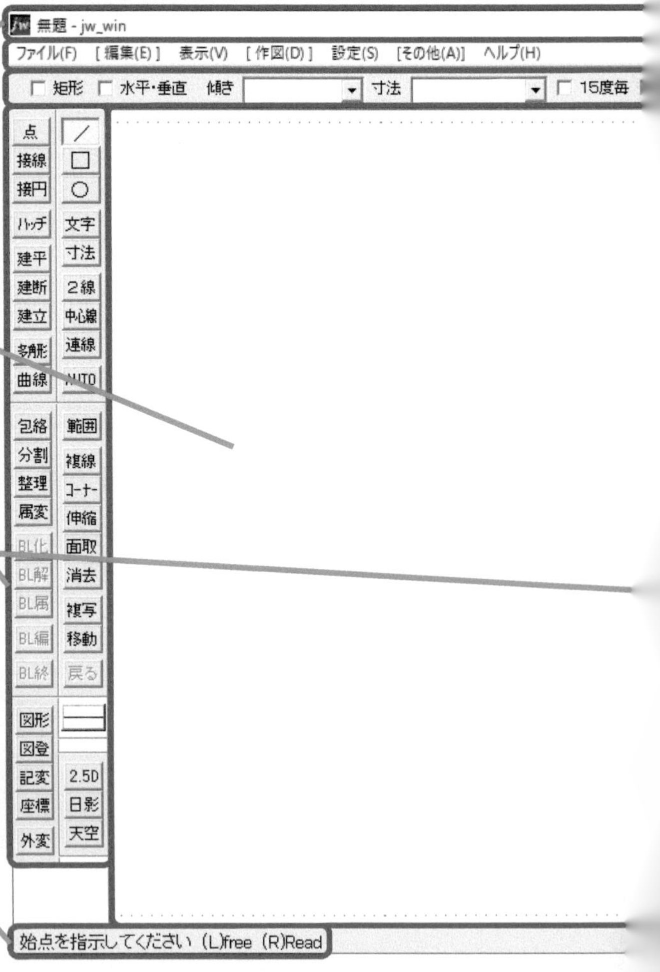

ヒント

メニューバーのメニューをクリックして開くプルダウンメニューから目的のコマンドをクリックして選択できます。誤ってプルダウンメニューを開いたときは、タイトルバーをクリックしてプルダウンメニューを閉じてください。プルダウンメニューの外でむやみにクリックすると作図操作になる場合があります。

◆プルダウンメニュー
クリックすると、メニュー内のコマンドの一覧が表示されます

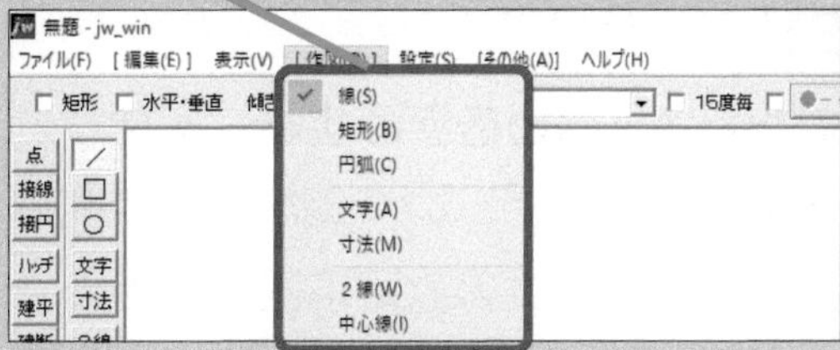

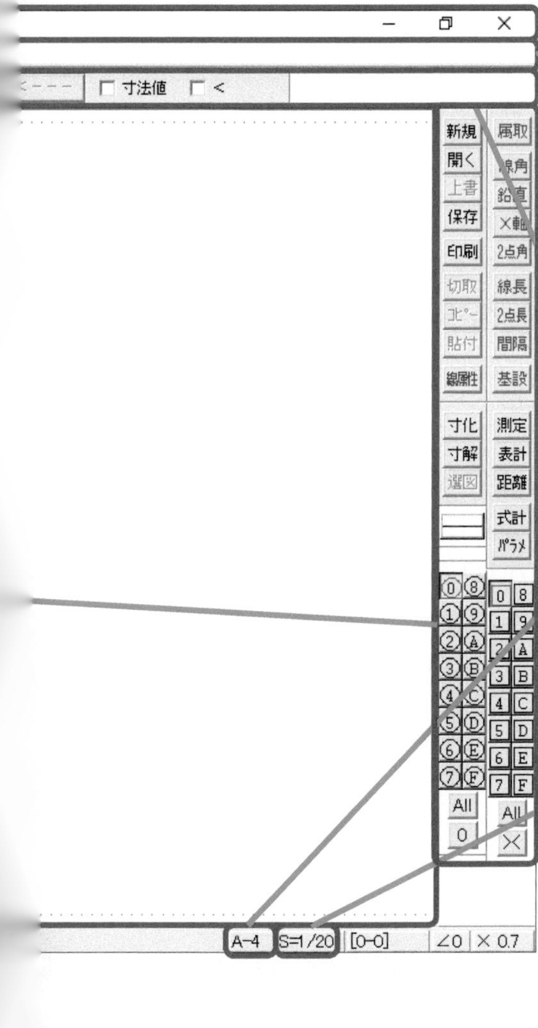

◆メニューバー
各コマンドがカテゴリー別に収録されています。クリックして開くプルダウンメニューで、クリックするとコマンドを選択できます

◆コントロールバー
選択コマンドの副次的なメニューが表示されます。項目にチェックマークを付けたり、数値を入力したりすることで指定します

◆用紙サイズ
用紙のサイズを示します。ボタンをクリックして表示されるリストから選択することで用紙サイズを変更できます

◆縮尺
図面を決められた用紙に収めるため、実際の長さの何分の1の長さで作図するかを示します。作図途中でも変更可能です

レッスン 5 基本的な設定を変更しよう

キーワード 基本的な設定の変更

これからJw_cadを学習するにあたり、表示上の設定など、いくつかの基本的な設定を入門者向けの設定に変更しましょう。[基本設定] コマンドを選択して開く [jw_win] ダイアログボックスの各タブで設定を行います。ここで一度設定を行えば、次回からは同じ設定でJw_cadが起動します。

操作はこれだけ　合わせる　クリック

Jw_cadの基本的な設定

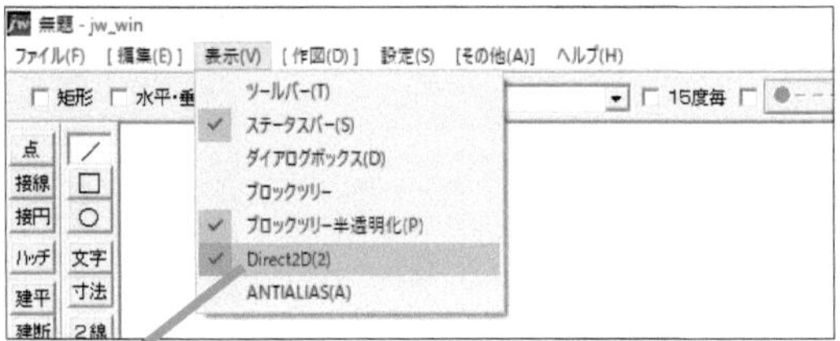

Direct2Dを無効にします

● Direct2Dの無効化

[Direct2D] は大容量の図面を扱うときに、再表示速度を速めるなどの働きをします。パソコンによって表示上の不具合が生じることがあるため、ここではチェックマークを外します。

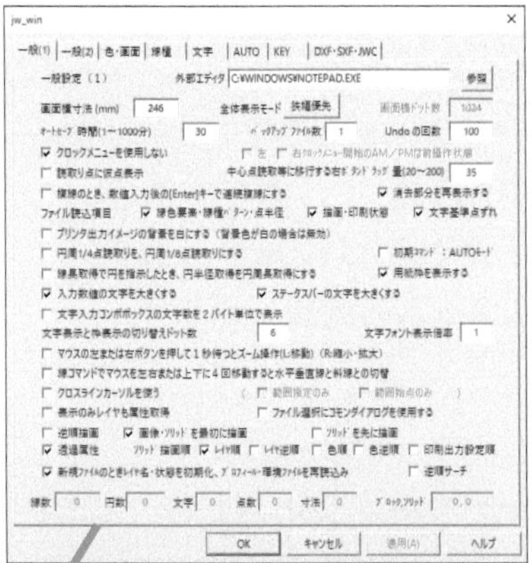

基本的な設定を変更します

● 基本的な設定の変更

ここでは、中・上級者向けの機能が働かないよう設定項目にチェックマークを付けたり、キーボードやマウスホイールからのズーム操作を有効にするなど、入門者が使いやすい設定に変更します。

1 [表示] のプルダウンメニューを表示します

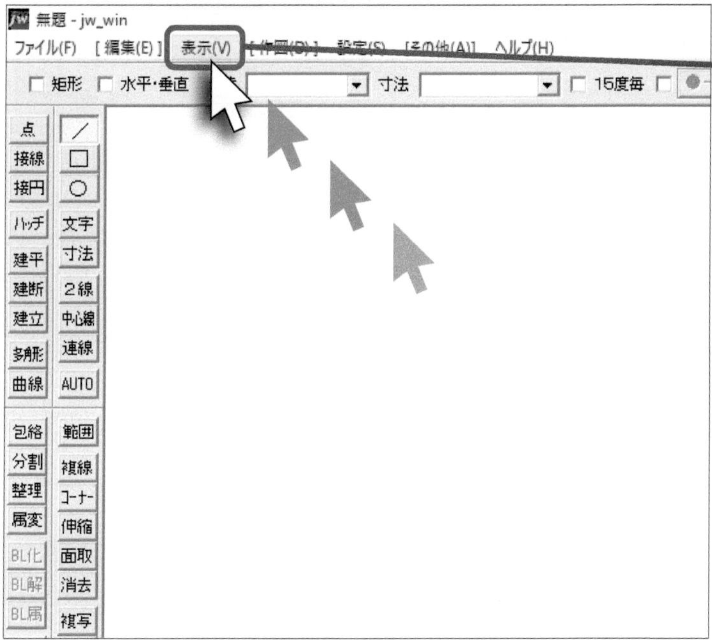

❶ 表示(V) に を合わせます

❷そのまま、マウスをクリック します

2 Direct2Dを無効にします

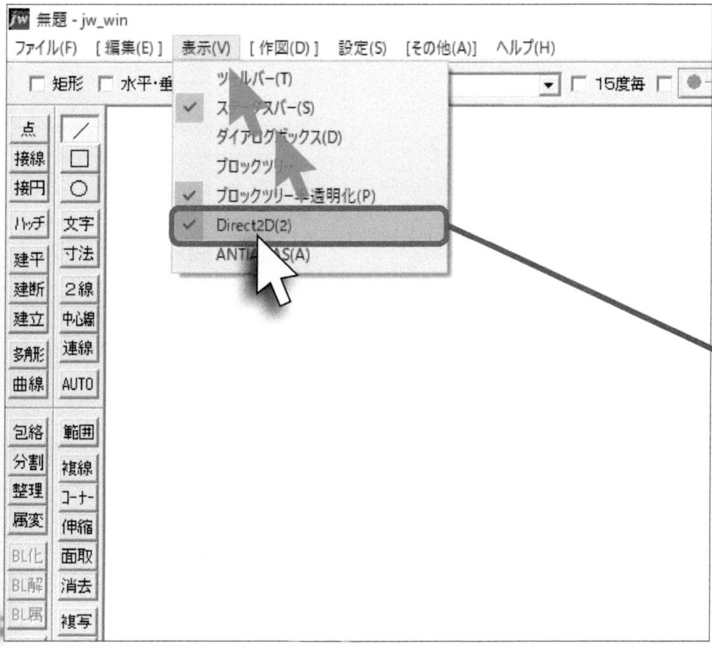

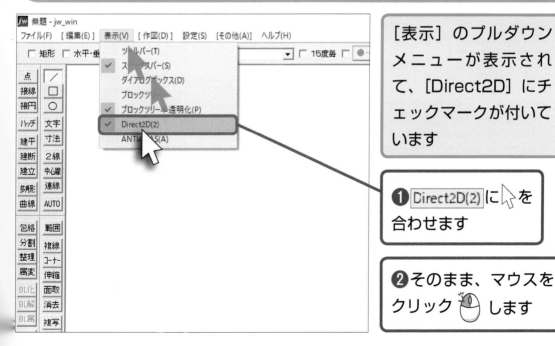

[表示] のプルダウンメニューが表示されて、[Direct2D] にチェックマークが付いています

❶ Direct2D(2) に を合わせます

❷そのまま、マウスをクリック します

次のページに続く▶▶▶

③ [Jw_win] ダイアログボックスを表示します

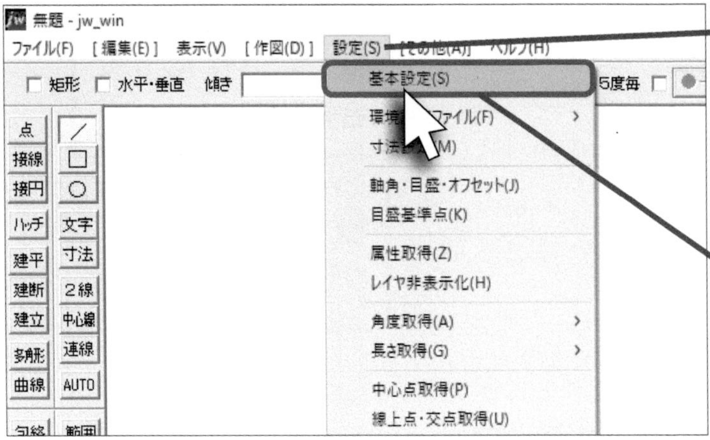

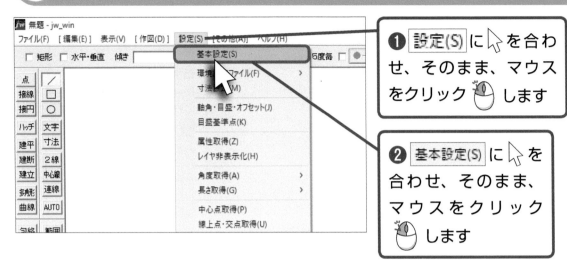

❶ 設定(S) に を合わせ、そのまま、マウスをクリック します

❷ 基本設定(S) に を合わせ、そのまま、マウスをクリック します

④ [一般（1)] タブの項目を設定します

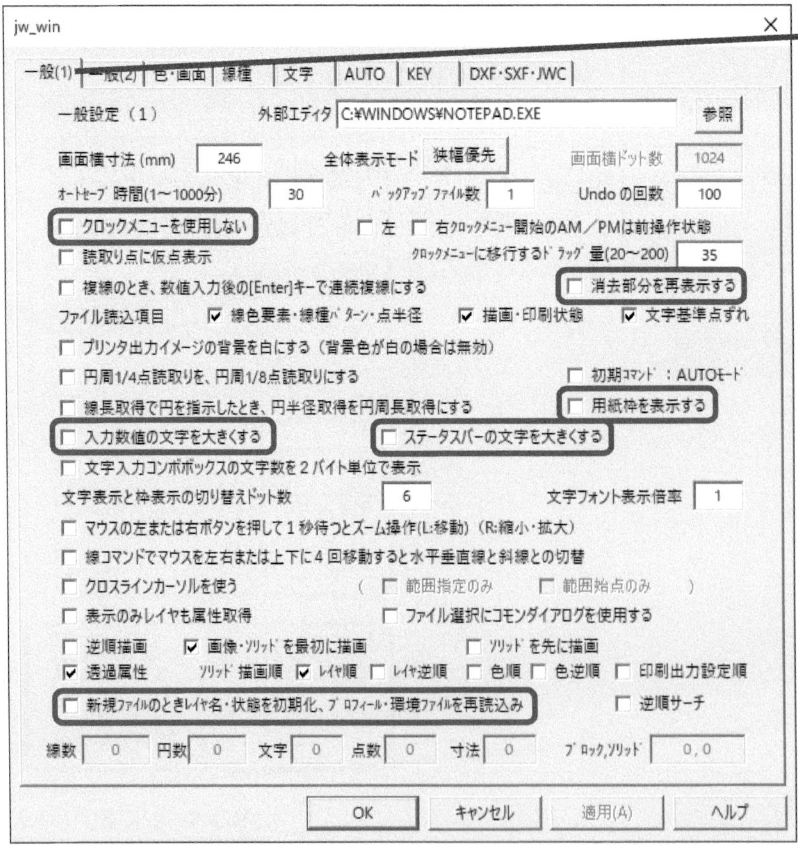

❶ 一般(1) に を合わせ、そのまま、マウスをクリック します

❷赤い枠で囲った項目をクリック してチェックマークを付けます

⑤ ［一般（1）］タブの項目が設定できました

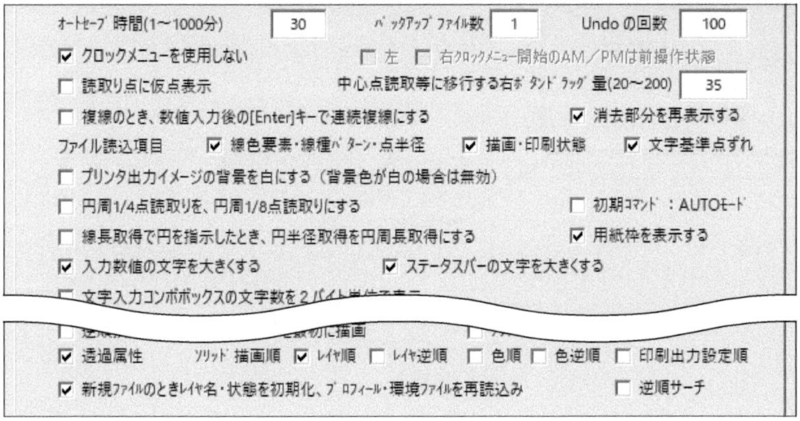

ヒントを参考に、チェックマークを付けた項目について確認しておきます

ヒント

手順4でそれぞれの項目にチェックマークを付けると、以下のように設定されます。

●［一般（1）］タブの設定例

項目名	設定される内容
クロックメニューを使用しない	上級者向けのクロックメニューを表示しません
消去部分を再表示する	作図ウィンドウで交差した線の一方を消すと、もう一方の線の交差部分が途切れたように表示されるのを防ぎます
用紙枠を表示する	用紙範囲を示す用紙枠を表示します（レッスン❹参考）
入力数値の文字を大きくする	コントロールバーの［寸法］などに入力した数値が若干大きく表示されます
ステータスバーの文字を大きくする	ステータスバーの操作メッセージが若干大きく表示されます
新規ファイルのときレイヤ名・状態を初期化、プロフィール・環境ファイルを再読込み	［新規作成］コマンドを選択すると、起動したときの状態と同じになります

次のページに続く▶▶▶

⑥ ［一般（2）］タブの項目を設定します

❶ 一般(2) に を合わせ、そのまま、マウスをクリック します

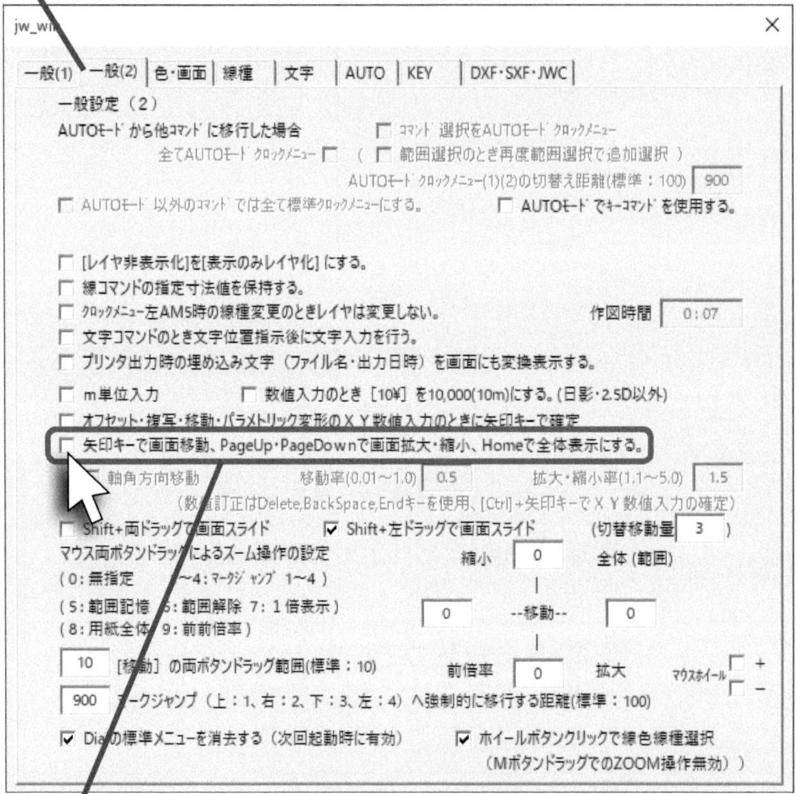

❷［矢印キーで画面移動、PageUp・PageDownで画面拡大・縮小、Homeで全体表示にする。］の□をクリック してチェックマークを付けます

ヒント

操作2でチェックマークを付けることで、作図画面の拡大・縮小などのズーム操作をキーボードからの指示でも行えるようにします。詳しくは、第2章の章末（76ページ）の「Jw_cadの「困った！」に答えるQ&A」を参考にしてください。

⑦［一般（2）］タブの項目の設定を完了します

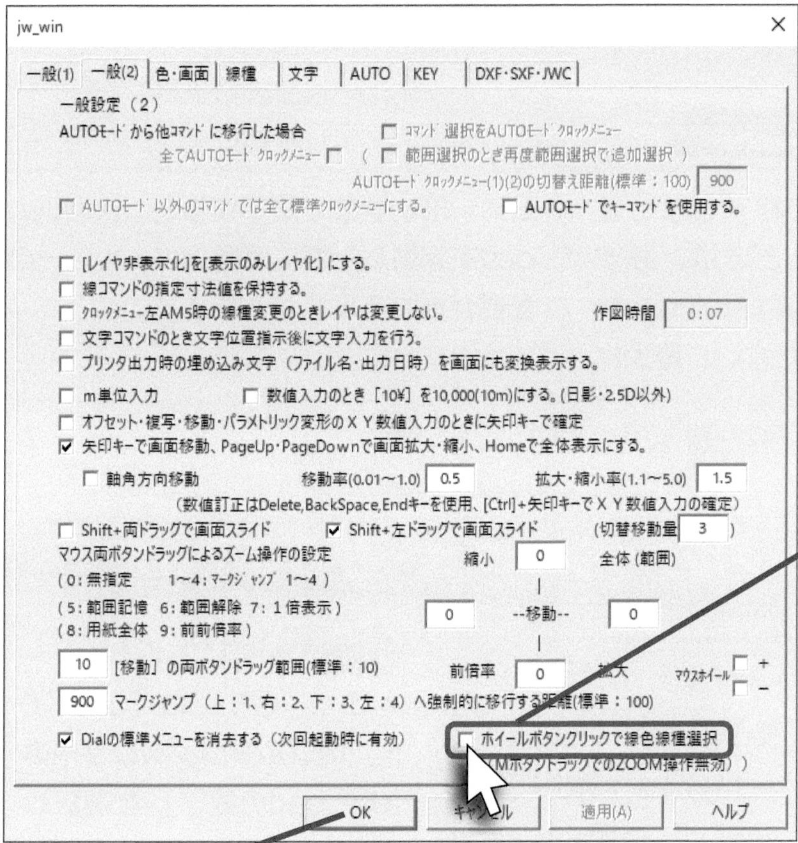

❶［ホイールボタンクリックで線色線種選択］の☑をクリックしてチェックマークを外します

❷ OK に を合わせ、そのまま、マウスをクリック します

設定が完了し、［Jw_win］ダイアログボックスが閉じます

ヒント

レッスン❾で学習する両ボタンドラッグによるズーム操作を、ホイールボタンのドラッグでも行えるよう、操作１でチェックマークを外します。

終わり

レッスン 6

Jw_cadを終了しよう

キーワード Jw_cadの終了

ここで一度、Jw_cadを終了しましょう。Jw_cadを終了するときは、必ずJw_cadのウィンドウが最大化された状態で終了操作を行ってください。最大化していない状態で終了すると、次回Jw_cadを起動した際に両側のツールバーの配置が崩れる場合があります。

操作はこれだけ　合わせる　クリック

［ファイル］のプルダウンメニューから終了します

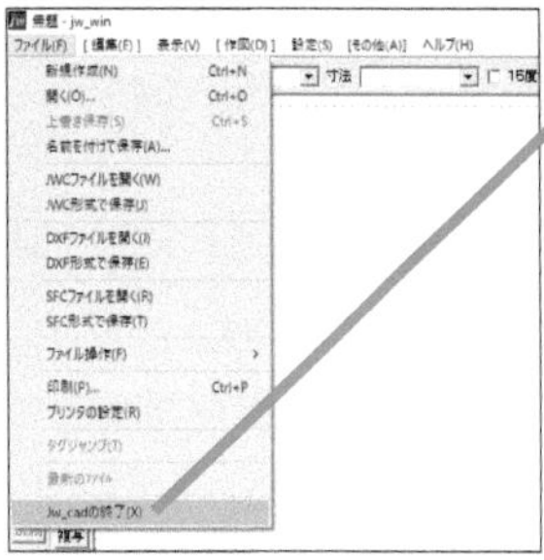

ファイル(F)のプルダウンメニューからJw_cadを終了します

デスクトップが表示されました

●画面を閉じる操作

メニューバーの［ファイル］のプルダウンメニューの［Jw_cadの終了］を選択します。

ヒント

タイトルバー右の☒（閉じる）をクリックすることでもJw_cadを終了できます。

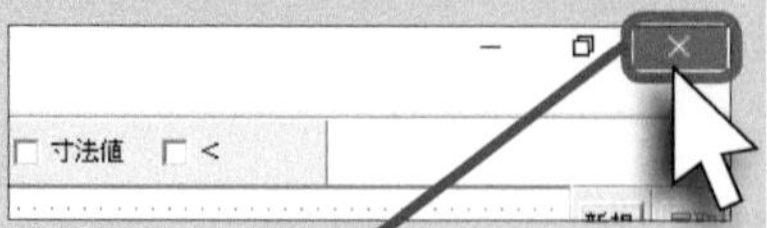

☒に を合わせ、そのまま、マウスをクリック します

① ［ファイル］のプルダウンメニューから終了します

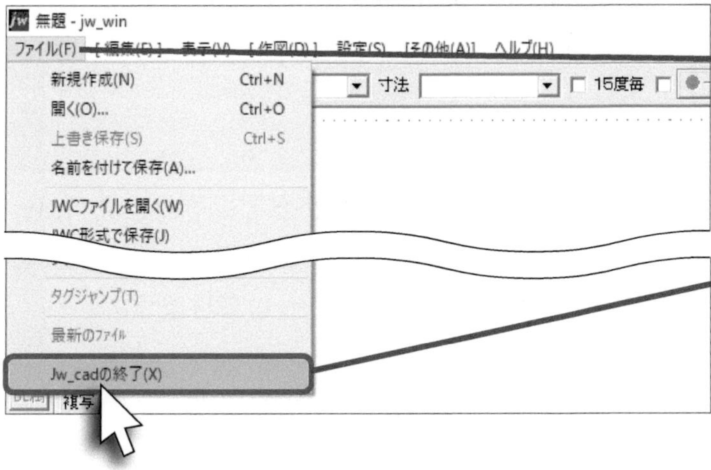

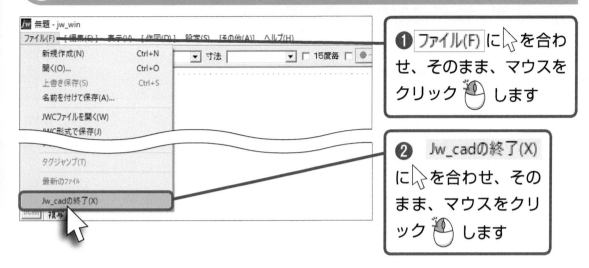

❶ ファイル(F) に を合わせ、そのまま、マウスをクリック します

❷ Jw_cadの終了(X) に を合わせ、そのまま、マウスをクリック します

② Jw_cadが終了しました

デスクトップが表示されました

ヒント

ここまでに作図・編集操作を行った場合、手順1の操作を行うと、右図のメッセージウィンドウが表示されます。ここでは［いいえ］をクリックしてください。詳しくは、レッスン⓰を参考にしてください。

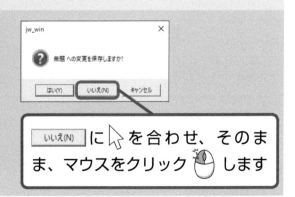

いいえ(N) に を合わせ、そのまま、マウスをクリック します

終わり

レッスン 7 練習用ファイルをコピーしよう

キーワード 教材データのコピー

付属のCD-ROMの［Jw_nyumon］フォルダーには、第２章以降で利用する練習用の図面ファイルや、すぐに役立つフリー素材が収録されています。エクスプローラーを使って、それらを［Jw_nyumon］フォルダーごと、パソコンのCドライブにコピーしましょう。

操作はこれだけ　合わせる　クリック　ドラッグ

エクスプローラーの操作でコピーします

［Jw_nyumon］フォルダーごとパソコンのCドライブにコピーします

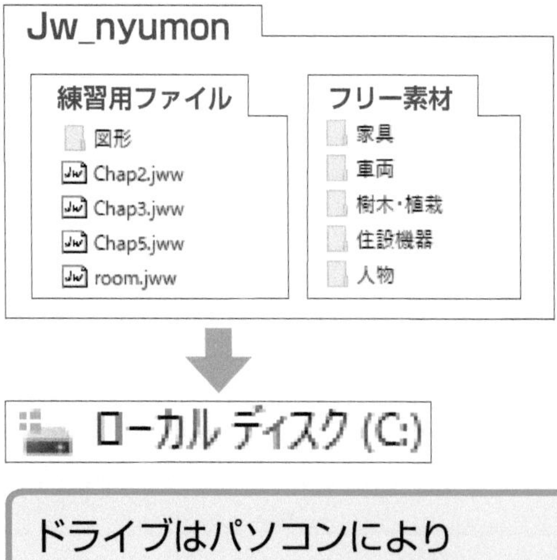

ドライブはパソコンにより ローカル ディスク (C:) Windows (C:) OS (C:) などと表記が異なりますが、末尾（C:）のものがCドライブです

● フォルダーのコピー

パソコンでは、Jw_cadなどのソフトウェアや作図した図面などをファイルとして管理します。それらのファイルを仕分けする入れ物がフォルダーです。付属CD-ROMには、［Jw_nyumon］フォルダーがあり、その中に練習用ファイルなどを収録した仕分け用のフォルダーがあります。ここで［Jw_nyumon］フォルダーごとパソコンのCドライブ（ファイルやフォルダーを収納する場所）にコピーします。

① 練習用ファイルのコピーを開始する

レッスン❷の手順４の画面を表示しておきます

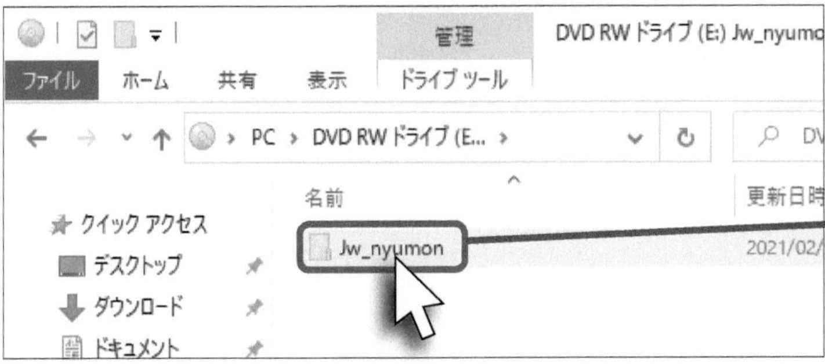

❶ Jw_nyumon に を合わせます

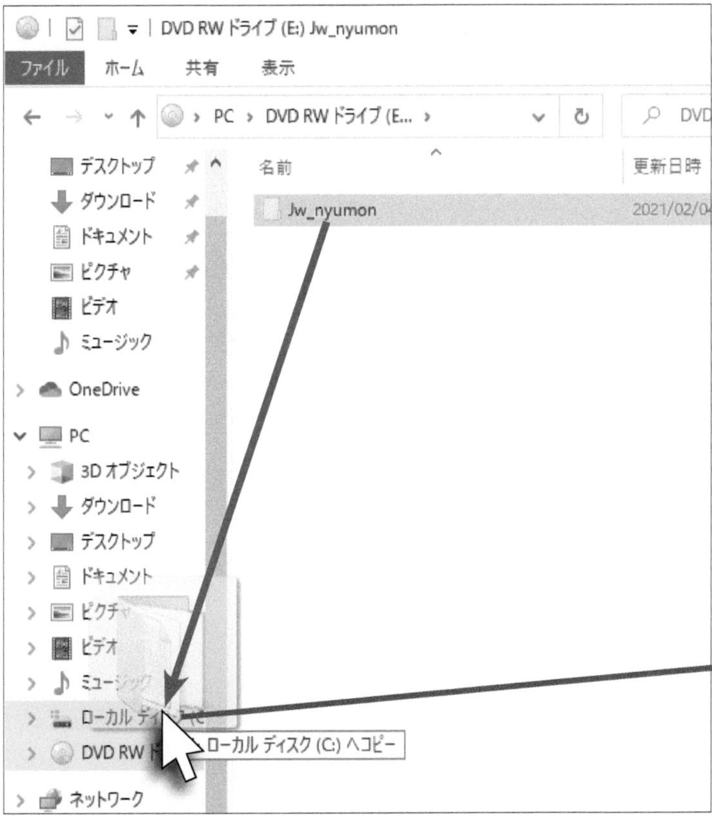

ヒント

誤って違う場所にドラッグしてしまったときは、Ctrl キーを押したまま Z キーを押してください。誤った操作が取り消されます。

❷ ローカル ディスク (C:) までドラッグします

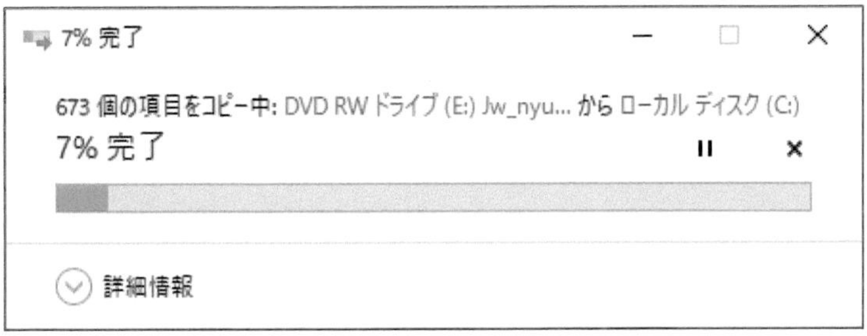

❸しばらく待ちます

次のページに続く ▶▶▶

② コピー先のフォルダーを表示します

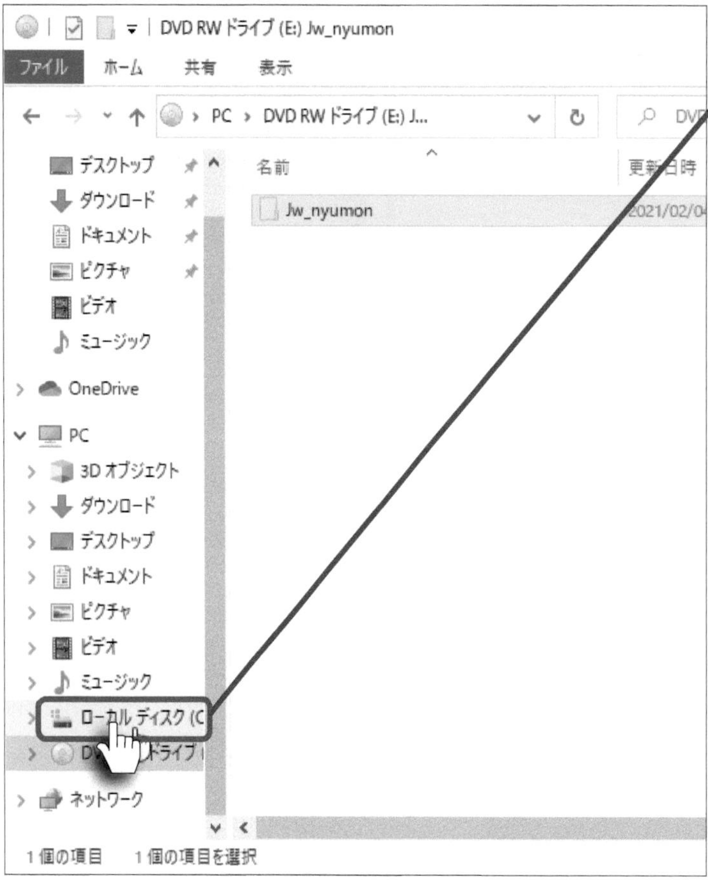

❶ ローカル ディスク (C:) にを合わせます

❷そのまま、マウスをダブルクリックします

③ フォルダーの内容を確認します

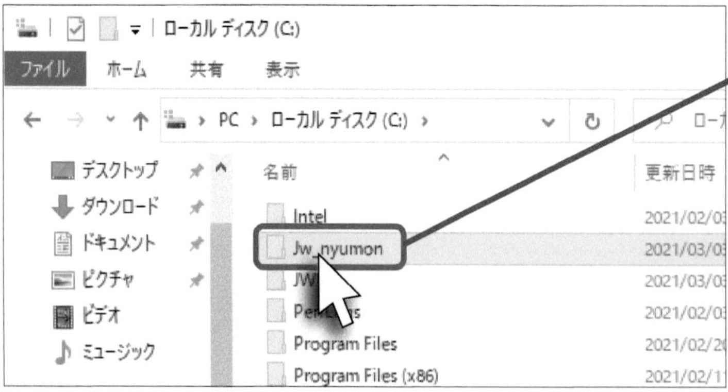

❶ Jw_nyumon にを合わせます

❷そのまま、マウスをダブルクリックします

④ 練習用ファイルの内容を確認します

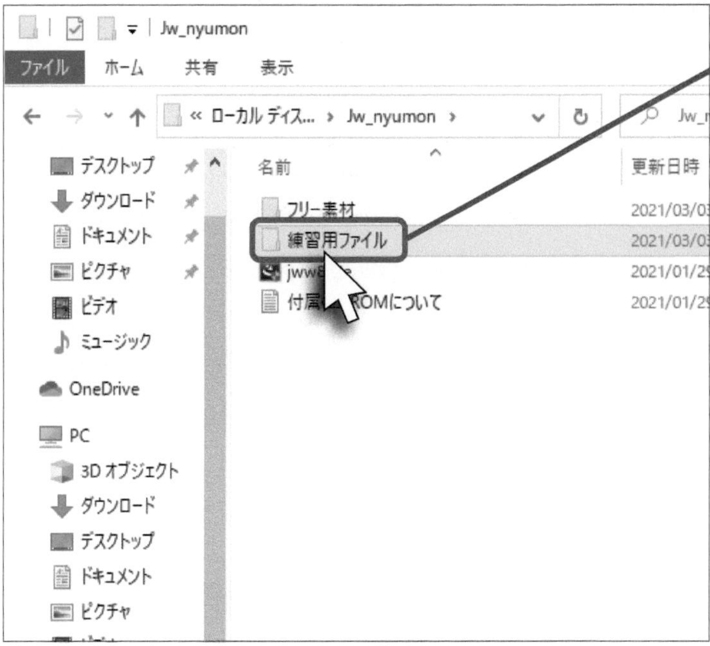

❶ 練習用ファイル に合わせます

❷そのまま、マウスをダブルクリックします

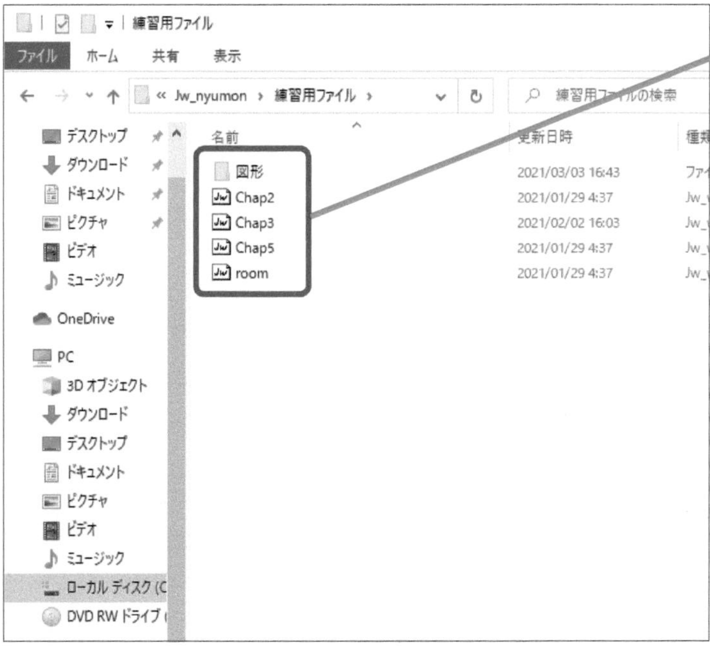

第２章以降で利用する練習用ファイルが表示されました

CD・DVDドライブから、付属CD-ROMを取り出しておきます

終わり

Q Jw_cadの図面ファイルはどう見分けるの？

A ファイルの拡張子で見分けます

WindowsやJw_cadなどのプログラムも、Jw_cadで作図した図面ファイルやデジタルカメラで撮影した画像ファイルなどもすべて「ファイル」として管理されます。これらの種類の違うファイルを区別するため、それぞれのファイルには決められた拡張子（ファイル名の後ろの「.」（ドット）の後の文字）が付いています。拡張子が「jww」のものがJw_cadの図面ファイルです。そのため、Jw_cadの図面ファイルを「JWWファイル」とも呼びます。

レッスン❼の手順2～4を参考に、［練習用ファイル］フォルダーを表示しておきます

❶ 表示 にを合わせて、そのまま、マウスをクリックします

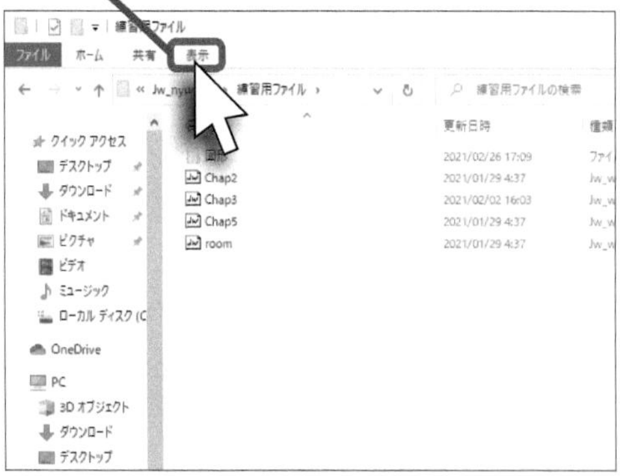

❷ ファイル名拡張子 の□をクリックして、チェックマークを付けます

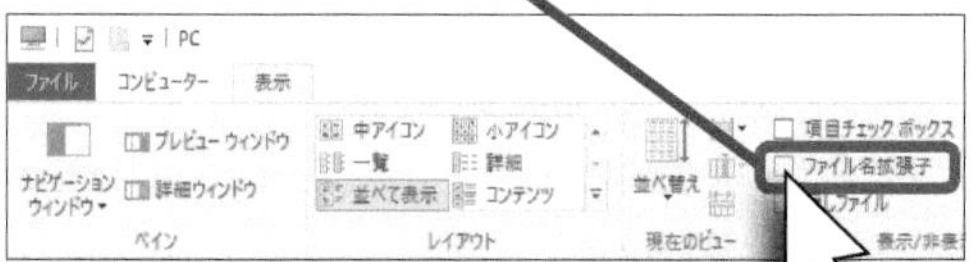

ファイル名の後に「.jww」が表示されます

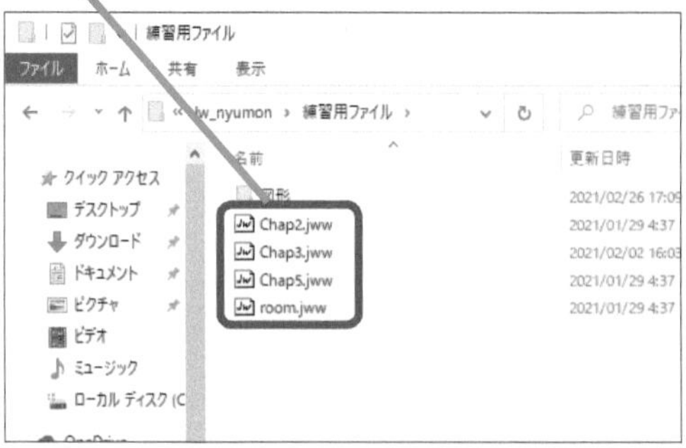

第2章

基本的な操作を身に付けよう

Windows登場以前にMS-DOS版JW_CADが広く普及していました。そのため、現在のJw_cadでもMS-DOS版のマウス操作が踏襲されており、標準的なWindowsの操作とは異なります。この章ではJw_cadの基本操作を学習します。

この章の内容

レッスン 8

練習用ファイルを開こう

キーワード [開く] コマンド　　練習用ファイル ▶Chap2.jww

Jw_cadの基本的な操作を学習するための教材として、練習用の図面ファイルを開きましょう。練習用ファイルは、第1章のレッスン❼でパソコンのCドライブにコピーした[Jw_nyumon]フォルダー内の［練習用ファイル］フォルダーに収録されています。ここでは、Jw_cadの［開く］コマンドを選択して開きます。

操作はこれだけ　合わせる　クリック　ダブルクリック

［開く］コマンドでファイルを開きます

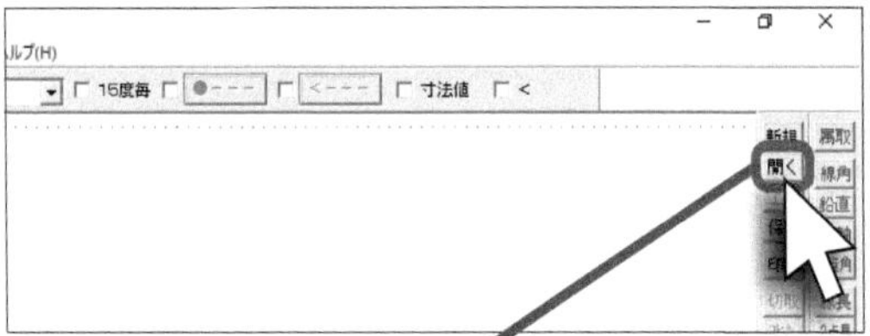

❶ 開く に を合わせ、そのまま、マウスをクリック します

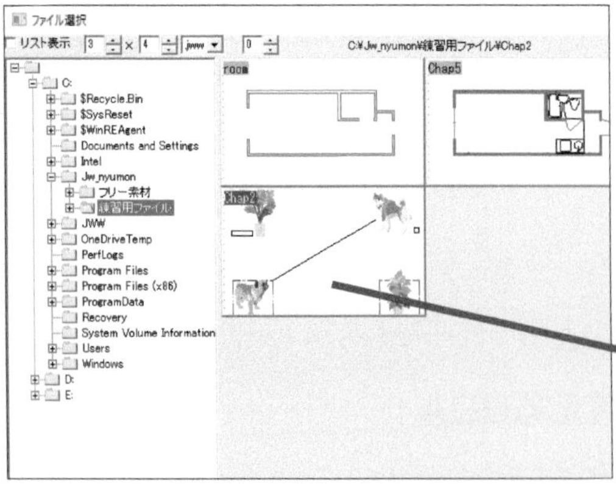

❷ファイルをダブルクリック します

● ［開く］コマンド

［開く］コマンドを選択するとJw_cad特有の［ファイル選択］ダイアログボックスが開きます。その左側のフォルダーツリーで、図面が収録されているフォルダーを開き、右側に表示される図面ファイルのサムネイルで、対象図面をダブルクリックして開きます。［ファイル選択］ダイアログボックスについては49ページを参照してください。

1 [開く] コマンドを選択します

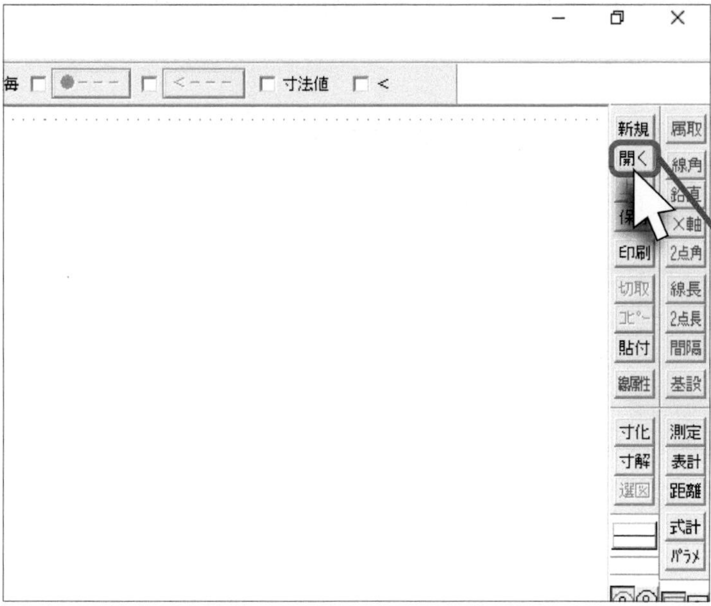

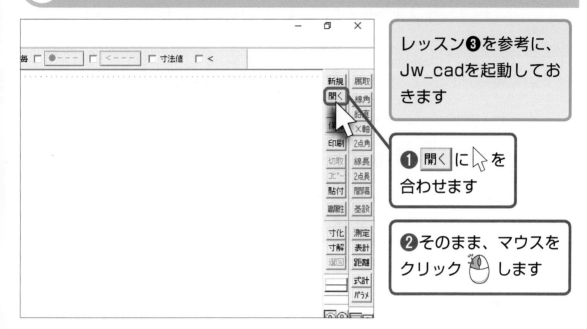

レッスン❸を参考に、Jw_cadを起動しておきます

❶ 開く に を合わせます

❷そのまま、マウスをクリック します

2 [Jw_nyumon] フォルダーを開きます

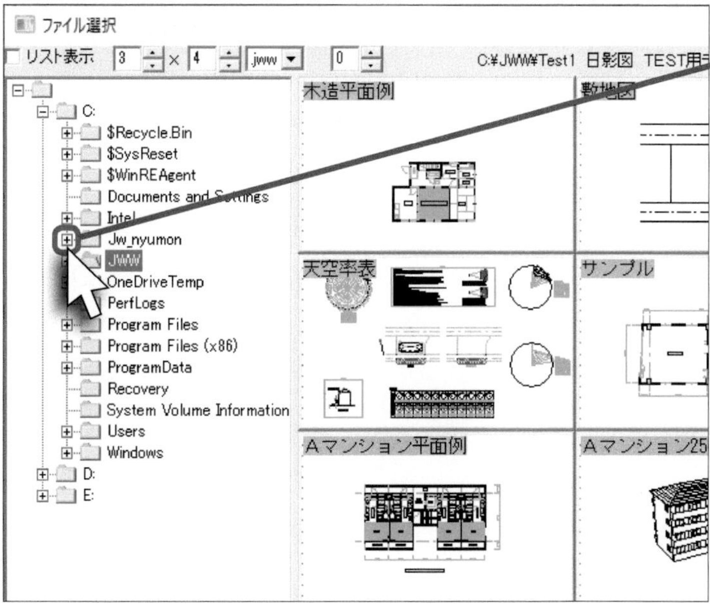

❶ Jw_nyumon の + に を合わせます

❷そのまま、マウスをクリック します

ヒント

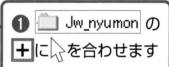

フォルダー名先頭の + は、その内部にフォルダーがあることを示します。

次のページに続く▶▶▶

3 [練習用ファイル] フォルダーを開きます

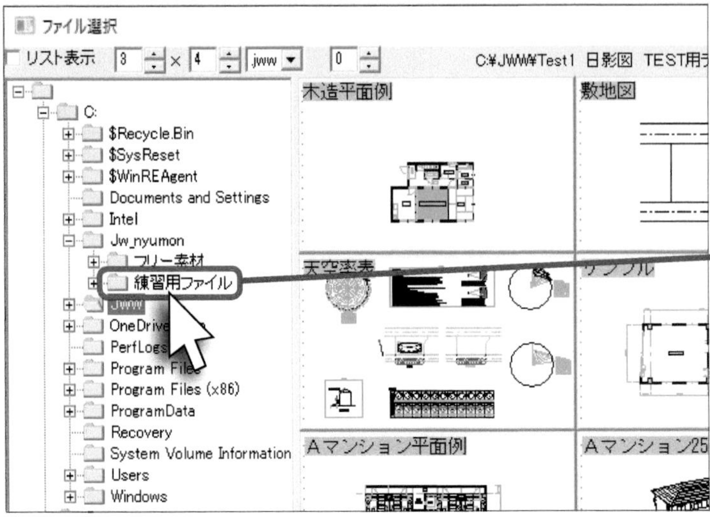

[Jw_nyumon] フォルダー下に内部のフォルダーが表示されます

練習用ファイル に を合わせて、そのまま、マウスをクリック します

4 図面ファイル [Chap2] を開きます

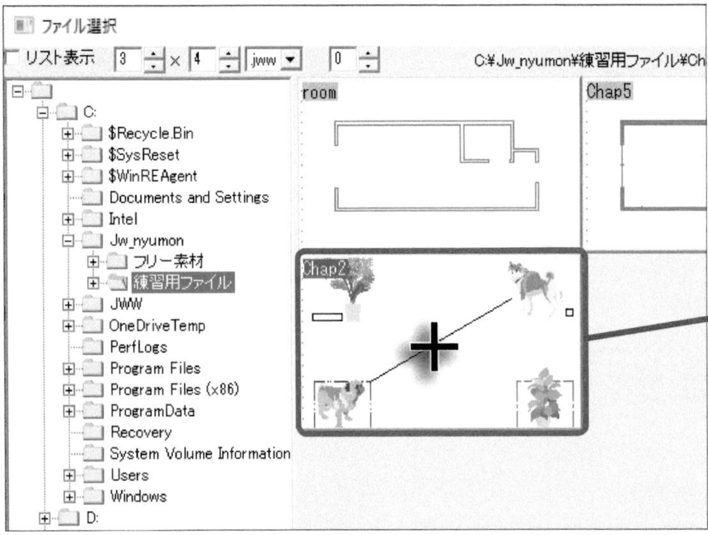

右側に [練習用ファイル] フォルダー内の図面ファイルのサムネイルが表示されます

[Chap2] のサムネイル枠内に を合わせて、そのまま、マウスをダブルクリック します

ヒント

サムネイル内ではマウスカーソル形状が十字になります。[Chap2] のファイル名以外の位置でダブルクリックしてください。ファイル名をダブルクリックすると違う働きをします。

⑤ 選択したファイルが開きました

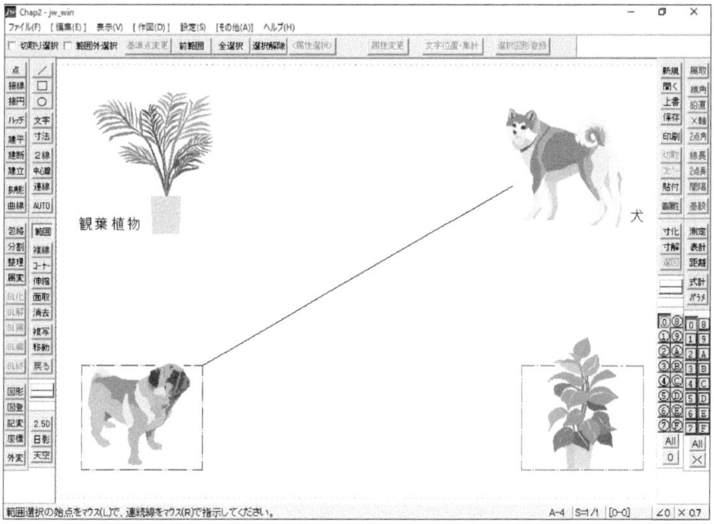

レッスン❾で続けて操作するので、ファイルを開いたままにしておきます

ヒント

図面ファイルを開いたり、保存したりするとき、Jw_cad 特有の［ファイル選択］ダイアログボックスが開きます。右のウィンドウには、左のフォルダーツリーで開いているフォルダーに収録されている図面ファイルのサムネイルが表示されます。ファイル名が小さくて読みづらい場合は、［ファイル名の表示サイズ］ボックスの ▲ をクリックしましょう。数値を1～3に設定すると、大きく表示できます。

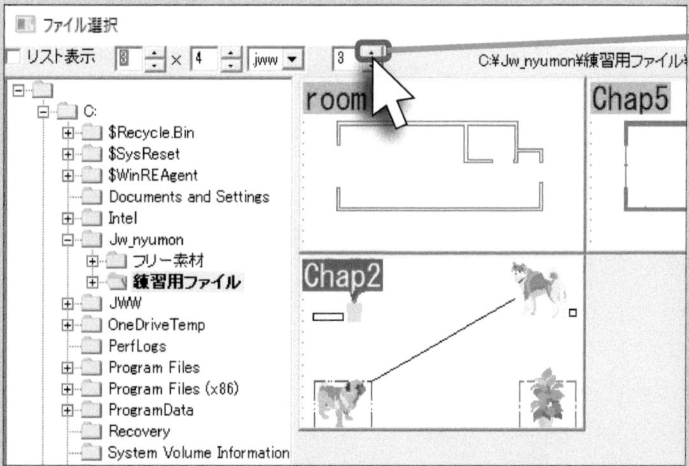

▲ をクリックすると、ファイル名が大きく表示されます

終わり

レッスン 9

一部を拡大表示しよう

キーワード 拡大　　練習用ファイル ▶Chap2.jww（レッスン❽の続

パソコンの画面にそれよりも大きい用紙サイズを設定して図を描くため、作図中の図面の一部を拡大表示したり、元の大きさに戻したりを頻繁に行う必要があります。Jw_cadでは拡大表示コマンドはありません。Jw_cad特有の両ボタンドラッグ操作で、選択コマンドの操作途中いつでも任意の範囲を拡大表示できます。

操作はこれだけ　合わせる　両ボタンドラッグ

左上から右下に両ボタンドラッグします

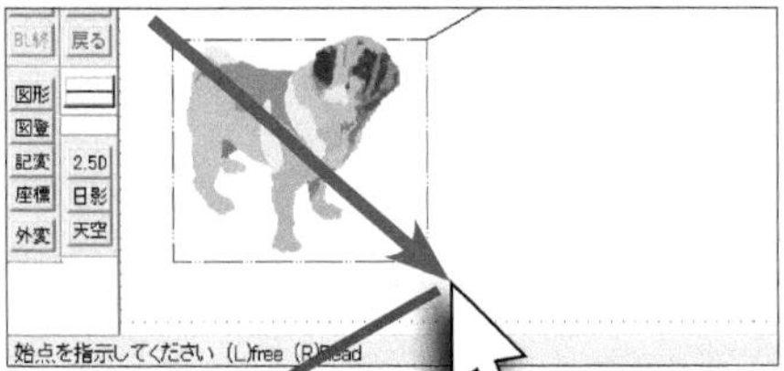

拡大する部分の左上から右下まで両ボタンドラッグ　します

両ボタンドラッグで囲んだ部分が拡大表示されました

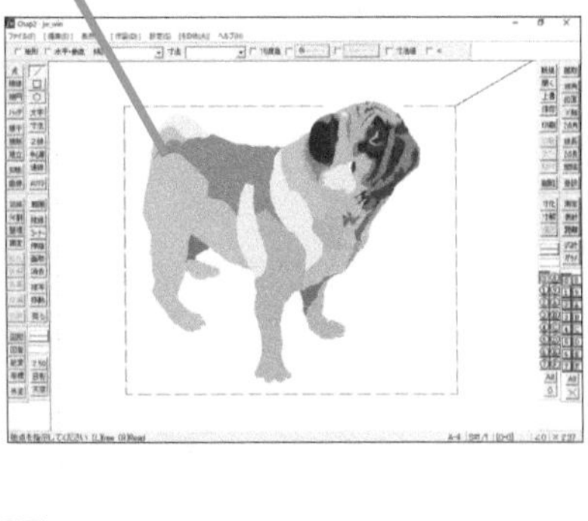

● 指定範囲の拡大表示

拡大枠で囲むことで拡大範囲を指定します。拡大する範囲の左上からマウスの左右両方のボタンを押したまま右下方向にマウスを移動します（両ボタンドラッグ）。表示される拡大枠で拡大する範囲を囲んだら、ボタンから指をはなしてください。

ヒント

拡大範囲を囲む前に指をはなしてしまうと何もない部分が拡大表示され、図が消えたようになる場合があります。その場合は、レッスン❿の方法で用紙全体表示に戻してください。また、左右両方のボタンを押す代わりにホイールボタンを押したままマウスを移動することでも拡大操作が行えます。

① 拡大する部分を拡大枠で囲みます

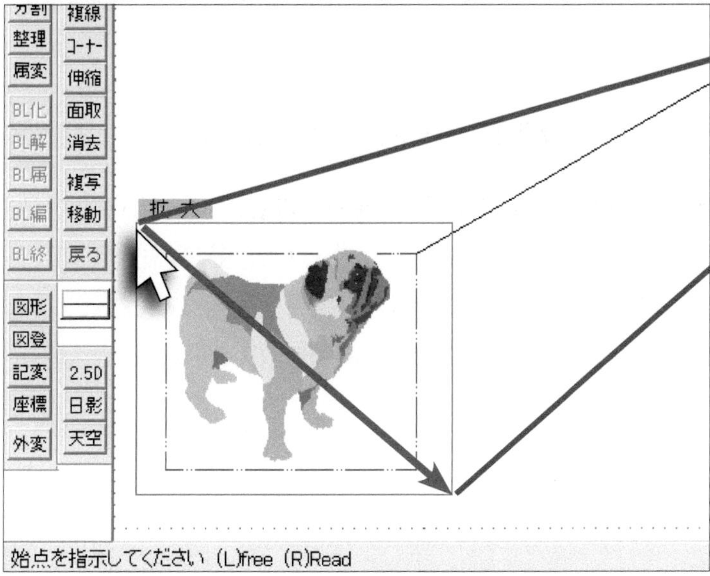

❶拡大する部分の左上に↖を合わせます

❷そのまま拡大する範囲の右下まで両ボタンドラッグ します

② 拡大枠で囲んだ部分が拡大表示されました

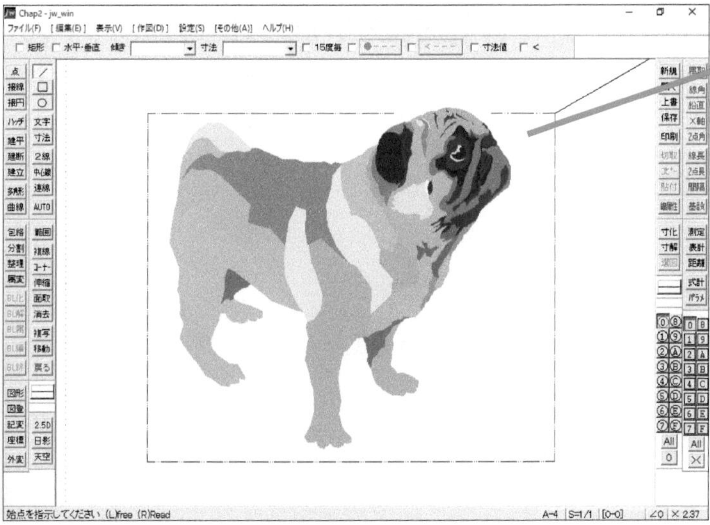

両ボタンドラッグで囲んだ部分が拡大表示されました

レッスン❿で続けて操作するので、拡大表示したままにしておきます

終わり

レッスン10

用紙全体を表示しよう

動画で見る

キーワード 全体表示

練習用ファイル ▶Chap2.jww（レッスン❾の続

CADでは作図中の図面の一部を拡大表示したり、元の大きさに戻したりを頻繁に行います。Jw_cadには用紙全体を表示するコマンドはありません。Jw_cad特有の両ドラッグ操作で行います。左右両方のボタンを押したまま右上方向にドラッグすることで、選択コマンドの操作途中いつでも用紙全体を表示できます。

操作はこれだけ　合わせる　クリック　両ボタンドラッグ

右上方向に両ボタンドラッグします

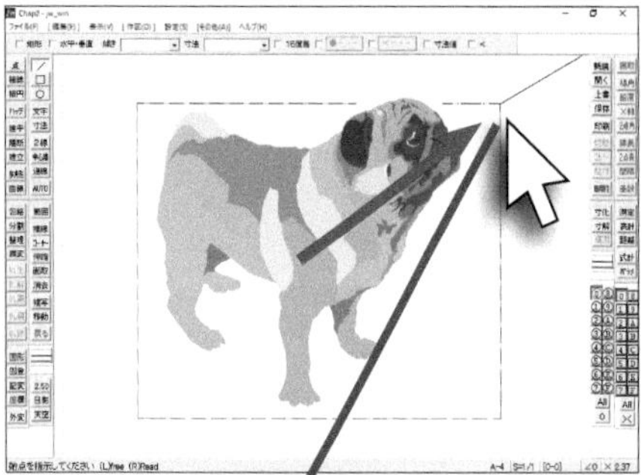

右上方向に両ボタンドラッグします

●用紙の全体表示

作図ウィンドウ内であれば、どの位置からでも結構です。マウスの左右両方のボタン（またはホイールボタン）を押したまま右上方向に移動し、[全体]と表示されたらボタンから指をはなします。

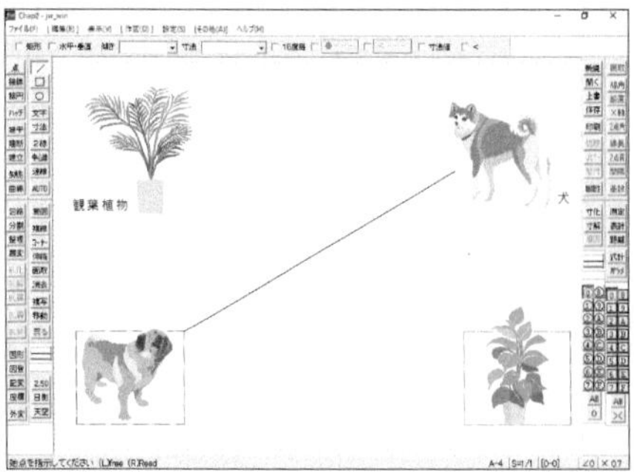

用紙全体が表示されました

ヒント

両ボタンドラッグの代わりにキーボードのHomeキーを押しても、用紙全体が表示されます。

① 用紙全体を表示します

❶作図ウィンドウ内の適当な位置に を合わせます

❷そのまま右上方向に両ボタンドラッグ します

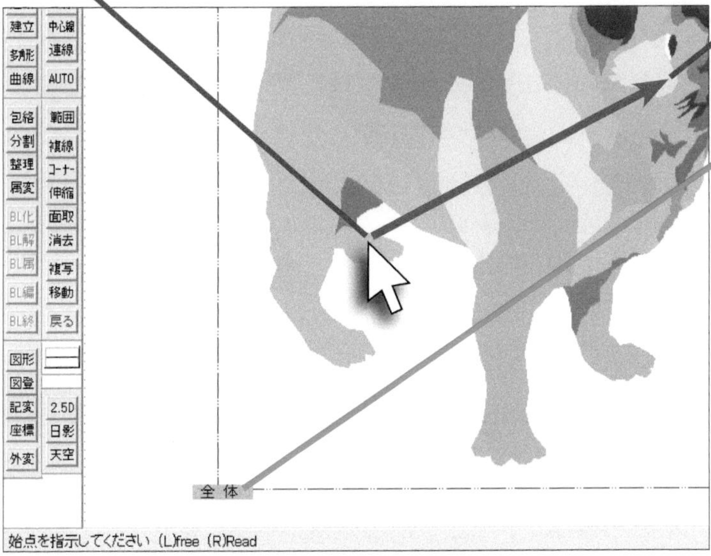

［全体］と表示されます

ヒント

［全体］と表示されたらボタンから指をはなします。長い距離をドラッグする必要はありません。

② 用紙全体が表示されました

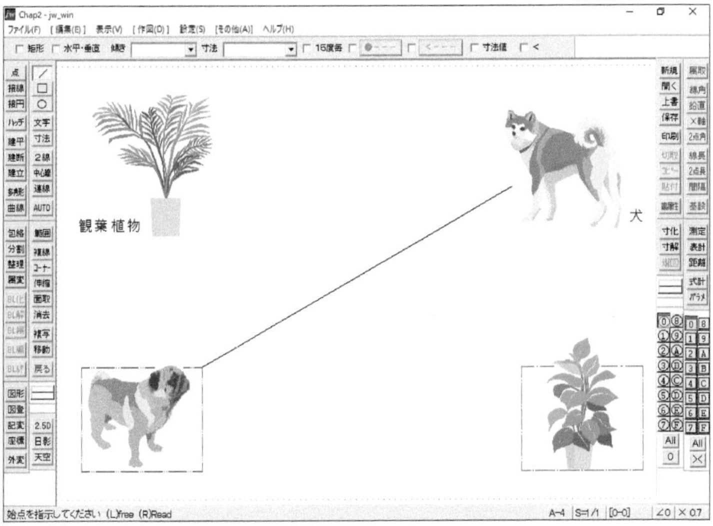

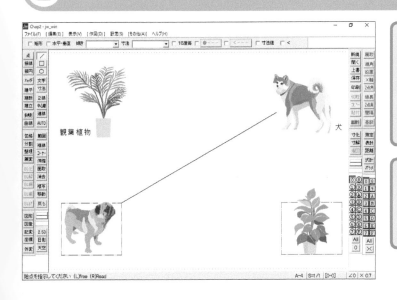

レッスン❾、❿の操作で、拡大表示と用紙全体表示がいつでもできます

レッスン⓫で続けて操作するので、ファイルを開いたままにしておきます

終わり

レッスン 11 線を描こう

動画で見る

キーワード [線] コマンド

練習用ファイル ▶Chap2.jww（レッスン⑩の続

[線]コマンドで線の両端点（始点と終点）の位置を指示することで線を作図します。始点・終点として何もない位置を指示するにはクリックします。一方、作図されている線の端点や交点など、図面上の点を指示するには右クリックします。Jw_cad特有のクリックと右クリックの使い分けも覚えましょう。

操作はこれだけ　合わせる　クリック　右クリック

[線] コマンドで線を描きます

● [線] コマンド

[線] コマンドを選択すると、ステータスバーに「始点を指示してください (L) free (R) Read」と表示されます。始点として何もない位置を指示するにはクリック、作図済みの線の端点や交点など図面上の点を指示するには右クリックします。

何もないところを始点にするにはクリック します

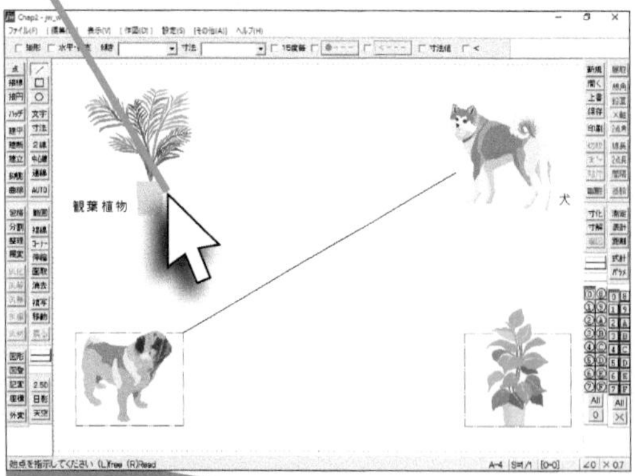

始点を指示してください (L)free (R)Read

作図されている線の端点を終点にするには右クリック します

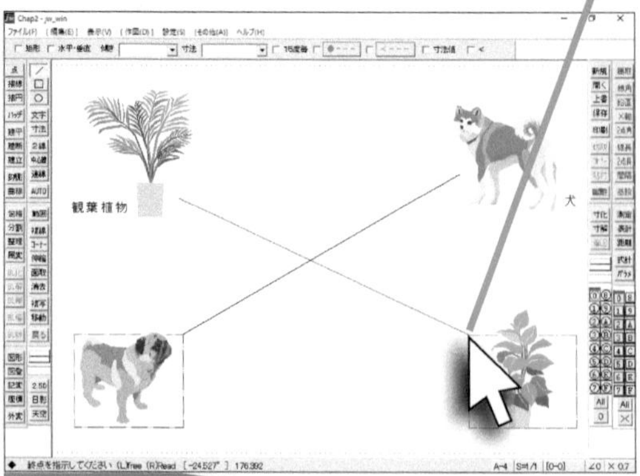

◆ 終点を指示してください (L)free (R)Read

① [線] コマンドを選択します

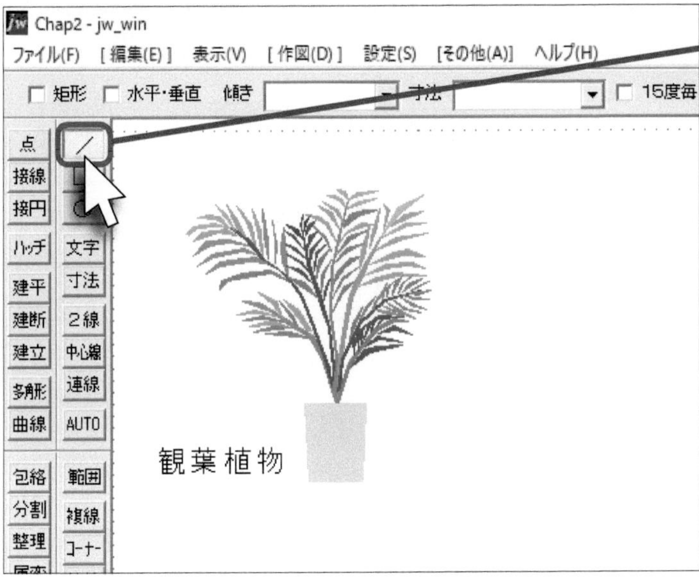

❶ ／ に ⇖ を合わせます

❷そのまま、マウスをクリック しします

② 始点を指示します

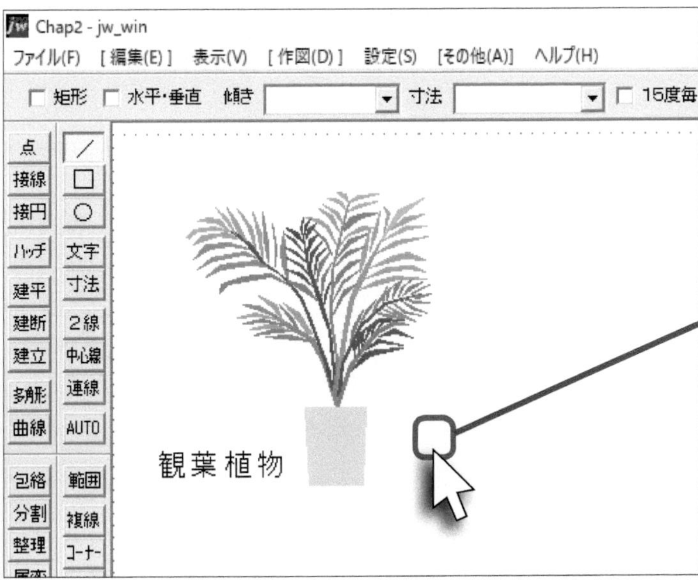

ここでは左上の「観葉植物」から、右下の植物の枠の左上角まで直線を描きます

❶このあたりに ⇖ を合わせます

❷そのまま、マウスをクリック しします

次のページに続く▶▶▶

3 終点を指示します

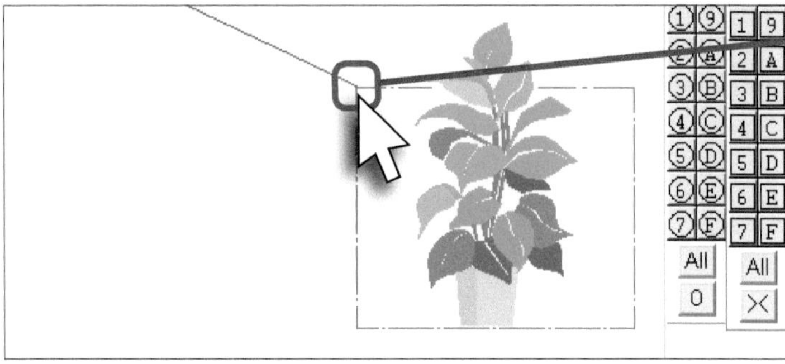

❶枠の左上角に を合わせます

❷そのまま、マウスを右クリック します

4 続けて、次の線の始点を指示します

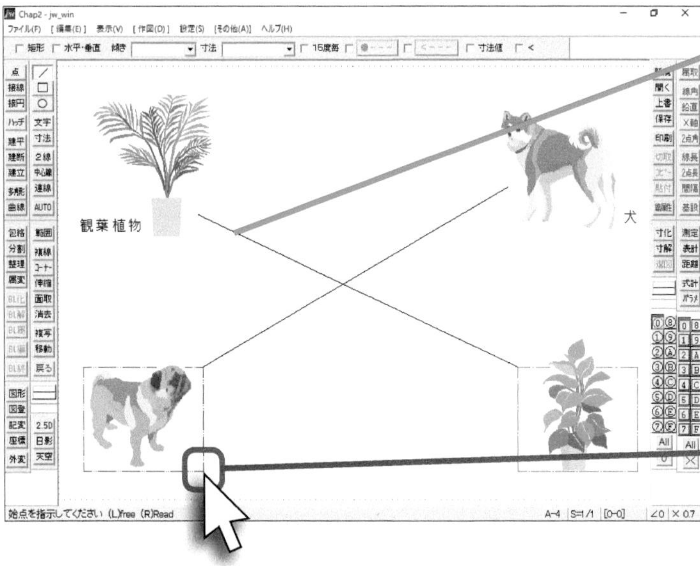

指示した始点と終点を結ぶ直線が描けました

次に、左下の犬の枠の右下角から、右下の植物の枠の左上角まで線を描きます

❶枠の右下角に を合わせます

❷そのまま、マウスを右クリック します

ヒント

線の始点または終点を指示するときに、図面上の点にマウスカーソルを合わせ右クリックすることで、その点を読み取り、始点または終点とします。右クリックしたとき、「点がありません」と表示されるのは、近くに読み取れる点がないためです。マウスカーソルを目的の点にさらに近づけて再度右クリックしてください。

5 2本目の線の終点を指示します

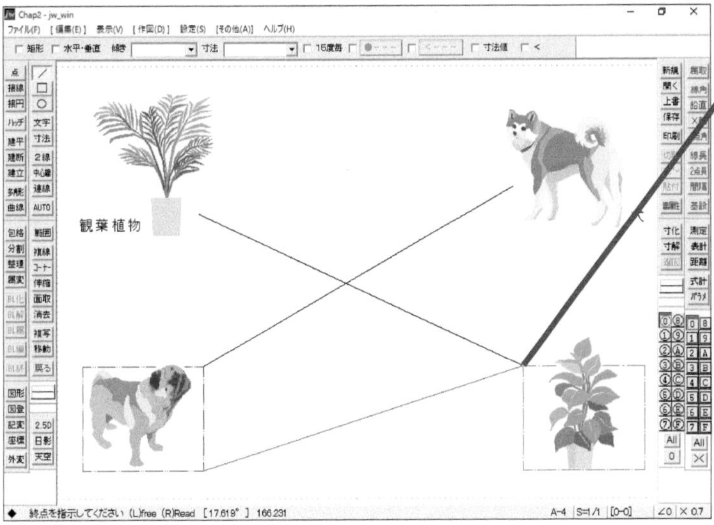

枠の左上の角に を合わせ、そのまま、マウスを右クリック しします

レッスン⑫で続けて操作するので、ファイルを開いたままにしておきます

ヒント

ここで学習した点を指示するときのクリックと右クリックの使い分けは、他のコマンドでも共通です。ステータスバーの操作メッセージに「(L) free (R) Read」が表示されているときには、図面上の点は右クリックで指示します。

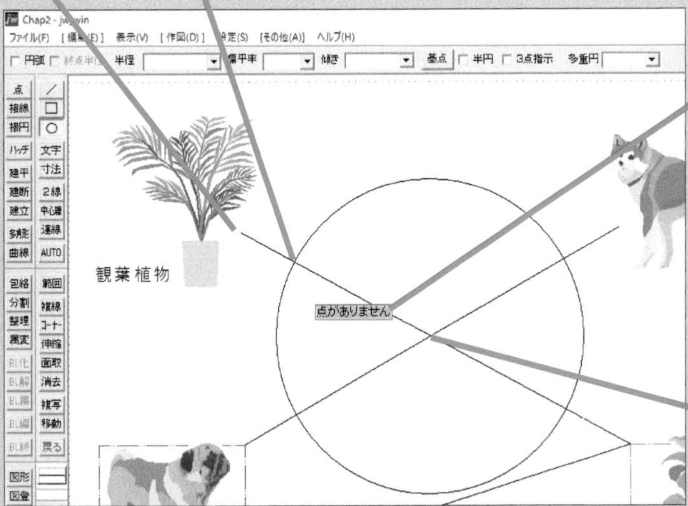

終わり

レッスン 12
円を描こう

動画で見る

キーワード [円] コマンド

練習用ファイル ▶Chap2.jww（レッスン⑪の続き

[円] コマンドで円の中心点と円周上の位置を指示することで円を作図します。円の中心点や円周上の位置として何もない位置を指示するにはクリック、作図されている線の端点や交点など、図面上の点を指示するには右クリックします。クリックと右クリックの使い分けは線の作図と同じです。

操作はこれだけ　合わせる　クリック　右クリック

[円] コマンドで円を描きます

● [円] コマンド

ここでは、2本の線の交点を中心点とした適当な大きさの円を作図します。[円] コマンドで中心点として2本の線の交点を右クリックすると、交点を中心点とした円がプレビュー表示されるので、それを目安に円周上の位置をクリックします。

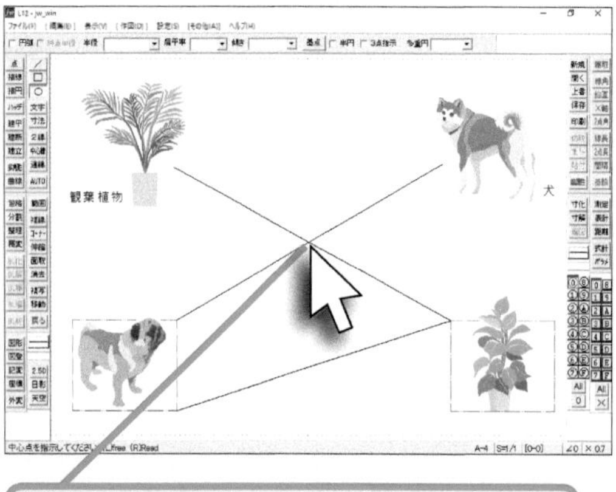

○ を選択して、交点に を合わせて、そのまま、マウスを右クリック します

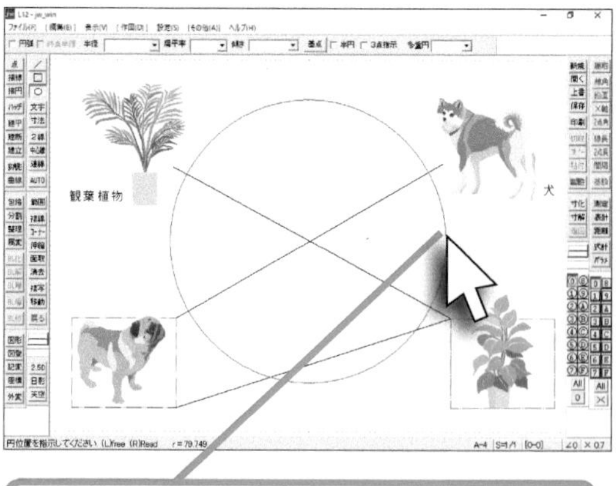

円のプレビューを目安にマウスをクリック します

第2章 基本的な操作を身に付けよう

① [円] コマンドを選択します

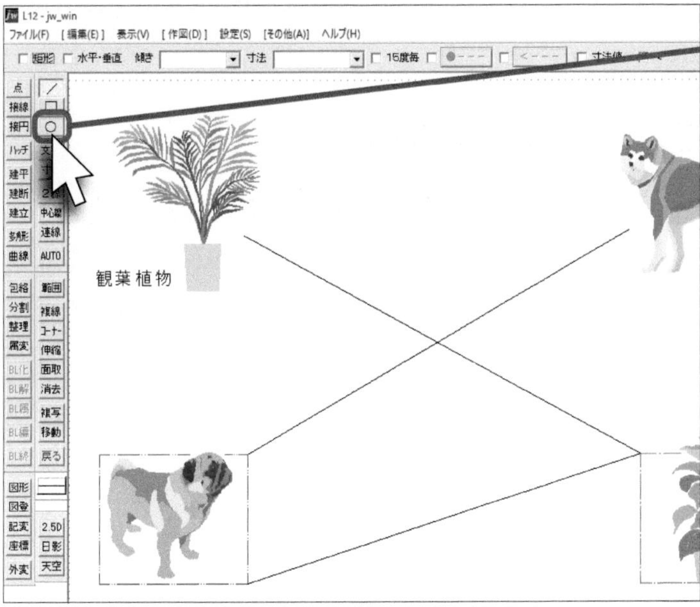

❶ ○ に を合わせます

❷そのまま、マウスをクリック します

② 中心点を指示します

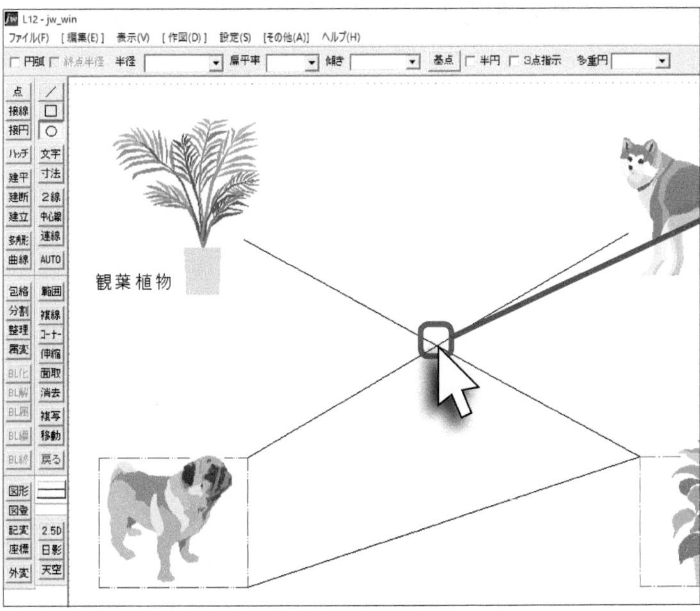

ここでは直線の交点を、円の中心点に指示します

❶交点に を合わせます

❷そのまま、マウスを右クリック します

次のページに続く▶▶▶

③ 円の大きさを指定します

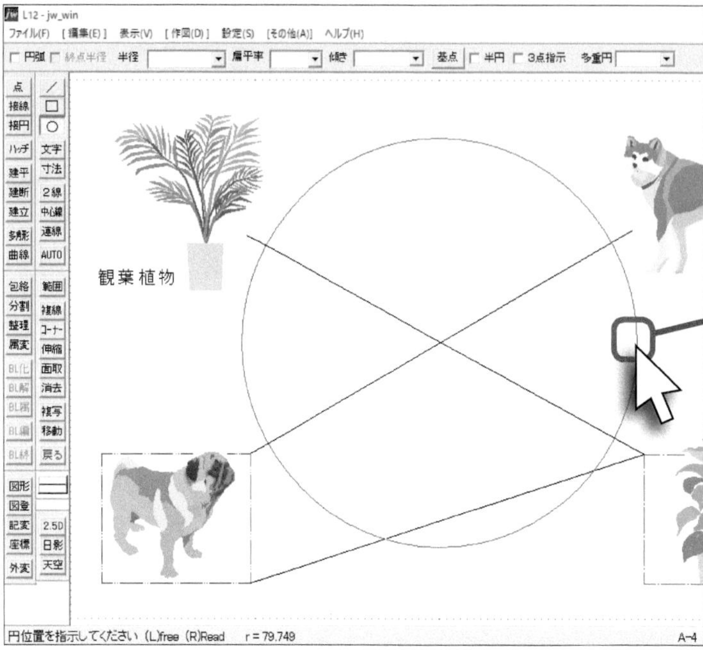

マウスカーソルを中心点から遠ざけるに従い、プレビューされる円が大きくなります

好きな位置に を合わせ、そのまま、マウスをクリック します

④ 続けて次の円の中心点を指示します

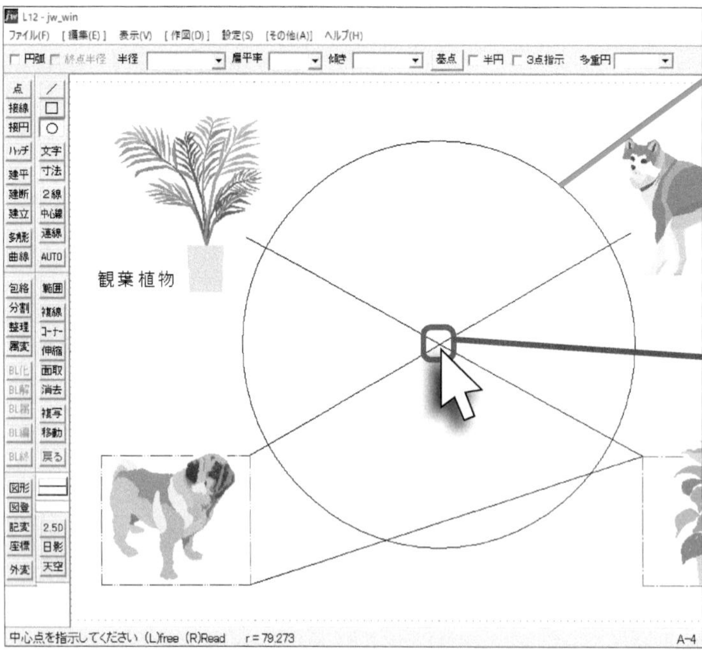

直線の交点を中心点とする円が描けました

続けてもう１つ円を描きます

❶交点に を合わせます

❷そのまま、マウスを右クリック します

5 2つ目の円の大きさを指定します

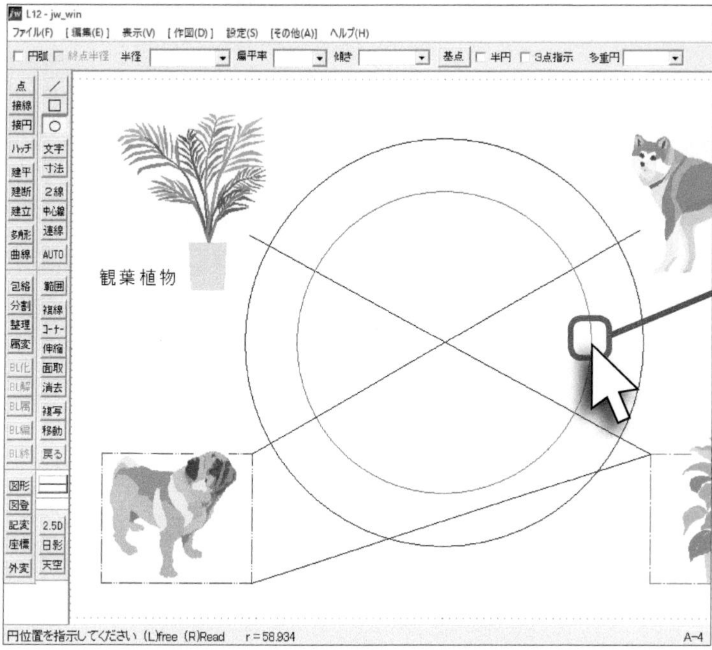

ここでは、最初に描いた円よりも小さい円を描きます

最初の円よりも内側に を合わせ、そのまま、マウスをクリック します

6 2つの円を描くことができました

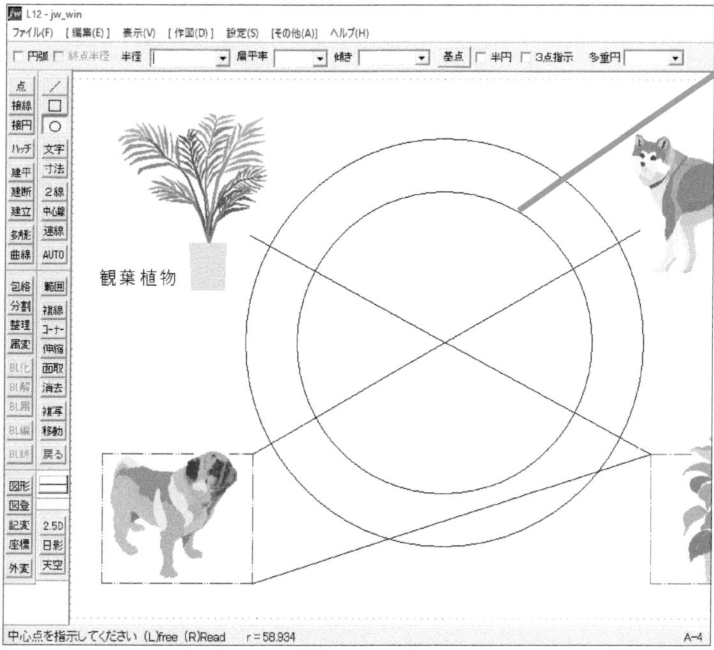

最初の円よりも、小さい円を描けました

レッスン⓭で続けて操作するので、ファイルを開いたままにしておきます

終わり

レッスン 13 線・円・文字を消そう

キーワード [消去] コマンド

練習用ファイル ▶Chap2.jww（レッスン⑫の続き）

[消去] コマンドを選択し、消去対象の線や円、文字を右クリックします。[消去] コマンドにもクリックと右クリックの使い分けがありますが、[線] [円] コマンドとは違う使い分けです。線や円の一部を消す場合はクリック、1つの線や円、文字を丸ごと消すには右クリックと覚えましょう。

操作はこれだけ　合わせる　クリック　右クリック

[消去] コマンドで線や円などを消します

● [消去] コマンド

[消去] コマンドを選択すると、ステータスバーに「線・円マウス（L）部分消し　図形マウス（R）」と操作メッセージが表示されます。ここでは線や円の一部を消すのではなく、線や円、文字を丸ごと消すため、消去対象の線や円、文字を右クリックします。

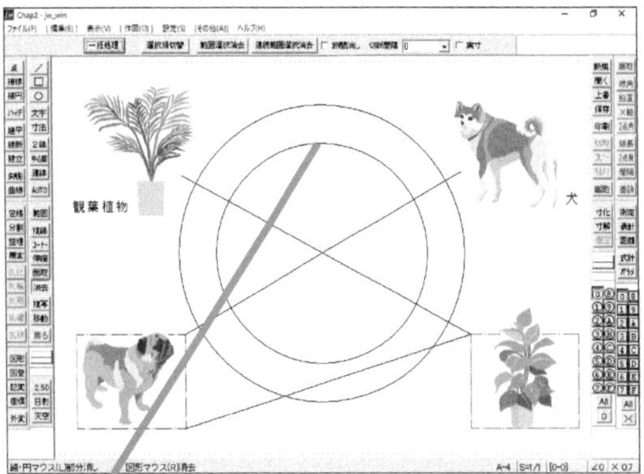

消去 を選択して、消したい円にを合わせて、そのまま、マウスを右クリック します

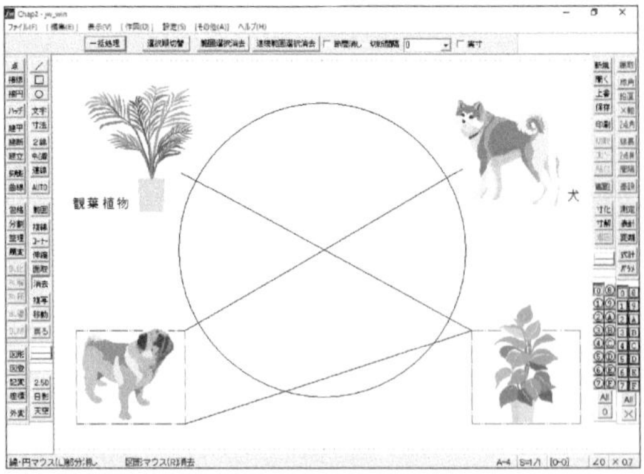

右クリックした円が消去されました

① [消去] コマンドを選択します

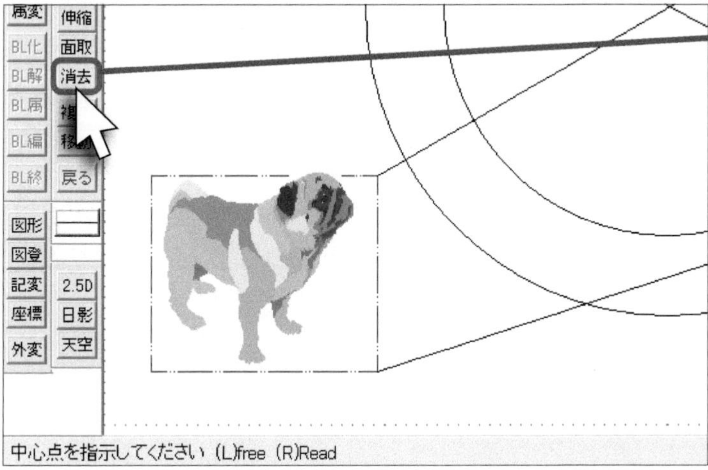

❶ 消去 に を合わせます

❷そのまま、マウスをクリック します

② 内側の円を消します

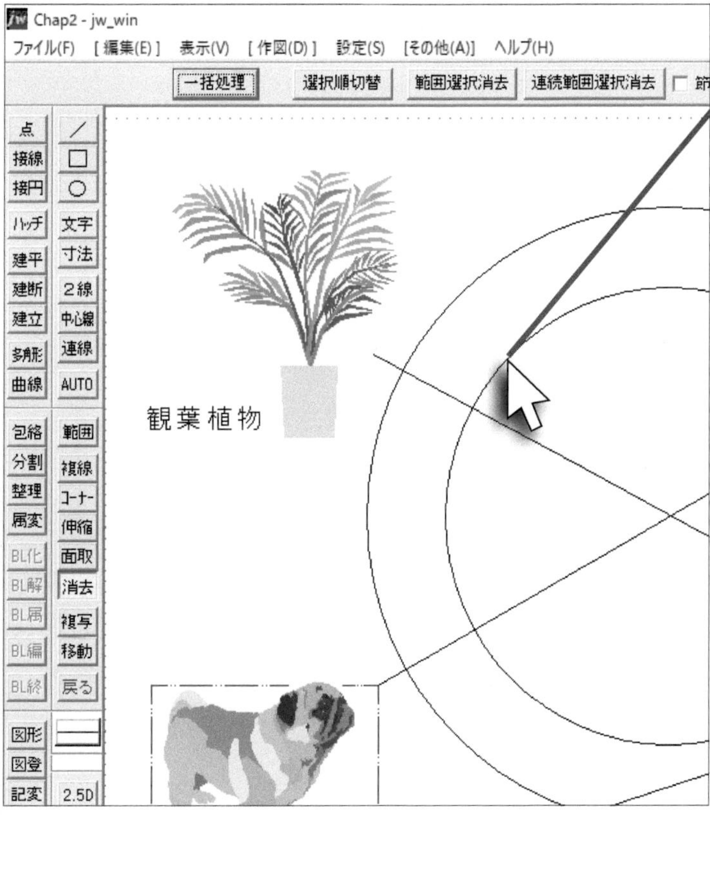

❶内側の円に を合わせます

❷そのまま、マウスを右クリック します

ヒント

誤ってクリックした場合、円が部分消しの対象としてピンクになります。その場合はEscキーを押し、円を元の色に戻したうえで、改めて右クリックしてください。

次のページに続く▶▶▶

3 下の枠の角同士を結んだ線を消します

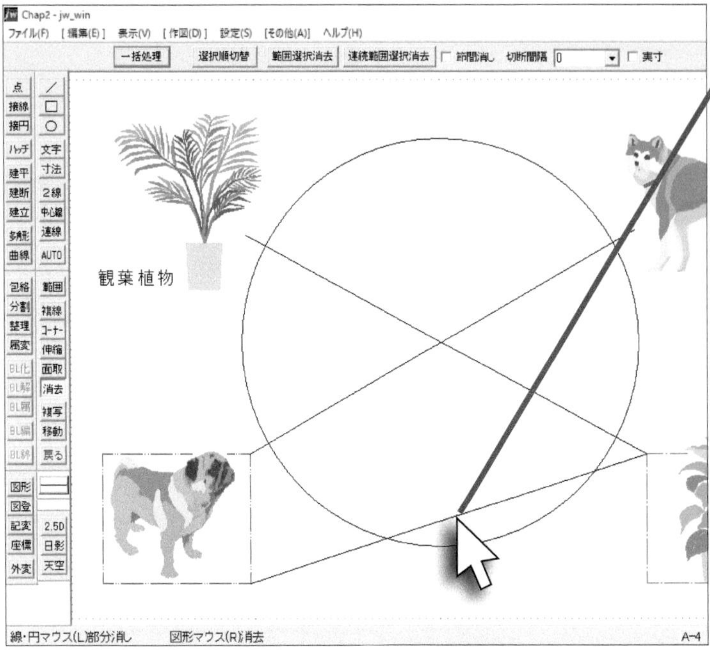

❶線に[マウスポインター]を合わせます

❷そのまま、マウスを右クリック[右クリック]します

ヒント

消去する線を間違いなく指示できるよう、他の線・円と交差する付近は避け、他の線・円と明瞭に区別できる位置で右クリックしましょう。

4 文字を消します

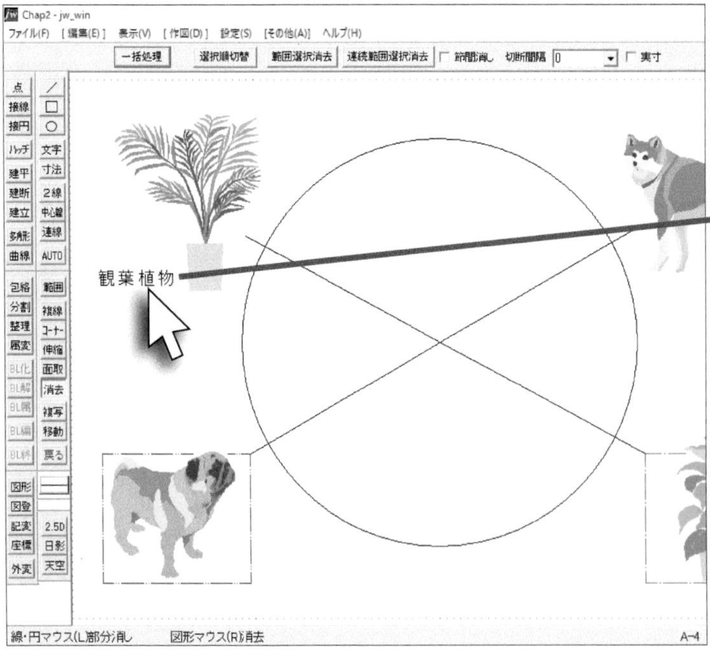

下の枠の角同士を結んだ線を消せました

❶「観葉植物」という文字に[マウスポインター]を合わせます

❷そのまま、マウスを右クリック[右クリック]します

⑤ もう1つの円を消します

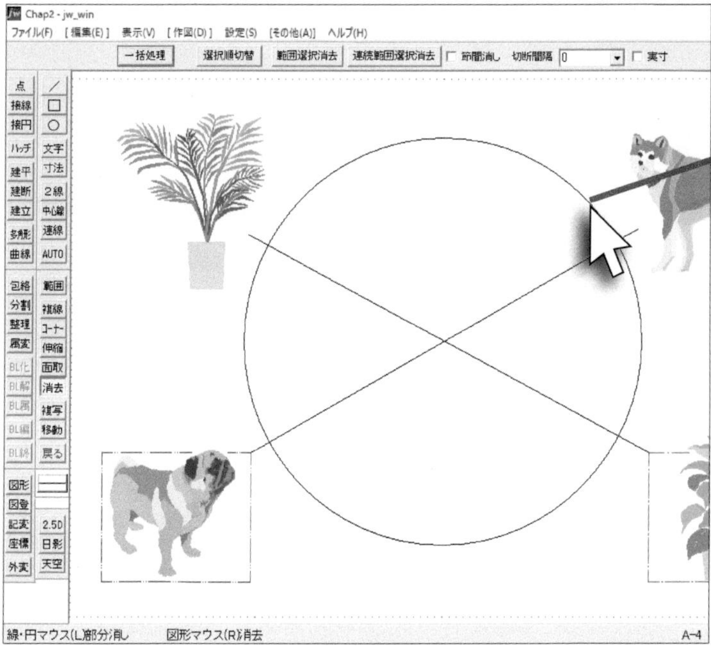

文字を消せました

❶円に［ポインタ］を合わせます

❷そのまま、マウスを右クリック［マウス］します

⑥ 左から右下への斜線を消します

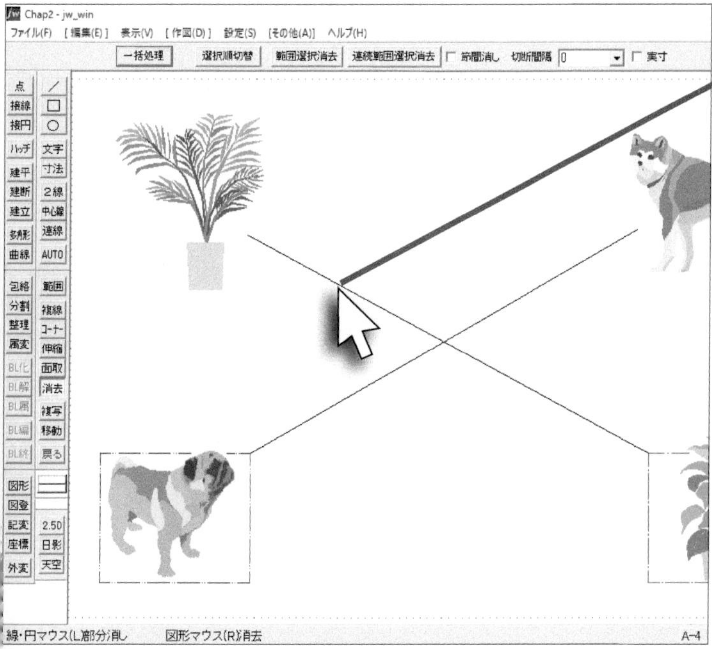

線に［ポインタ］を合わせて、そのまま、マウスを右クリック［マウス］します

左から右下への斜線が消えます

次のレッスンで操作前に戻すので、そのままの画面にしておきます

終わり

レッスン 14

操作前に戻そう

キーワード [戻る] コマンド

練習用ファイル ▶Chap2.jww（レッスン⑬の続

作図や編集操作を誤ったときには、[戻る] コマンドを選択することで、それらを取り消し、操作前の状態に戻すことができます。ここでは、[戻る] コマンドを使って、レッスン⑬で消去した線や円を消去前の状態に戻してみましょう。

操作はこれだけ 合わせる　クリック

[戻る] コマンドで元の状態に戻します

● [戻る] コマンド

ツールバーの [戻る] コマンドをクリックすることで、クリックした回数分、操作を取り消し、操作前の状態に戻すことができます。[戻る] コマンドをクリックする代わりに Esc キーを押しても同じ働きをします。

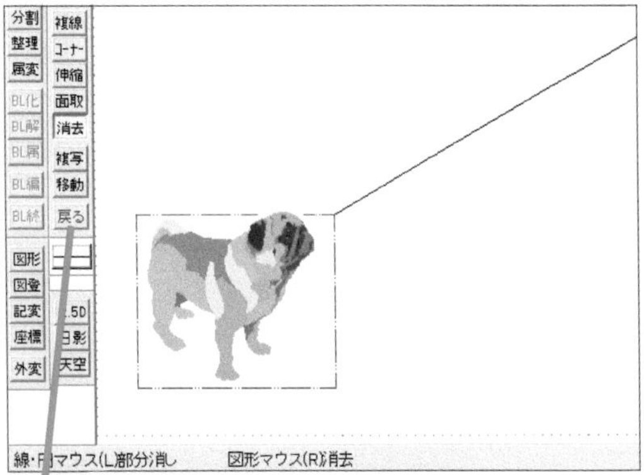

戻る に を合わせて、そのまま、マウスをクリック します

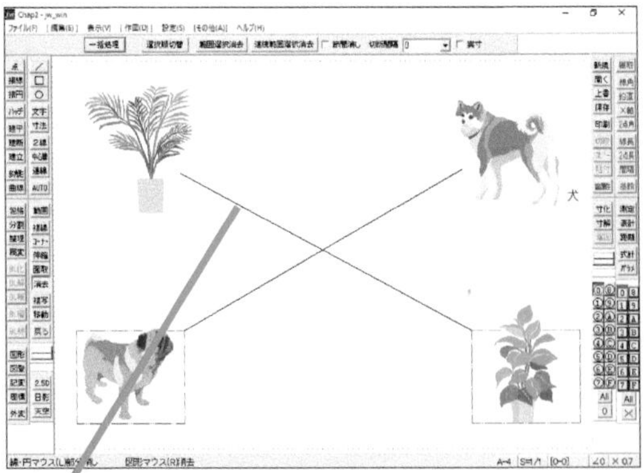

直前に消去した線が、元に戻りました

① [戻る] コマンドを選択します

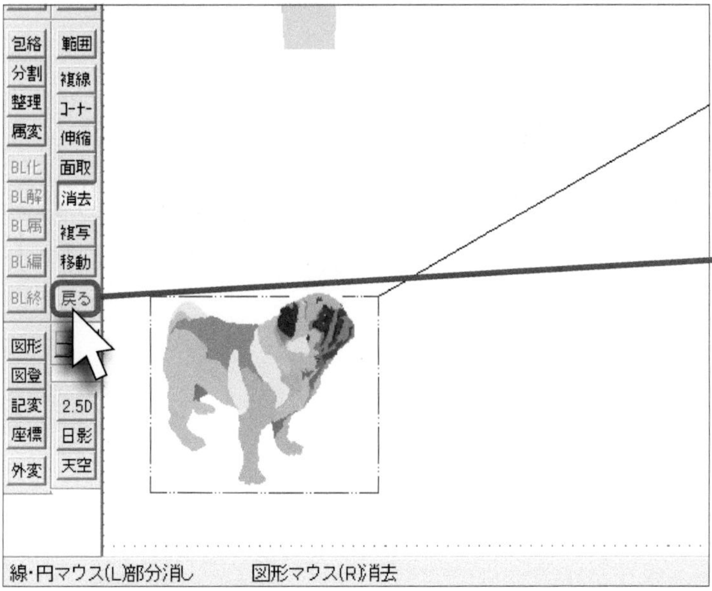

レッスン⓭の手順6で消去した線を元に戻します

❶ 戻る に を合わせます

❷そのまま、マウスをクリック します

② 直前の操作が取り消されました

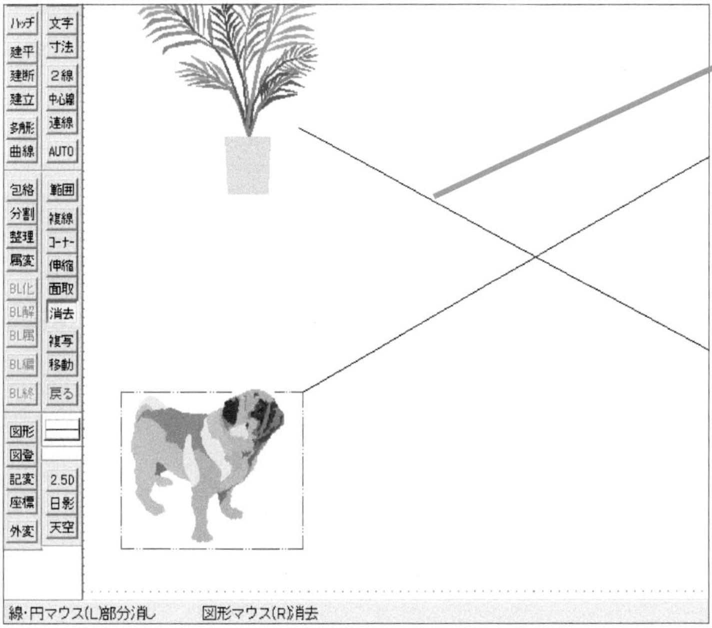

直前に消去した線が元に戻りました

ヒント

[戻る] コマンドをクリックして戻した後も、[戻る] コマンドをクリックする前の [消去] コマンドが選択されたままです。

次のページに続く▶▶▶

③ その前に消去した円を元に戻します

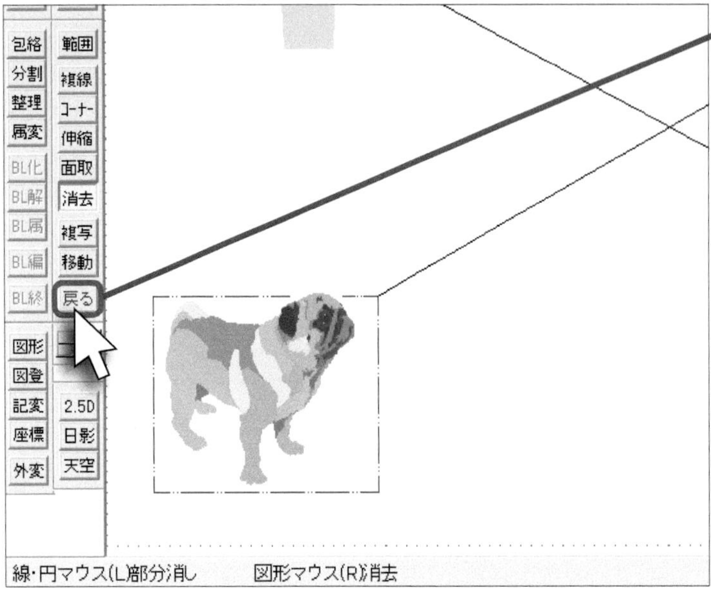

❶ 戻る に [マウスポインター] を合わせます

❷そのまま、マウスをクリック [クリック] します

④ その前の操作が取り消されました

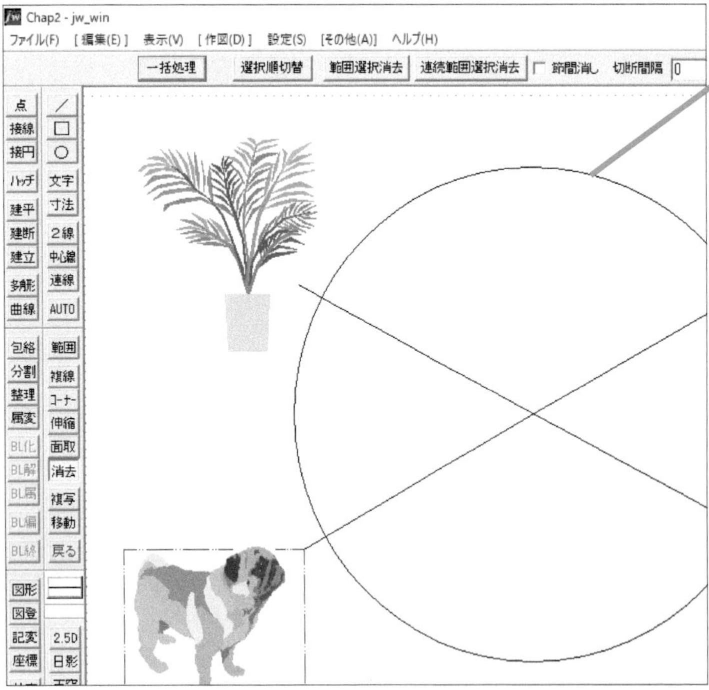

その前に消去した円が元に戻りました

レッスン⑮で続けて操作するので、ファイルを開いたままにしておきます

終わり

ヒント

さらに［戻る］コマンドをクリックすると、その前に消去した文字が戻ります。このように［戻る］コマンドをクリックした回数分の操作を取り消し、元の状態に戻すことができます。［戻る］コマンドを余分にクリックして戻しすぎた場合は、［進む］コマンドを選択することで、［戻る］コマンドをクリックする前の状態に復帰できます。

ここでは手順3～4で元に戻した円を、再び消去する例で説明します

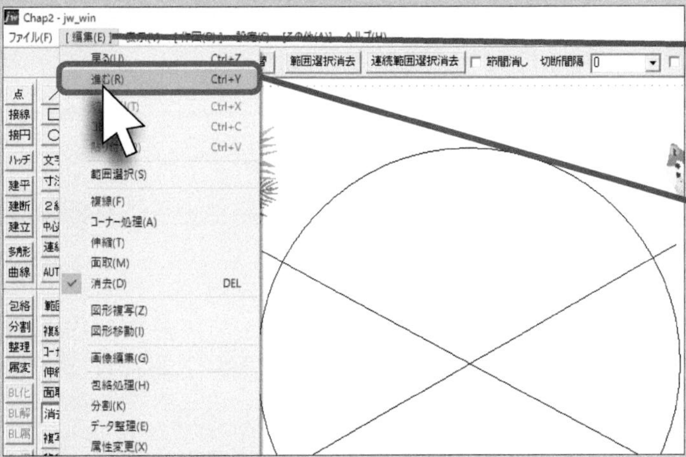

❶［編集(E)］にを合わせます

❷進む(R)にを合わせて、そのまま、マウスをクリックします

円が再び消去されました

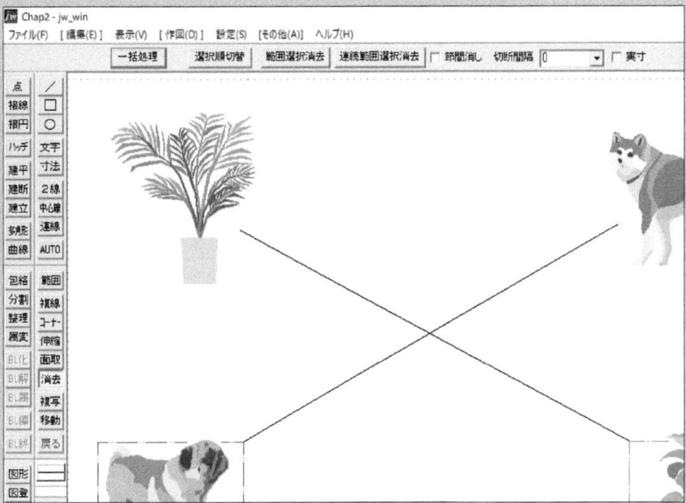

再び［戻る］コマンドをクリックすると、操作1、2で消去された円が元に戻ります

レッスン 15 線や円の一部を消そう

キーワード 節間消し

練習用ファイル ▶Chap2.jww（レッスン⑭の続

［消去］コマンドでは、右クリックで線や円、文字を消しますが、線や円をクリックするとその一部分を消します。ここでは、［消去］コマンドのコントロールバー［節間消し］にチェックマークを付けて、線や円をクリックしてその一部分を消す方法を覚えましょう。

操作はこれだけ　合わせる　クリック

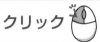

［節間消し］を有効にします

●節間消し

［消去］コマンドのコントロールバー［節間消し］にチェックマークを付けて、線や円をクリックすると、そのクリック位置の両側の点間を部分的に消します。クリックした線や円の上に点がない場合は、線や円を丸ごと消去します。

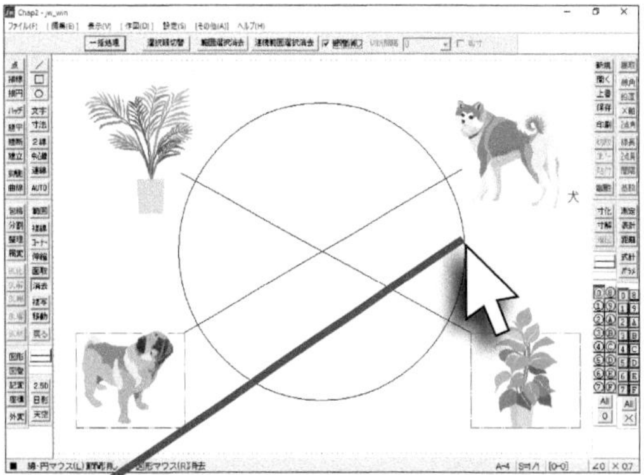

［節間消し］を有効にして、円をクリック します

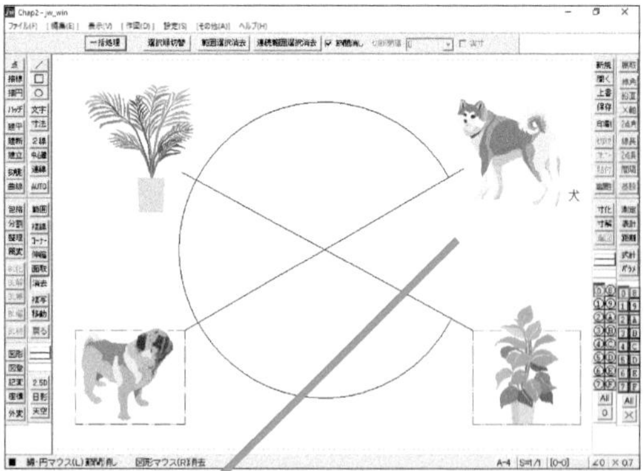

円のクリックしたこの部分が消去されました

1 ［節間消し］を有効にします

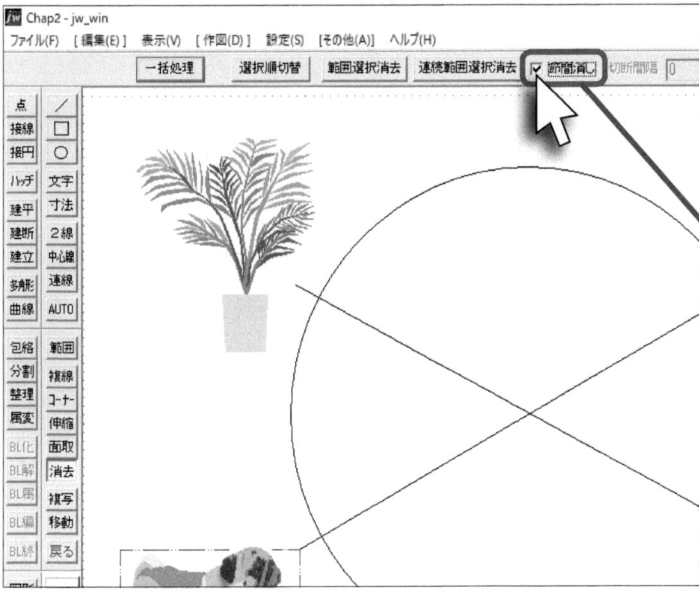

［消去］コマンドが選択されていることを確認しておきます

節間消しの□をクリック してチェックマークを付けます

2 円を消去する部分を指定します

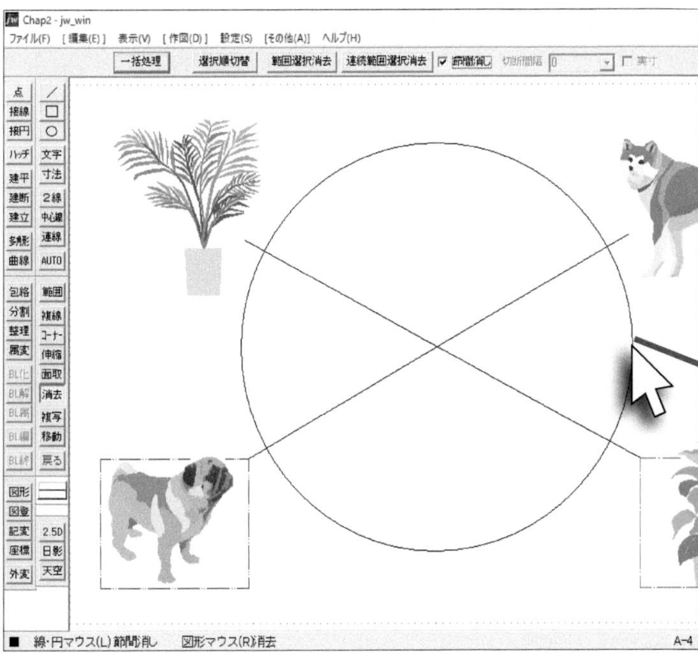

❶消したい部分に を合わせます

❷そのまま、マウスをクリック します

次のページに続く▶▶▶

③ 円と線の間の線を消去します

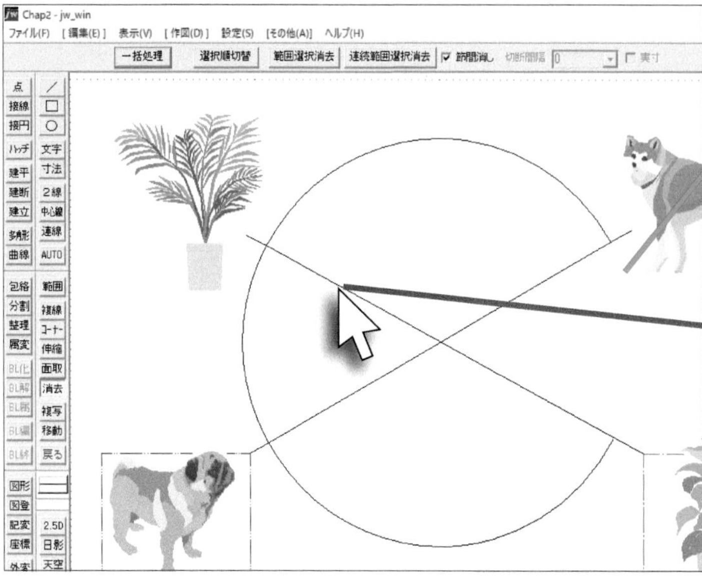

クリック位置両側の交点の間が消去されました

❶消したい部分に![]を合わせます

❷そのまま、マウスをクリックします

④ 左上の端の線を消去します

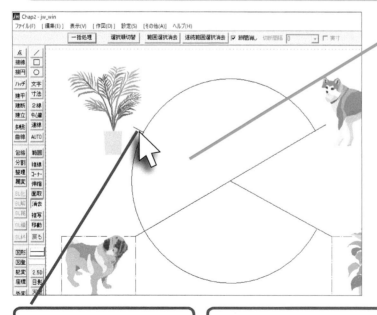

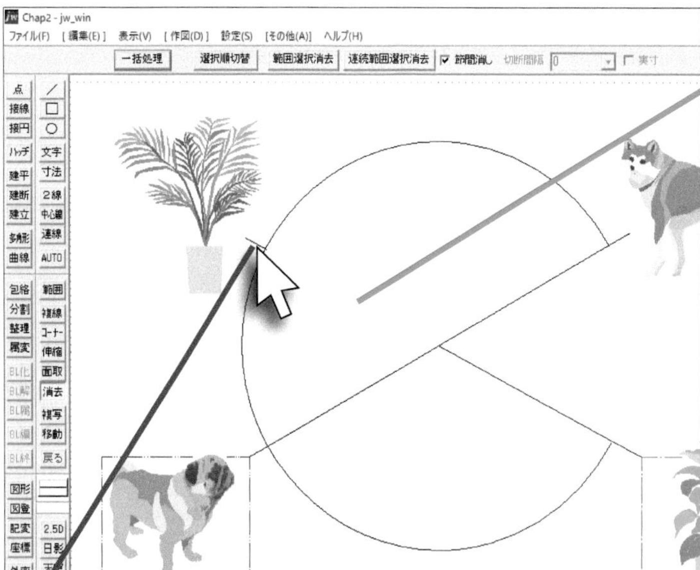

クリック位置両側の交点の間が消去されました

❶消したい部分に![]を合わせます

❷そのまま、マウスをクリックします

第2章 基本的な操作を身に付けよう

⑤ 消去を続けます

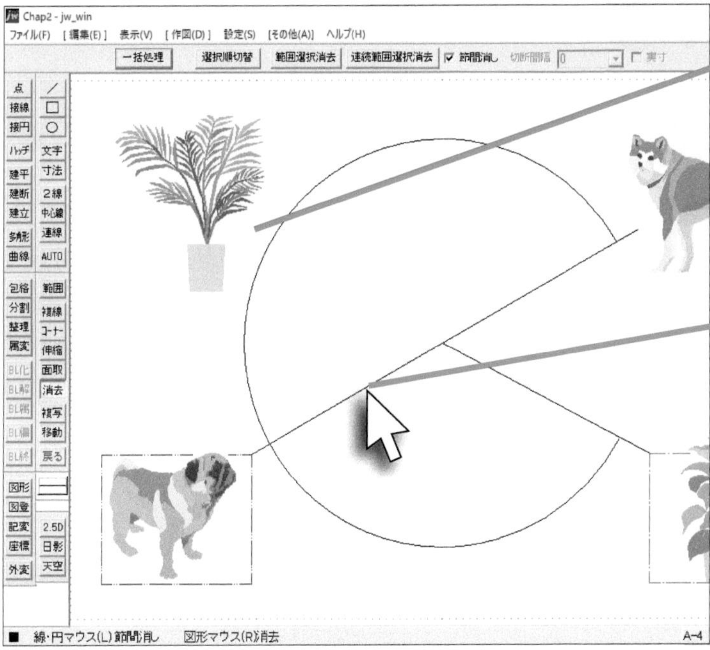

クリック位置両側の点は線の両端点なので、線が丸ごと消去されました

同様の手順で、消したい部分を消去して、次の画面のようにします

ヒント

間違った範囲が消えてしまった場合は、レッスン⓮で学習した［戻る］コマンドを選択して元に戻しましょう。

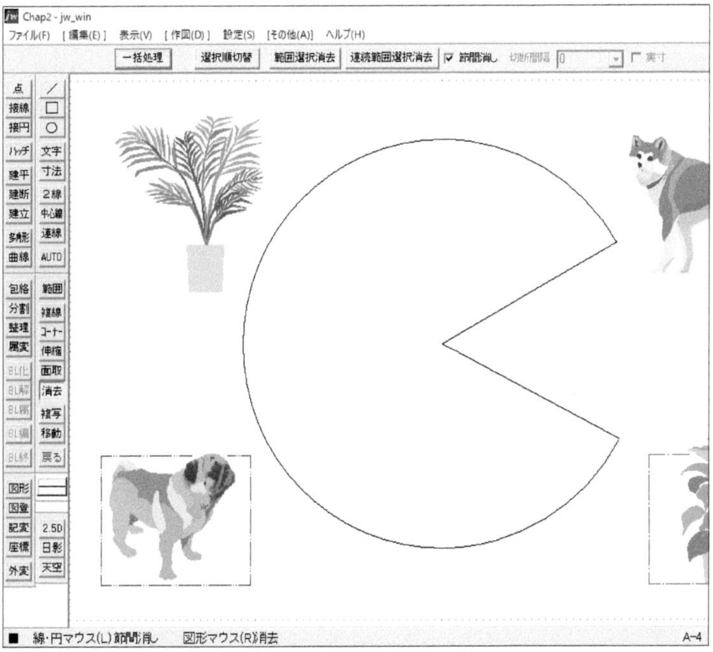

作りたい図に変更されました

レッスン⓰で続けて操作するので、ファイルを開いたままにしておきます

終わり

レッスン 16

図面を保存せずに終了しよう

キーワード 保存をせずに終了

練習用ファイル ▶ Chap2.jww（レッスン⑮の続き

ここでJw_cadを終了すると、作図ウィンドウの図面は破棄されます。この図面を残しておくには保存する必要があります。ここで練習した結果は残さないため、保存をせずに終了しましょう。そうすれば、レッスン❽で開いた「Chap2.jww」は開いたときのままです。再度、レッスン❽から同じ練習を行えます。

操作はこれだけ　合わせる　クリック

Jw_cadの終了

● 保存のダイアログボックス

作図ウィンドウの図面が保存されていないと終了時に消えてしまうため、保存するかどうかを確認するダイアログボックスが開きます。［いいえ］ボタンをクリックすると図面を保存せずに終了します。

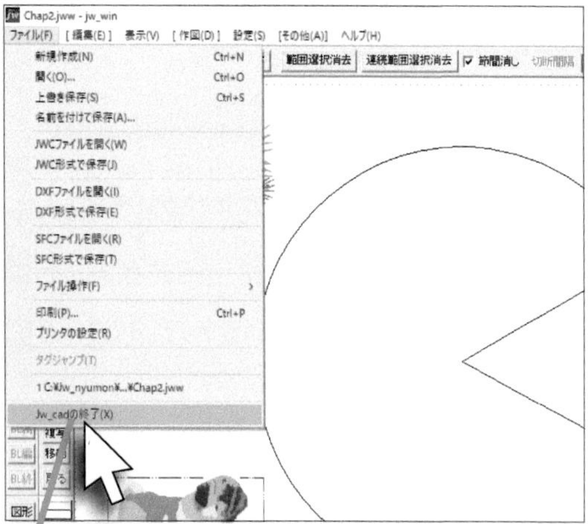

図面に変更を加えた状態で、Jw_cadを終了します

表示されたダイアログボックスで［いいえ］をクリックすると、保存せずにJw_cadを終了します

① [ファイル] のプルダウンメニューから終了します

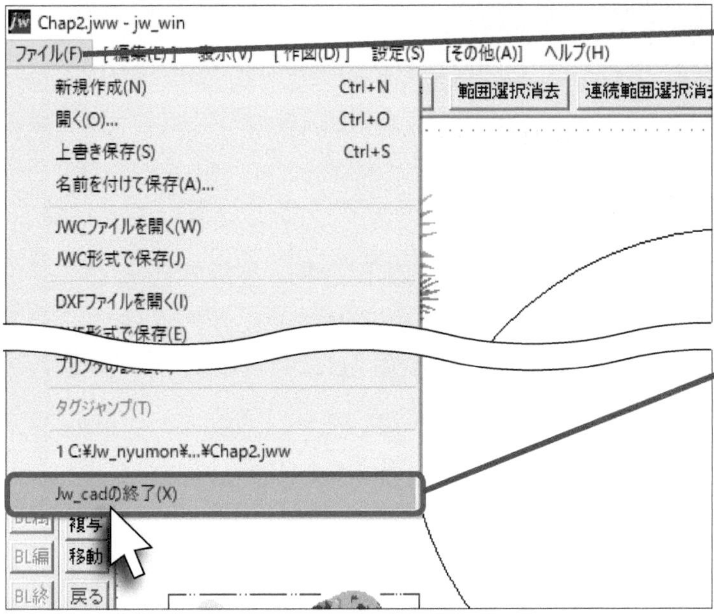

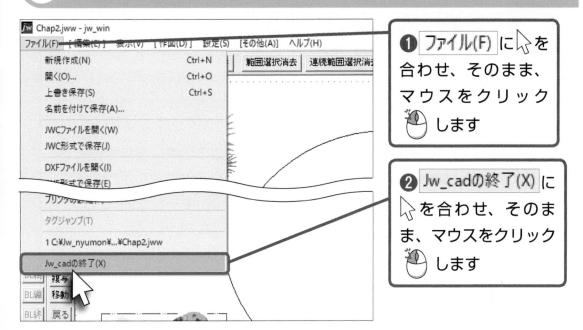

❶ ファイル(F) に を合わせ、そのまま、マウスをクリック します

❷ Jw_cadの終了(X) に を合わせ、そのまま、マウスをクリック します

② 保存をせずに終了します

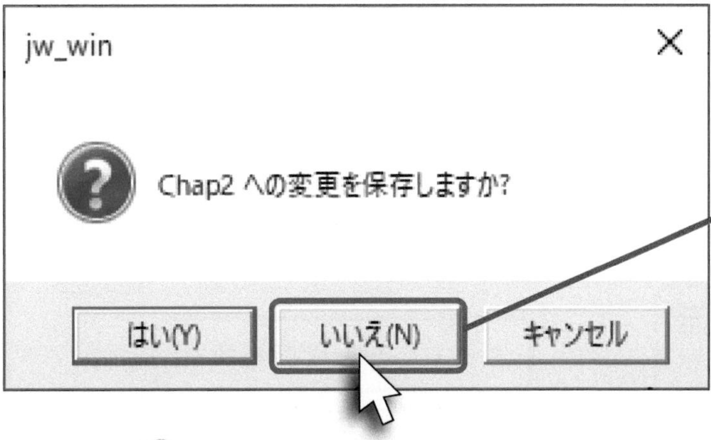

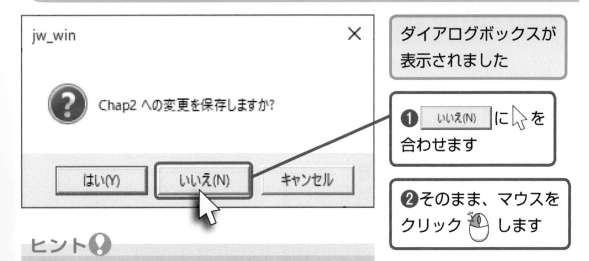

ダイアログボックスが表示されました

❶ いいえ(N) に を合わせます

❷そのまま、マウスをクリック します

ヒント

[はい] ボタンをクリックすると、開いている [Chap2.jww] に上書き保存してJw_cadを終了します。[キャンセル] ボタンをクリックすると、終了操作が取り消されます。

終わり

Q 簡単にズームや全体表示、画面のスクロールをしたい

A キーボードから操作できます

レッスン❺の手順6の操作2で設定をしたので、以下のキーを押すことで、画面の拡大や、縮小表示、用紙全体の表示、画面のスクロールが行えます。キーボードによっては、[Page Up]キーが「PgUp」、[Page Down]キーが「PgDn」と表記されている場合があります。また、矢印キーが[Page Up]キー、[Page Down]キー、[Home]キーを兼ねている場合もあります。その場合は、[Fn]キーを押しながら[Page Up]キー（または[Page Down]キーや[Home]キー）を押してください。

●拡大表示

[Page Up]キーを押します

画面が拡大表示されます

●縮小表示

[Page Down]キーを押します

画面が縮小表示されます

●用紙全体の表示

[Home]キーを押します

用紙全体が表示されます

●画面のスクロール

[↑][→][↓][←]キーを押します

その方向に画面がスクロールします

第3章

家具の平面図を作図してみよう

練習用図面ファイルを開き、空きスペースに第５章で利用するベッドの平面図を作図します。

この章の内容

レッスン 17 練習用ファイルを開いて印刷しよう

キーワード [印刷] コマンド　　練習用ファイル ▶ Chap3.jww

この章で利用する練習用ファイル[Chap3.jww]を開いて、[印刷]コマンドを選択します。[印刷]コマンドでは、用紙サイズや印刷の色（モノクロ／カラー）、印刷範囲などを確認・指定して印刷します。ここでは、プリンターが印刷できる状態であることを前提に手順を説明します。

操作はこれだけ　合わせる　クリック

[印刷] コマンドで印刷します

図面は印刷色（全て黒）で表示されます

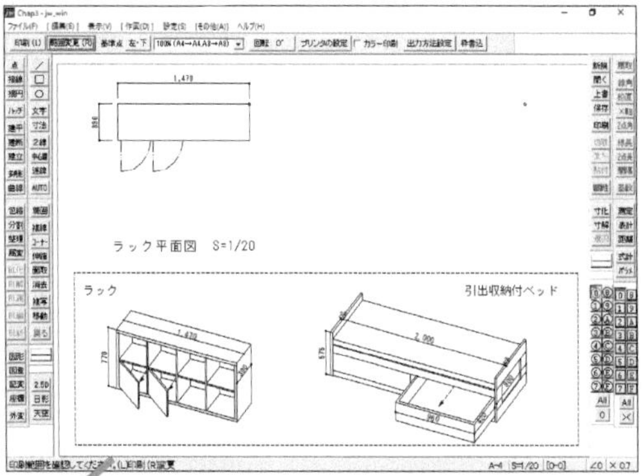

◆印刷枠

● [印刷] コマンドの画面

[印刷]コマンド選択時には、作図ウィンドウの図面は印刷される色で表示されます。[カラー印刷]を指定していない場合はすべて黒で表示・印刷されます。また、印刷可能な範囲を示す赤い印刷枠が表示されます。

ヒント

赤い印刷枠は、指定プリンターの印刷可能な範囲を示します。プリンターの機種により大きさが異なります。

① 印刷する図面を開きます

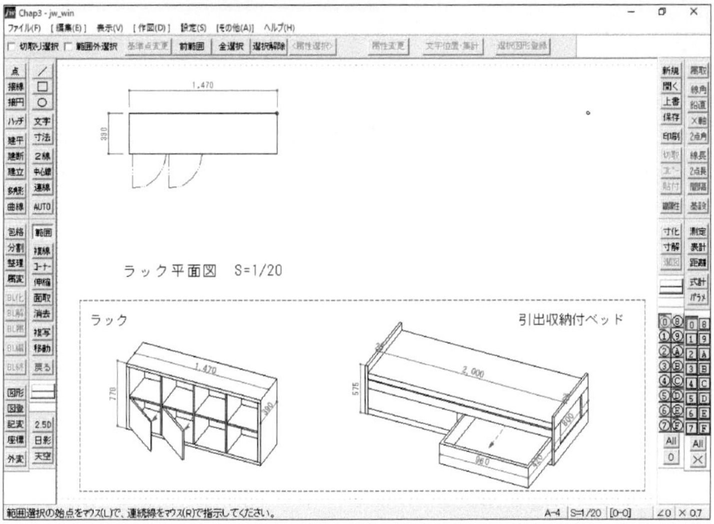

プリンターをパソコンに接続して、印刷できるようにしておきます

レッスン❽を参考に、［Chap3.jww］を開いておきます

② ［印刷］コマンドを選択します

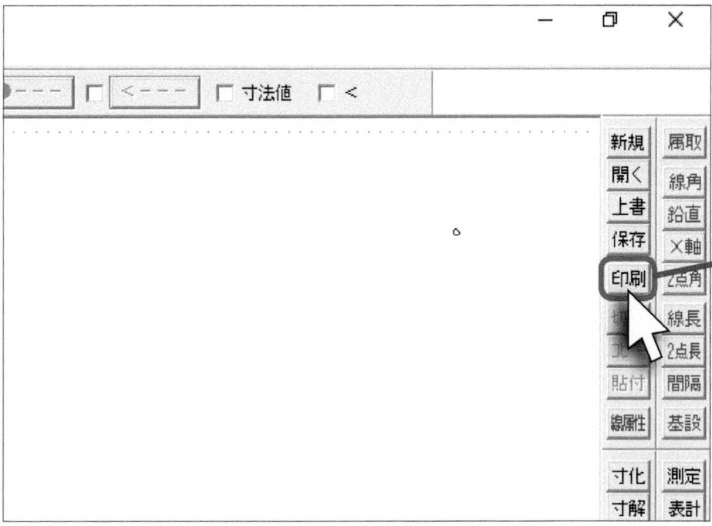

❶ 印刷 に を合わせます

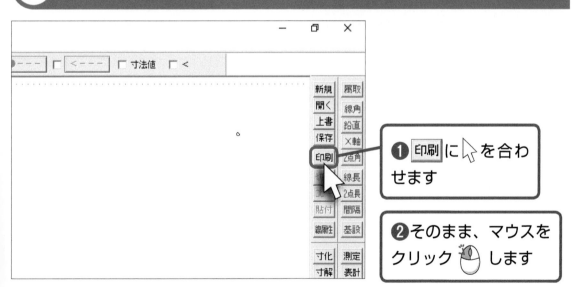

❷そのまま、マウスをクリック します

次のページに続く▶▶▶

③ 用紙や印刷の向きを設定します

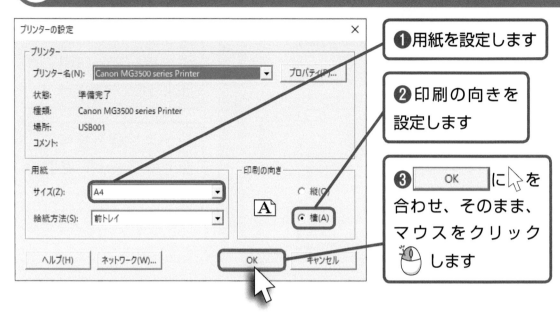

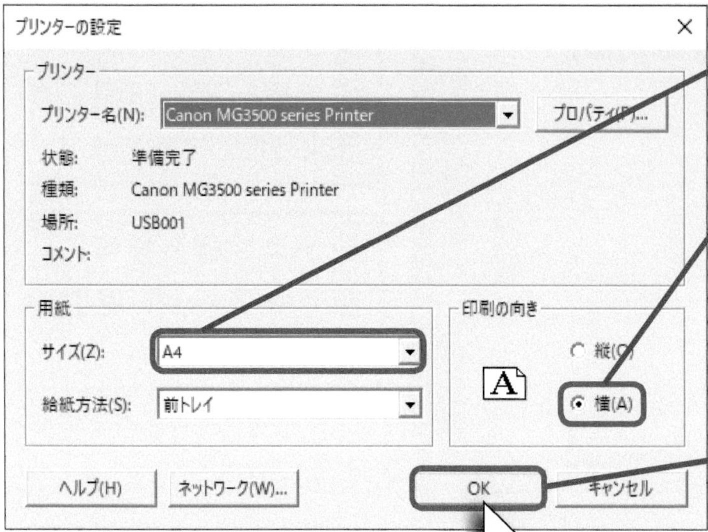

❶用紙を設定します

❷印刷の向きを設定します

❸ OK に を合わせ、そのまま、マウスをクリック します

④ カラー印刷を有効にします

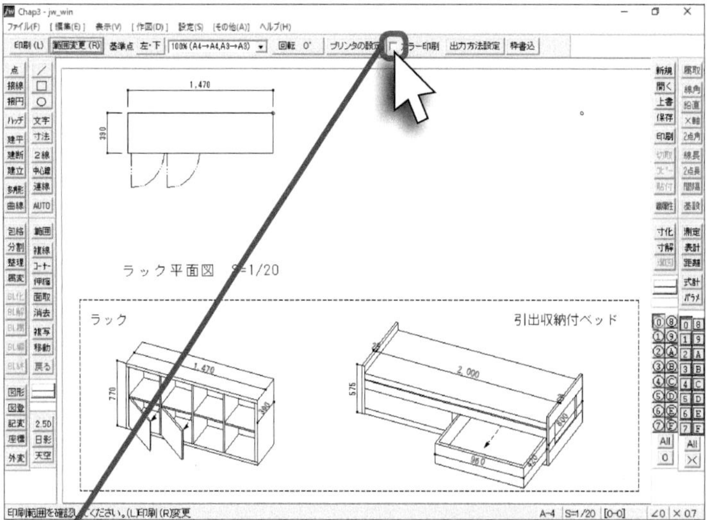

モノクロ印刷に設定されているので、図面のすべての線や文字が黒になっています

ここでは、カラー印刷に指定します

カラー印刷の をクリック してチェックマークを付けます

5 印刷を開始します

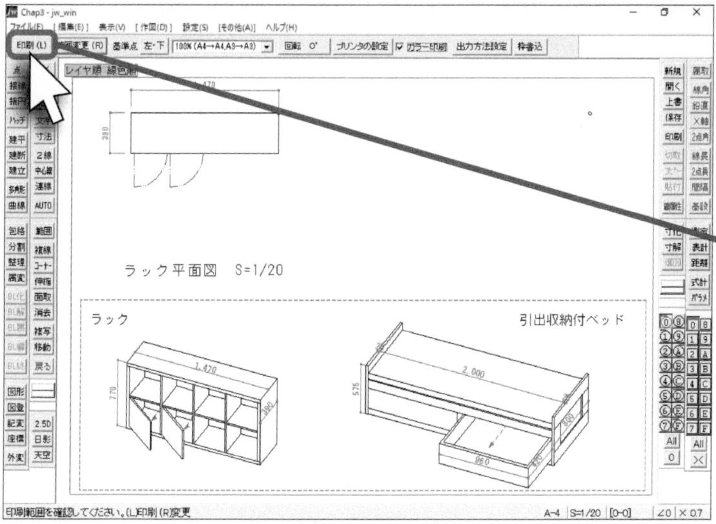

カラー印刷が有効になり、図面もカラーで表示されました

❶ 印刷 (L) に を合わせます

❷そのまま、マウスをクリック します

ヒント

赤い印刷枠内に図面が入っていることを確認したうえで、手順5の操作を行ってください。

6 印刷が完了しました

印刷が完了しました

ヒント

印刷後も［印刷］コマンドが選択されたままです。［印刷］コマンドを終了するには、［線］コマンドを選択してください。

終わり

レッスン 18 線の太さと線色について知ろう

キーワード 線の太さと線色

レッスン⑰で開いた図面と印刷された図面を見比べると、黒、青、赤、ピンクの線は、それぞれ違う太さで印刷されていることが分かります。図面では線の意味合いによって線の太さを使い分けます。Jw_cadでは、画面上の線色の違いで線の太さを区別します。Jw_cadの線の太さと線色について学習しましょう。

印刷した図面の線の太さは色によって違う

［カラー印刷］にチェックマークを付けて印刷します

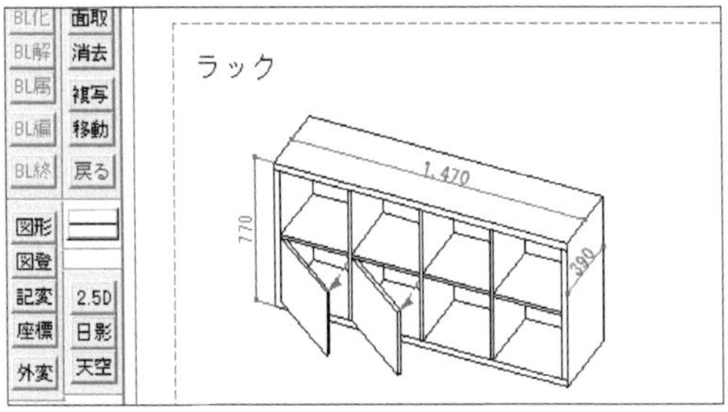

ピンクの線は極太で、赤の線は細線で、黒の線は中ぐらいの太さでそれぞれ印刷されました

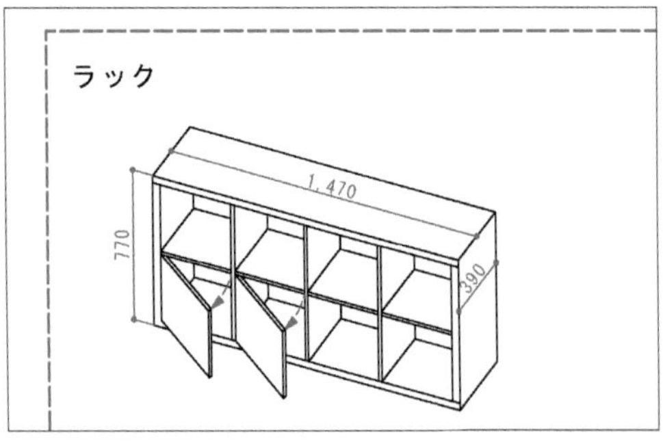

●標準線色

Jw_cadには［線色1］～［線色8］の8色の標準線色と呼ばれる線色が用意されています。この線色を使い分けることで、線の太さの違いを表現します。

ヒント

以下は、一般に製図で使用する線の太さの目安です。

極太線：0.7～1.0mm
太線：0.5～0.7mm
中線：0.5mm
細線：～0.3mm

レッスン⑰で印刷した図面は、細かい部分で線が重ならないよう、上記よりも細めの設定にしてあります。

第3章 家具の平面図を作図してみよう

CADにおける線の太さの区別

◆[線属性]バー
書き込み線の色を示します

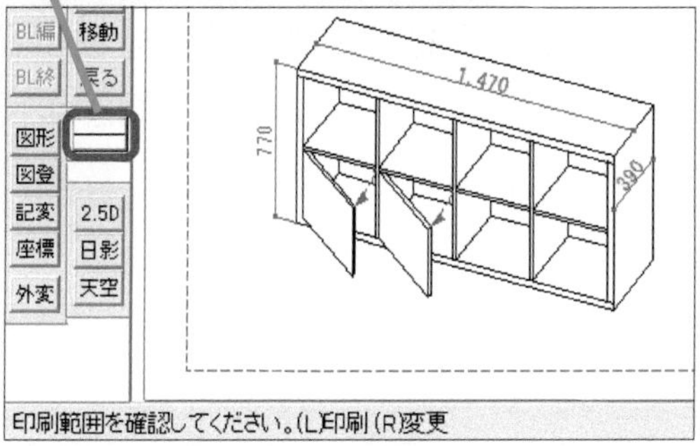

[線属性] バーは左右のツールバーに1つずつ配置されています

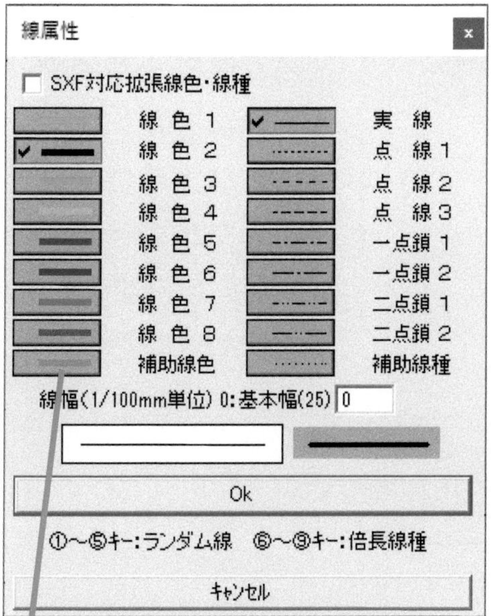

補助線色は印刷されない線色です

●作図される線の線色

第2章で作図した線や円の色はすべて黒でした。これは、線や円を作図した時の「書込線」が黒に設定されていたためです。「書込線」の色はツールバー上の［線属性］バーで確認できます。「書込線」をほかの色にすることで、黒の線とは異なる太さの線を作図できます。

●Jw_cadの標準線色

Jw_cadには［線色1］～［線色8］があり、［基本設定］コマンドで、それぞれの太さを設定できます。また、カラー印刷時の印刷色もこの線色ごとに設定されます。設定された線の太さやカラー印刷時の色は、図面ファイルに保存されます。

レッスン 19

これから作図する平面図について知ろう

キーワード 三面図と線種

平面図は対象を真上から見た形状を正確な寸法で表した図面です。よく目にする部屋の間取り図は平面図のひとつです。レッスン⑰で印刷した図面には、ラックと引き出し収納付きベッドの寸法が記されたイラストとラックの平面図が作図されています。ここでは三面図と線種について学習しましょう。

平面図・正面図・側面図の概要

●三面図

引き出し収納付きベッドの正確な大きさと形状を把握するには、ベッドを真上から見た平面図、正面から見た正面図、側面から見た側面図の3つの図面（三面図）が必要です。

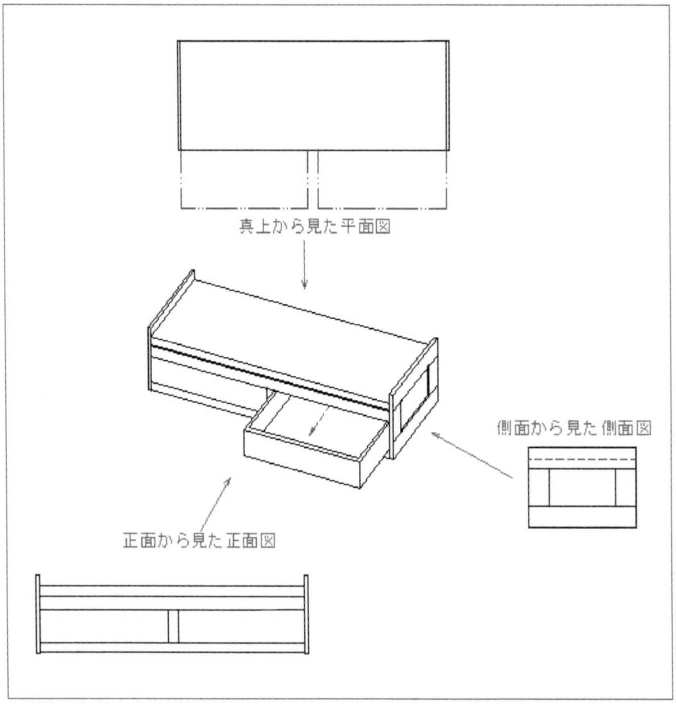

左図では寸法を省略していますが、本来は正確な大きさを把握するための各部寸法も記入します

線種の使い分けについて

側面側からは見えないベッド面の高さを示す線（隠れ線）は破線で作図します

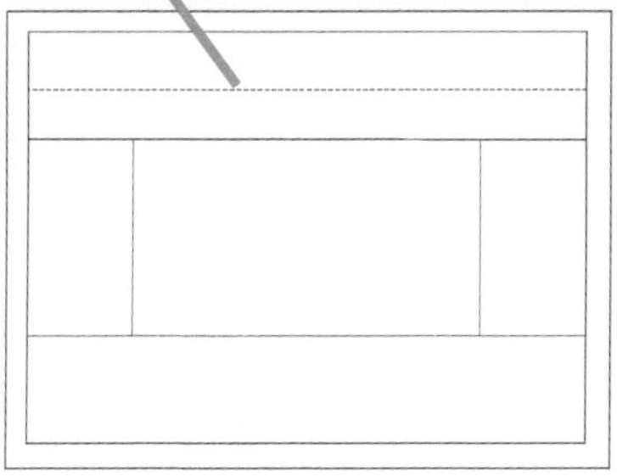

●一般的な線種の使い分け

一般的に、線種は以下のように使い分けます。

実線：外形線、断面線、寸法線等

破線：隠れ線

一点鎖線：中心線、基準線

二点鎖線：想像線

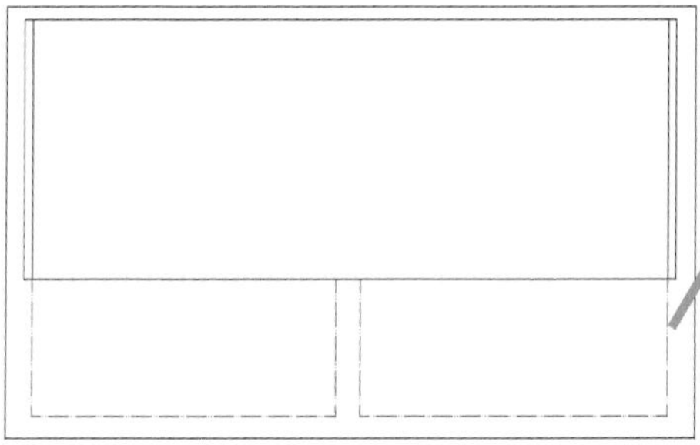

ベッドの引き出しを引き出すために必要なスペースを把握するため、引き出した状態の外形線（想像線）を二点鎖線で作図します

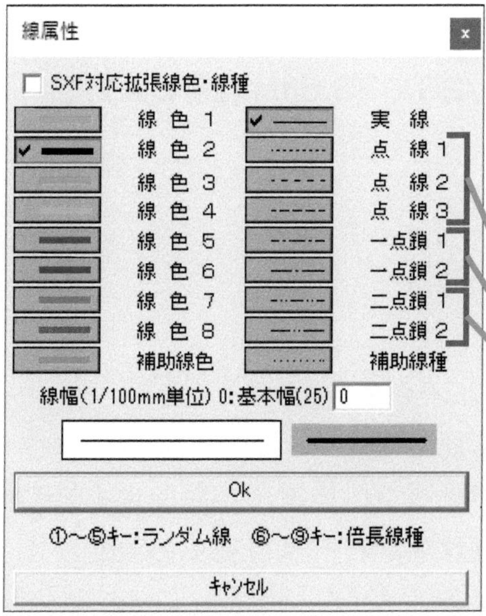

●Jw_cadの標準線種

Jw_cadには［実線］、破線に相当する［点線1］～［点線3］、一点鎖線の［一点鎖1］［一点鎖2］、二点鎖線の［二点鎖1］［二点鎖2］と印刷されない［補助線種］が用意されています。どの線種で作図するかは、線色と同様に「書込線」で指定します。

同じ線種で番号の別があるのはピッチの違いで、番号が大きいほどピッチが長くなります

レッスン 20 縮尺と実寸法について知ろう

キーワード 縮尺と実寸法

横297mm、縦210mmのA4用紙に、幅が2mを超えるベッドの平面図を実際の長さで作図することはできません。実際の長さの何分の1の長さで作図するかを決めたものが縮尺です。縮尺1/10であれば、実際の1/10の長さで作図します。作図した図面を定規で測った長さを10倍すれば実際の長さが分かります。

縮尺と実寸法について

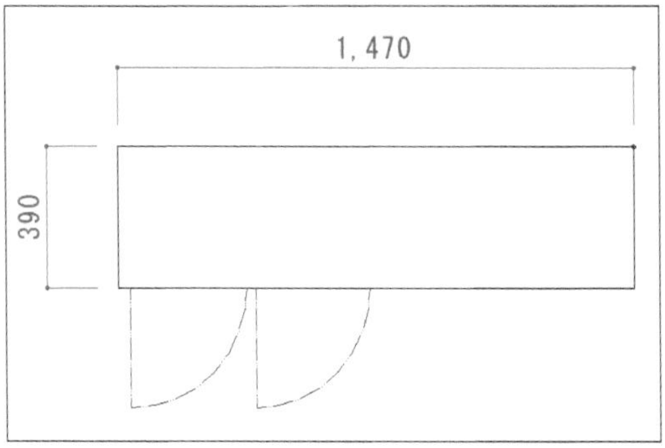

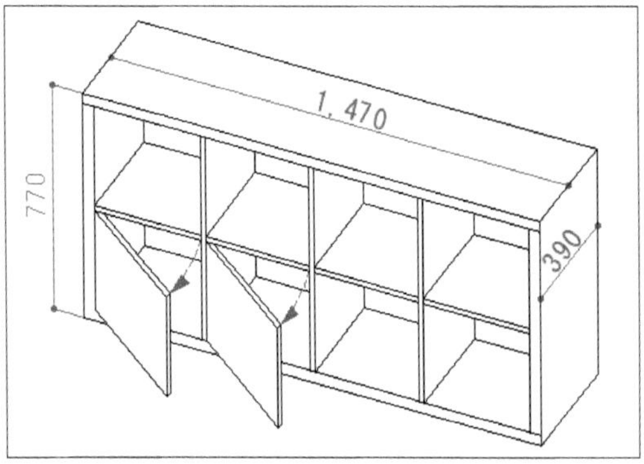

立体図のイラストは縮尺に準拠していないため、正確な寸法は測れません

●印刷した図面の縮尺と実寸法

レッスン⑰で印刷した図面には「ラック平面図　S＝1/20」と記入されています。この「S＝1/20」が縮尺で、平面図が実際の長さ（実寸法）の1/20で作図されていることを示します。定規をあてて、印刷した図面のラックの幅を測ってみましょう。結果は記入寸法1,470mmの1/20の73.5mm程度のはずです。

ヒント

定規の精度や、印刷するプリンターの紙送りの精度、湿気による紙の伸縮状態などにより多少の誤差が生じます。

前ページの「縮尺1/10であれば、実際の1/10の長さで作図します」の一文を読んで「縮尺1/20で描くとなると計算も面倒くさそう」と思われた方、そんなことはありません。紙と鉛筆と定規で図面を描くには、そのような計算も必要ですが、Jw_cadでは、作図する図面が何分の1の縮尺であろうとも、実際の寸法（実寸法）をmm単位で指定することで作図できます。

寸法単位はmmで、実際の寸法を指定する

●実寸法をmm単位で指定

作図する物の長さ（実寸）は、選択コマンドのコントロールバーの［寸法］ボックスにキーボードから入力することで指定します。基本的にJw_cadで使用する長さの単位はmmです。cm単位で記載されている長さを入力する場合は、10倍の数値（1cm＝10mm）にして入力します。

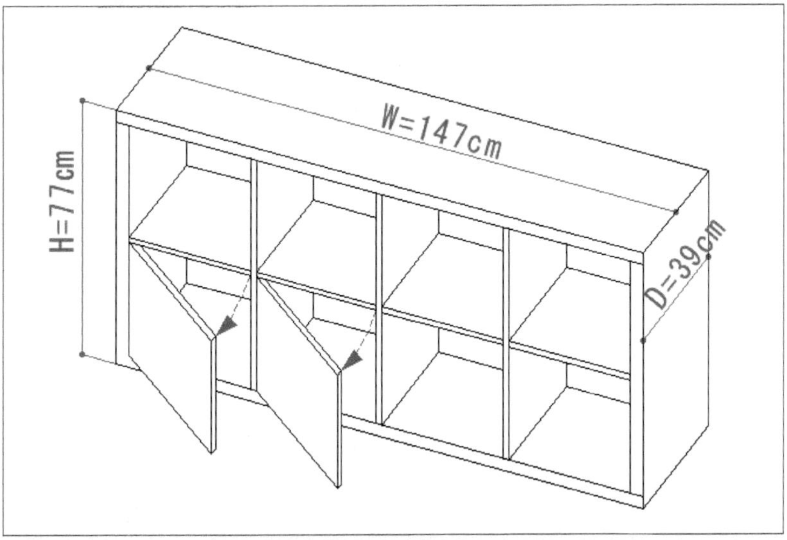

上図のラックの平面図として幅147㎝、奥行39㎝の長方形を作図するように指示するには［寸法］に「1470,390」と入力します

レッスン 21 横と縦の寸法を指定して長方形を描こう

キーワード [矩形] コマンド　　練習用ファイル ▶ Chap3.jww

レッスン⑰で開いた図面の右上に、引き出し収納付きベッドの平面図を作図します。はじめに、ベッドの外形線として、横2050mm、縦800mmの長方形を作図しましょう。指定寸法の長方形は、[矩形] コマンドで、[寸法] ボックスに横寸法と縦寸法を「,」(カンマ) で区切って入力することで作図できます。

操作はこれだけ　クリック　右クリック　両ボタンドラッグ

[矩形] コマンドで長方形を描きます

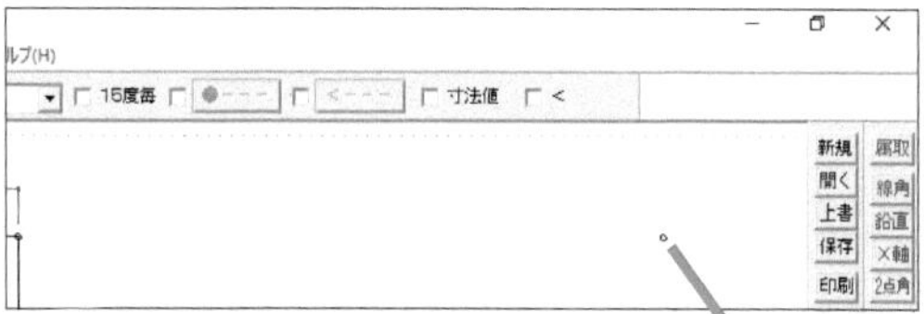

練習用ファイルの仮点に右上角を合わせて、長方形を描きます

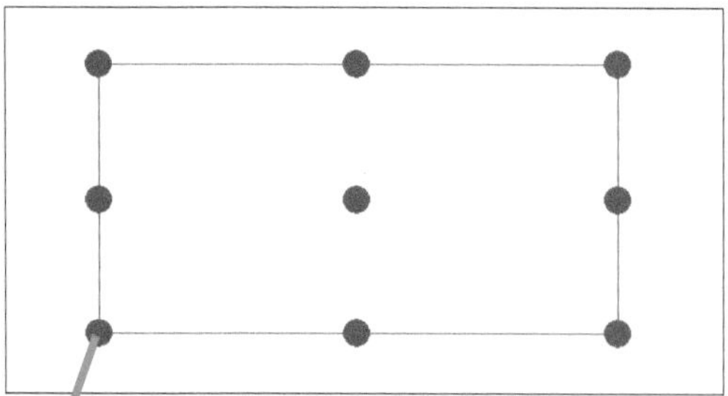

配置の基準点とした位置に上図の9ヵ所のいずれかを合わせます

● 仮点

図面の右上にある丸い印は「仮点」という印刷されない点です。仮点は右クリックで読取りできますが、[消去] コマンドで消すことはできません。

● [矩形] コマンド

指定寸法の長方形を正確な位置に描くには、配置の基準点にする位置とその位置に長方形のどこ（左図9か所）を合わせるかの指示が必要です。

① 一部を拡大表示します

ここでは作図しやすいように、仮点を含む用紙の右上1/4の範囲を拡大表示します

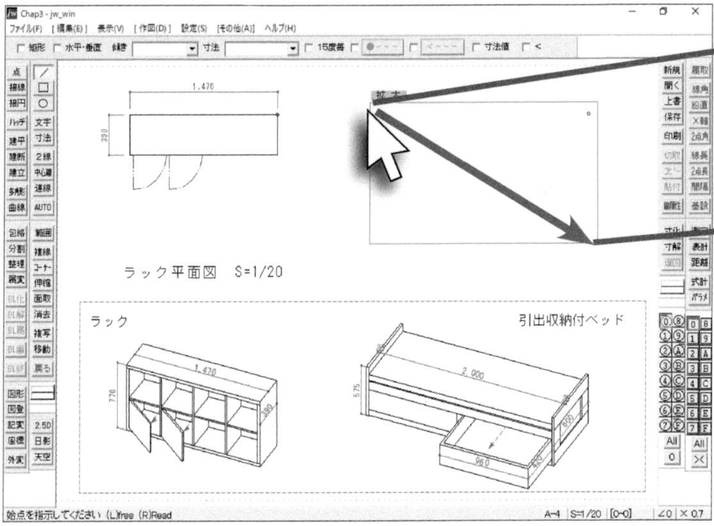

❶拡大する部分の左上にを合わせます

❷そのまま右下まで両ボタンドラッグ します

② [矩形] コマンドを選択します

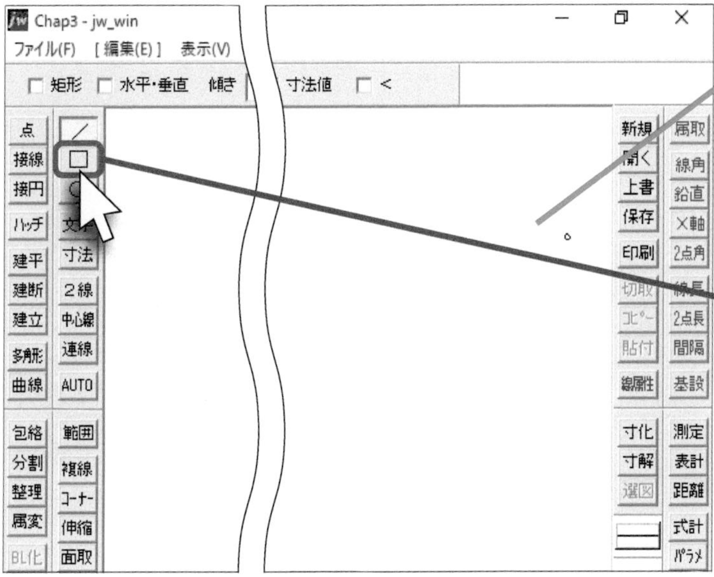

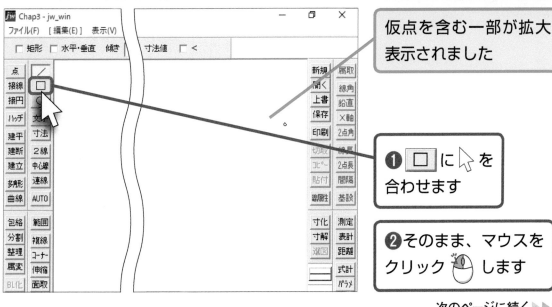

仮点を含む一部が拡大表示されました

❶ □ にを合わせます

❷そのまま、マウスをクリック します

次のページに続く▶▶▶

3 寸法を入力します

［矩形］コマンドのコントロールバーが表示されました

「2050,800」と入力します

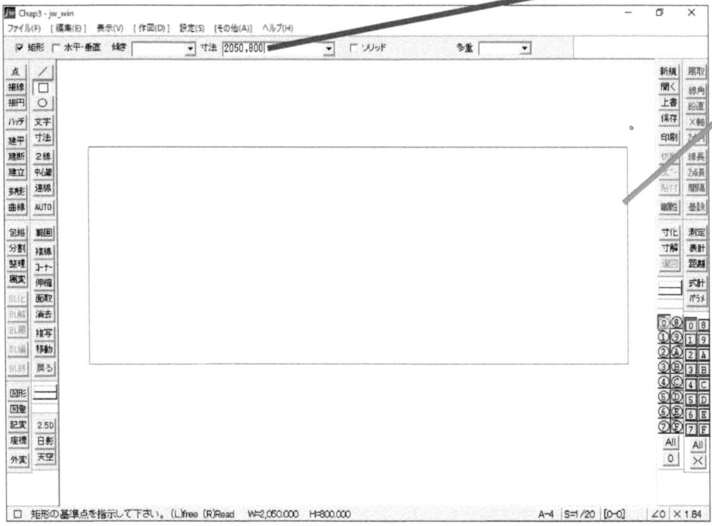

寸法に応じた長方形のプレビューが表示されました

ヒント

横寸法、縦寸法の順に「,」で区切って入力します。Jw_cadでは数値入力後に Enter キーを押す必要はありません。

4 長方形の右上角を仮点に合わせます

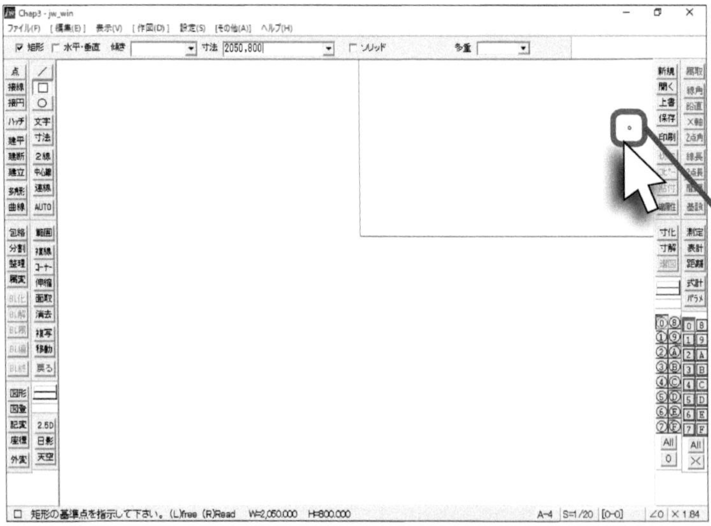

ここでは、仮点に長方形の右上が重なるようにします

❶仮点にマウスポインターを合わせます

❷そのまま、マウスを右クリックします

5 長方形の位置を指定します

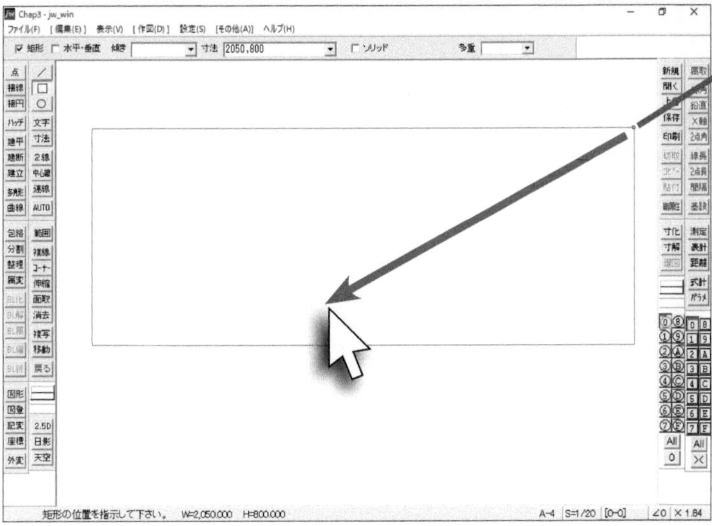

❶長方形の頂点が仮点に合うように を左下に移動します

❷そのまま、マウスをクリック します

6 長方形が描けました

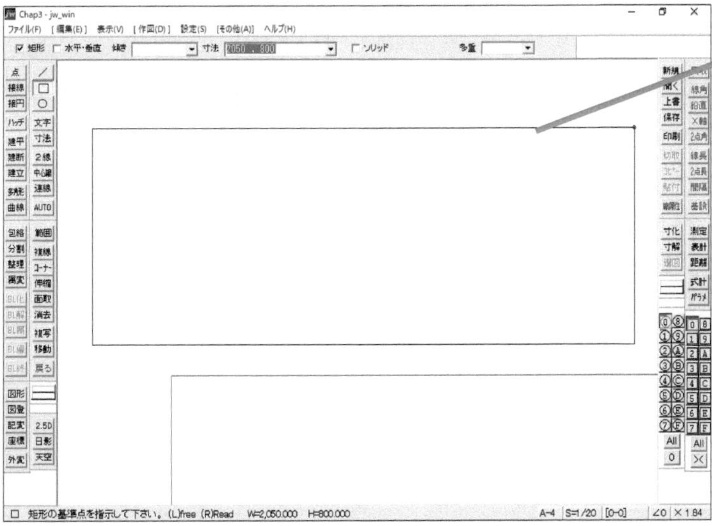

右上の頂点が仮点と重なる位置に指定した寸法の長方形が描けました

レッスン㉒で続けて操作するので、ファイルを開いたままにしておきます

ヒント

マウスカーソルには長方形のプレビューが表示されており、次の位置を指示することで、同じ大きさの長方形を続けて作図できます。

終わり

レッスン 22

線を平行複写しよう

動画で見る

キーワード [複線] コマンド

練習用ファイル ▶Chap3.jww(レッスン㉑の続

ベッドのヘッドボードとフットボードの線を描きましょう。いずれのボードも厚みが25mmです。ここでは、作図済みの線や円・弧を指定間隔だけ離れた位置に平行複写する機能を持った[複線]コマンドを利用します。レッスン㉑で作図した長方形の左辺と右辺を、それぞれ25mm内側に平行複写しましょう。

操作はこれだけ　合わせる　クリック　右クリック

[複線]コマンドで線を平行複写します

[複線]コマンドを選択して、線と線の間隔を指定します

線を右クリック して、内側に複写します

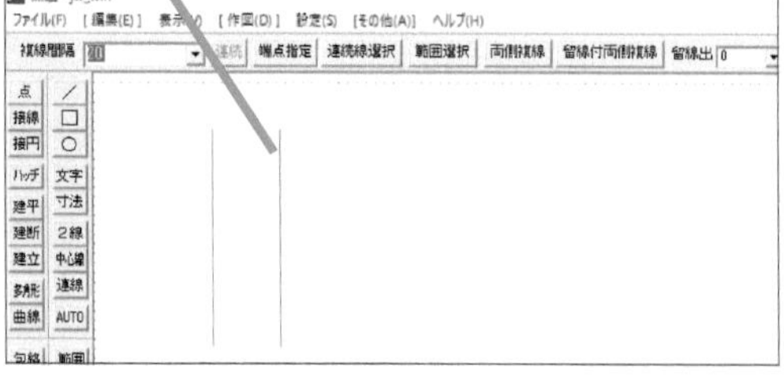

● [複線]コマンドの手順

[複線]コマンドのコントロールバー[複線間隔]ボックスに間隔を入力し、平行複写の基準線を右クリックします。基準線に対してマウスカーソルを合わせた側に赤い複写線のプレビューが表示されます。作図したい側にプレビューが表示された状態でクリックして確定します。

ヒント

誤って平行複写の基準線をクリックすると、[複線間隔]ボックスの数値が消えます。その場合は再度、数値を入力してください。

① [複線] コマンドを選択します

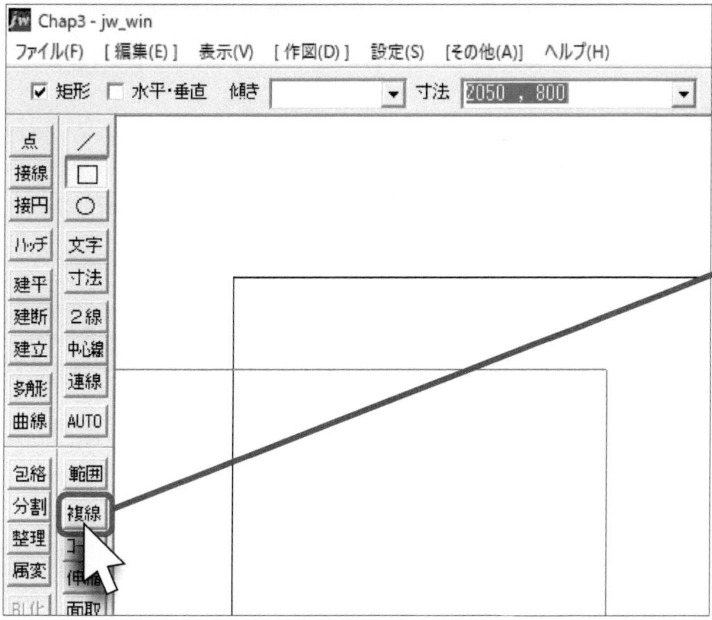

ベッドの両辺を内側に平行複写します

複線 に を合わせせ、そのまま、マウスをクリック します

② 線と線の間隔を指定します

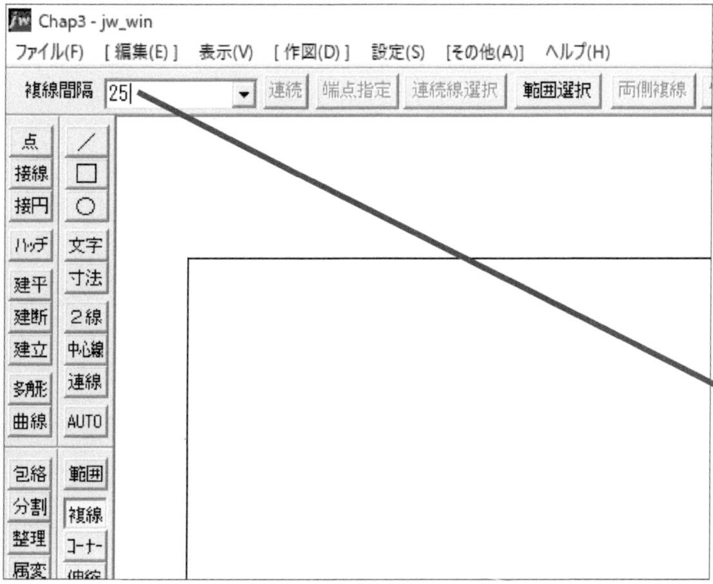

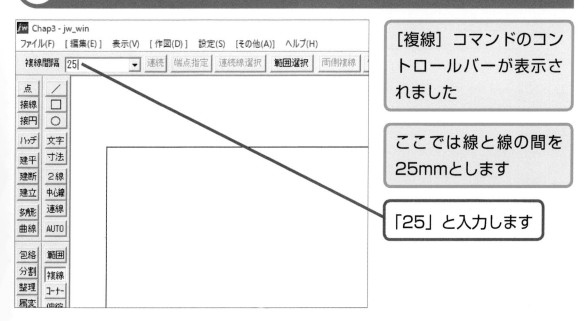

[複線] コマンドのコントロールバーが表示されました

ここでは線と線の間を25mmとします

「25」と入力します

次のページに続く▶▶▶

③ 基準線を指定します

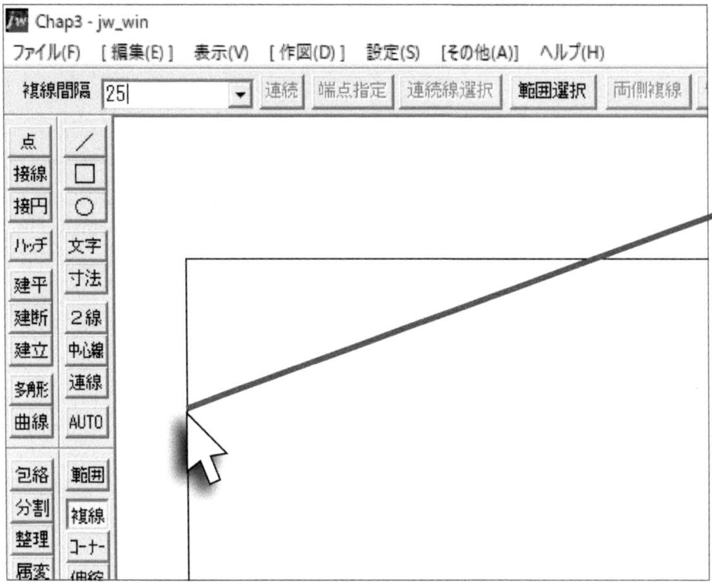

長方形の左辺を内側に平行複写します

❶長方形の左辺に を合わせます

❷そのまま、マウスを右クリック します

④ 線を複写する方向を指定します

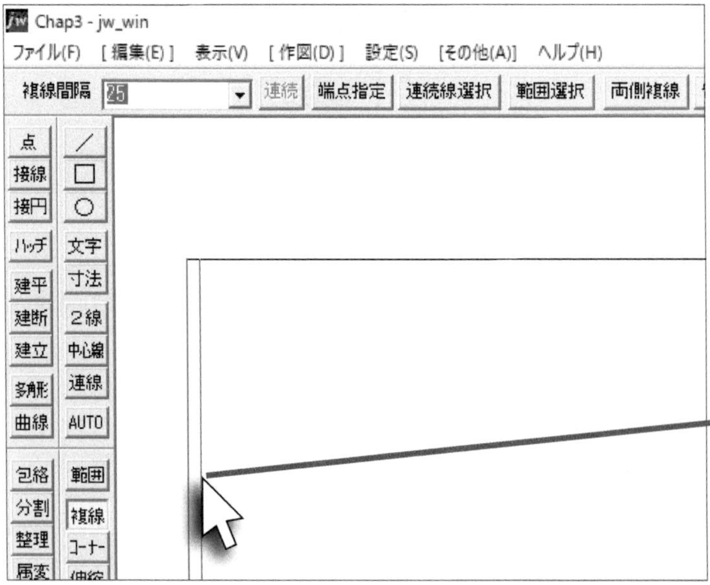

元の線がピンク、複写するプレビューの線が赤で表示されました

❶左辺より右側に を移動します

❷そのまま、マウスをクリック します

5 続けて右辺を25mm内側に平行複写します

❶長方形の右辺に↖を合わせて、マウスを右クリックします

❷左に↖を移動して、そのまま、マウスをクリックします

6 線が複写されました

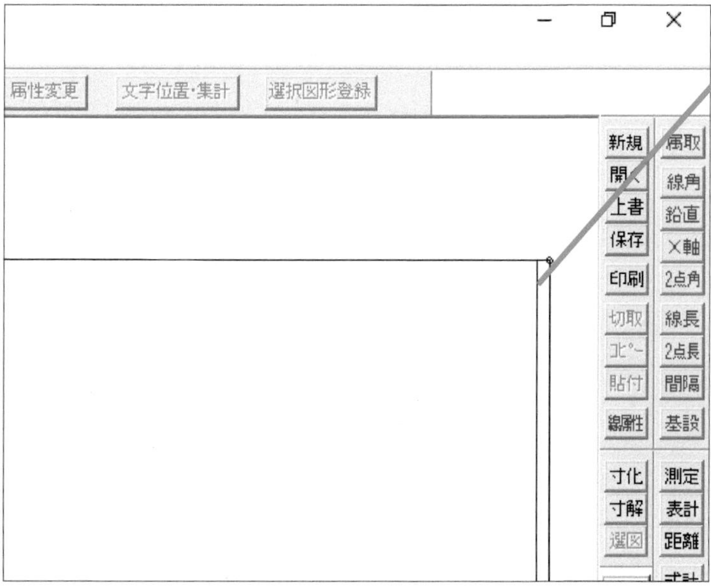

右辺が平行複写されました

レッスン㉓で続けて操作するので、ファイルを開いたままにしておきます

終わり

書込線色・線種を変更しよう

キーワード [線属性] コマンド　　練習用ファイル ▶Chap3.jww（レッスン㉒の続

ここまで作図した線は黒の実線です。これからベッドの引き出しを引き出したときの外形線を作図するため、想像線を示す二点鎖線に持ち替えます。また、想像線をベッドの外形線よりも細く描くため、その線色も青の線色6にします。これから作図する線の線色・線種は、[線属性] コマンドで指定しましょう。

操作はこれだけ　合わせる　クリック

[線属性] コマンドで書込線の色と種類を変更します

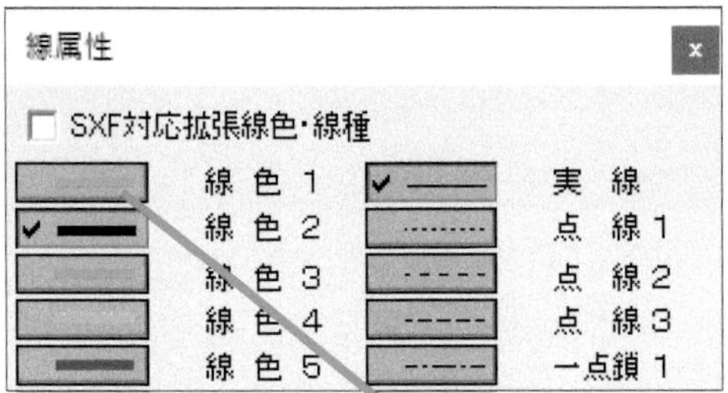

[線属性] ダイアログボックスで線色を変更します

●線色

[線色1] ～ [線色8] の8色を使いわけることで線の太さを描き分けます。線色ごとに印刷する太さが設定されており、いつでも変更できます。（→レッスン㉜）次に作図する線の太さに合わせ、線色を指定します。

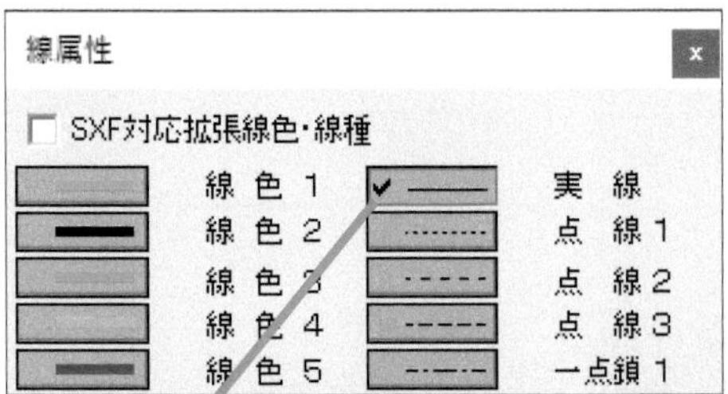

同じく [線属性] ダイアログボックスで線種を変更します

●線種

実線、点線（破線）3種、一点鎖線2種、二点鎖線2種と印刷されない補助線種の計9種類が用意されています。次に作図する線の種類を指定します。

ヒント

手順1の操作の結果、書込線の線色・線種を指定するための［線属性］ダイアログボックスが表示されます。ボタンが凹表示されているのが、現時点での書込線色と線種です。凹表示の線色が何mmの太さに設定されているかは左図枠囲み部の（）内の数値で分かります。（）内の数値を100で割った数字がその太さです。線色ごとの線の太さの設定は図面ファイルごとに保存されています。レッスン⑰で開いた図面では、以下のように設定されています。

線色2（黒）：0.25mm
線色5（ピンク）：0.5mm
線色6（青）：0.2mm
線色8（赤）：0.18mm

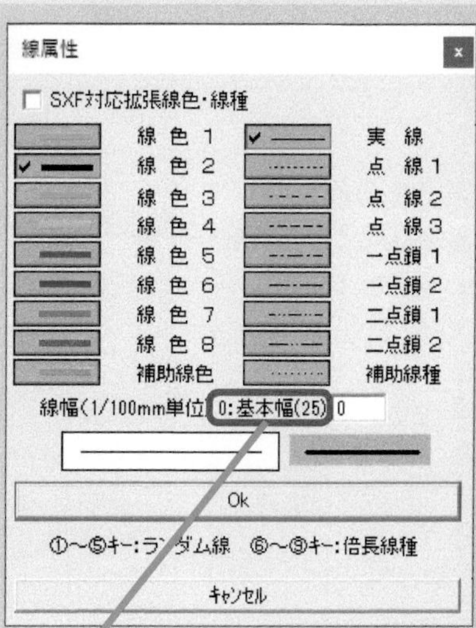

基本幅（　）内の数値を100で割った0．25mmが［線色2］の太さです

① ［線属性］ダイアログボックスを表示します

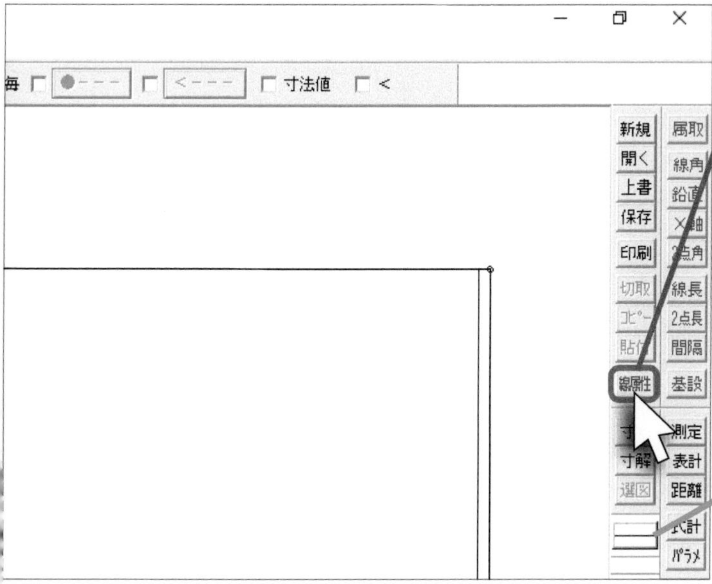

線属性 に（マウスポインター）を合わせ、そのまま、マウスをクリック（マウス）します

書込線の色と線種が確認できます

次のページに続く▶▶▶

② 線色を選択します

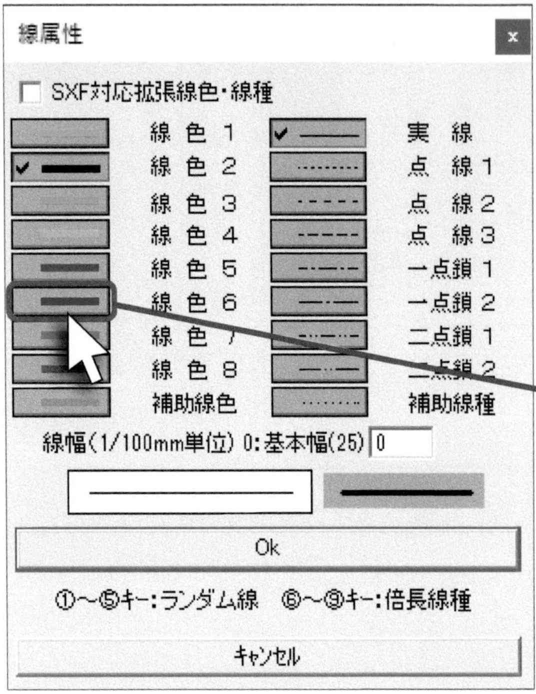

[線属性] ダイアログボックスが表示されました

ここでは [線色6] の青い色に設定します

❶ に を合わせます

❷そのまま、マウスをクリック します

③ 線種を選択します

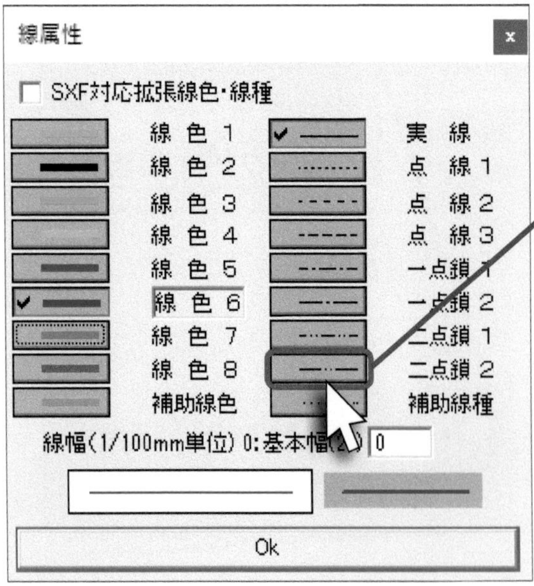

ここでは [二点鎖2] を選択します

❶ に を合わせます

❷そのまま、マウスをクリック します

4 [線属性] ダイアログボックスを閉じます

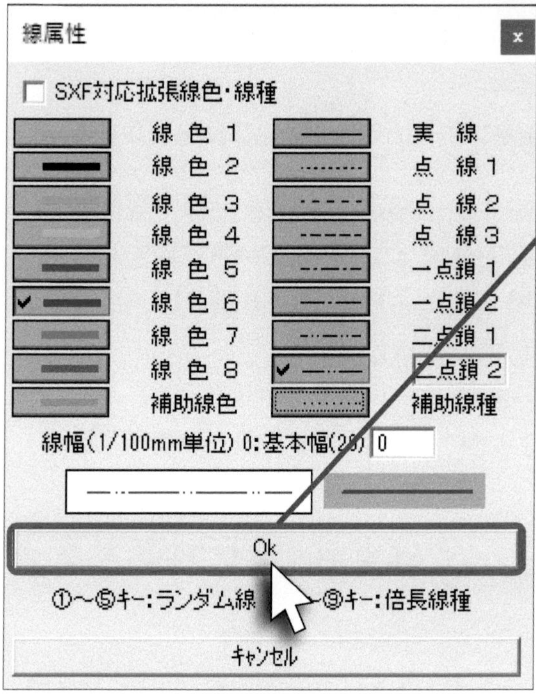

線色と線種が選択されました

❶ Ok に を合わせます

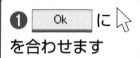

❷そのまま、マウスをクリック します

5 [線属性] ダイアログボックスが閉じました

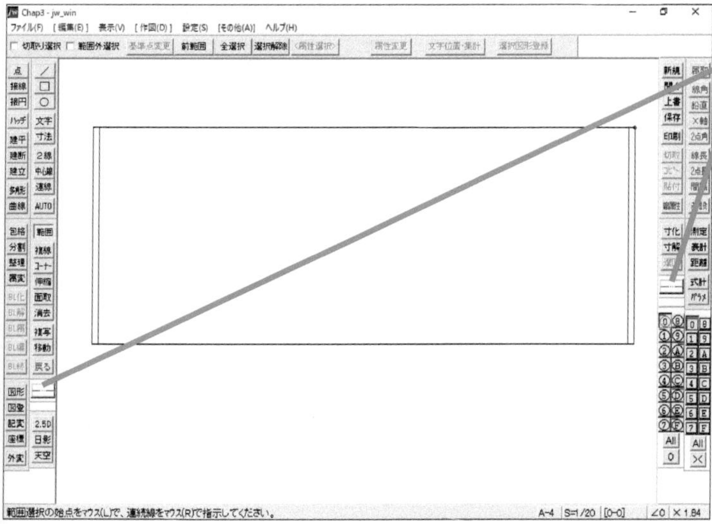

書込線が [線色6 (青)] の [一点鎖2] になったことが確認できます

レッスン㉔で続けて操作するので、ファイルを開いたままにしておきます

終わり

レッスン 24

指定長さの水平・垂直線を描こう

キーワード [水平・垂直]と[寸法]　　練習用ファイル ▶Chap3.jww（レッスン㉓の続

ベッド左側の引き出しを引き出したときの想像線を描きます。[線] コマンドのコントロールバーの [水平・垂直] と [寸法] ボックスへの指定で、指定した始点から指定長さの水平線・垂直線を作図できます。レッスン㉓で指定した書込線 [線色6] の [一点鎖2] のまま作図してください。

操作はこれだけ　合わせる　クリック　右クリック

[線] コマンドで指定した長さの水平・垂直線を描きます

[水平・垂直] と [寸法] を指定します

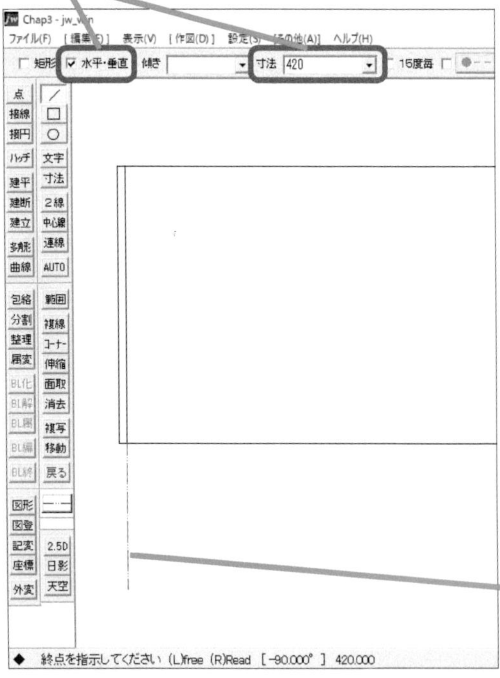

マウスを下に移動すると指定長さの垂直線がプレビュー表示されます

● [水平・垂直]

コントロールバーの [水平・垂直] にチェックを付けると、作図する線の角度が0、90、180、270°に固定されます。指示した始点から左右にマウスを移動すると水平線、上下に移動すると垂直線が作図できます。

● [寸法]

寸法ボックスに線の長さを入力することで、指示した始点から指定長さの線を作図できます。

① ［線］コマンドを選択します

レッスン㉓で指定した書込線のまま行います

ここではベッドの引き出しの想像線を描きます

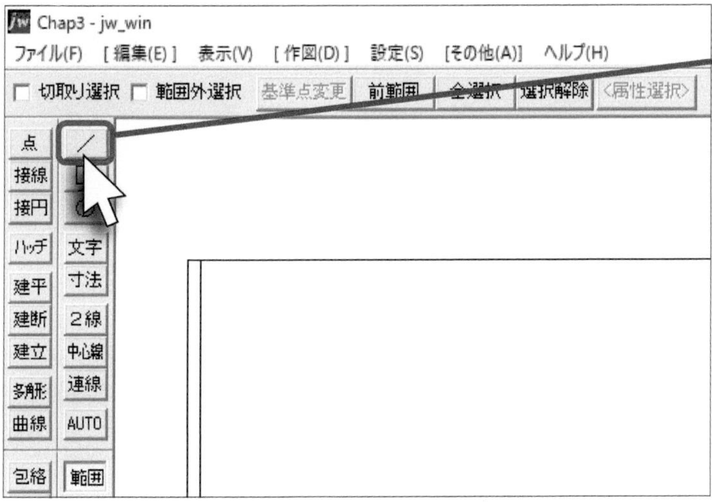

❶ ／ に を合わせます

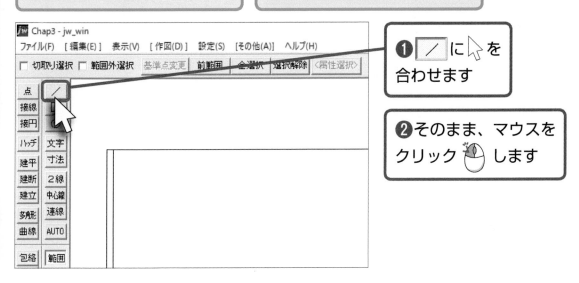

❷そのまま、マウスをクリック します

② ［水平・垂直］を指定します

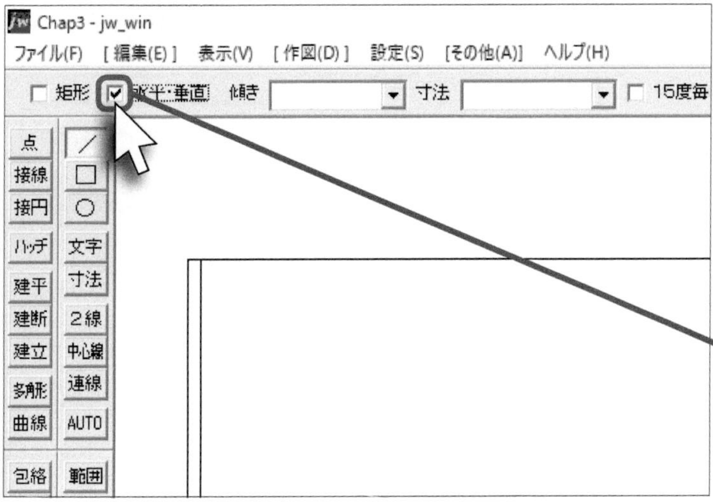

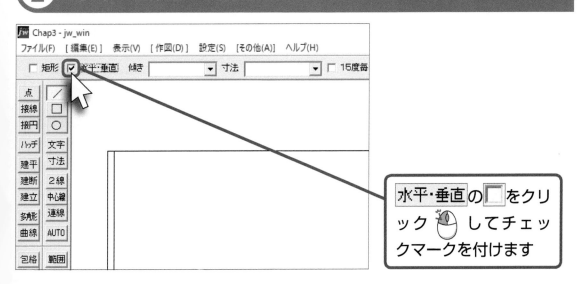

水平・垂直の をクリック してチェックマークを付けます

次のページに続く▶▶▶

③ 垂直線の寸法を指定します

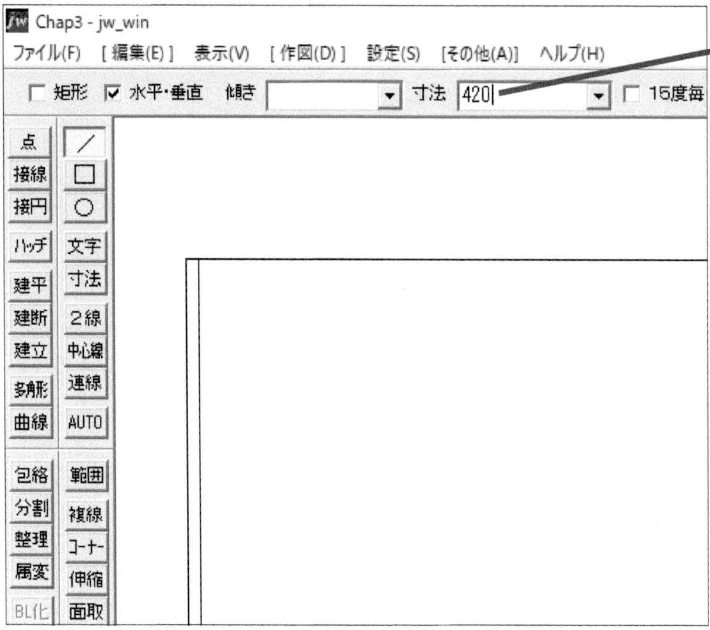

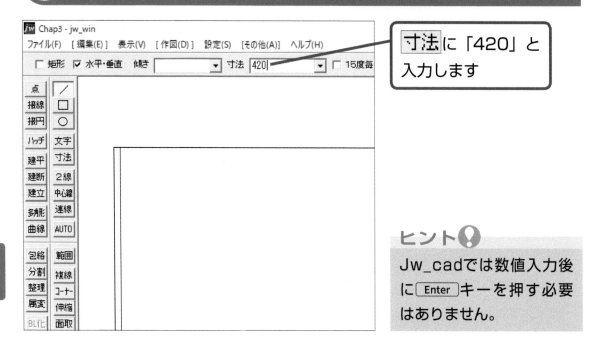

寸法に「420」と入力します

ヒント

Jw_cadでは数値入力後に Enter キーを押す必要はありません。

④ 垂直線の始点を指示します

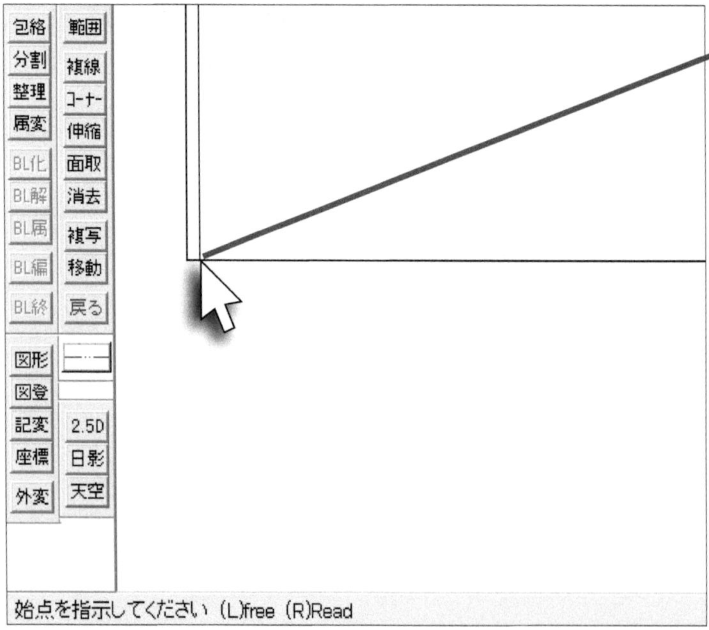

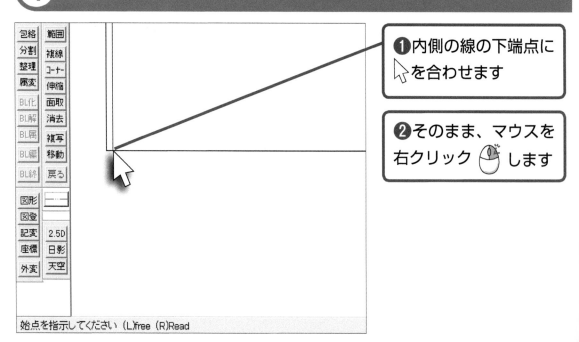

❶内側の線の下端点に を合わせます

❷そのまま、マウスを右クリック します

⑤ 垂直線の終点を指示します

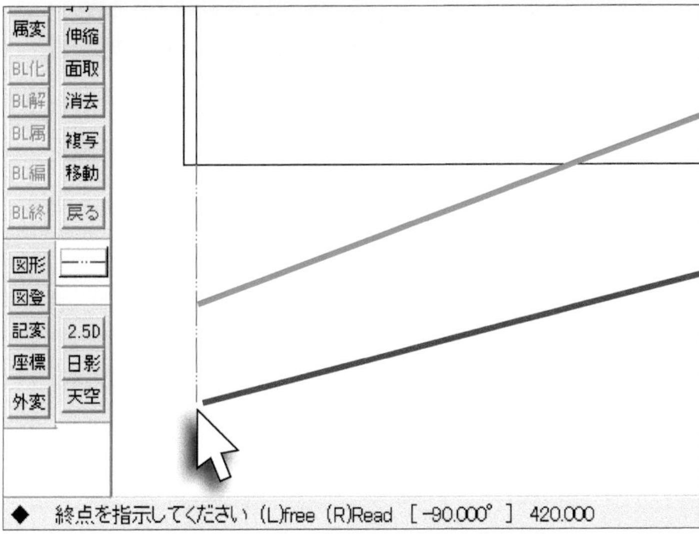

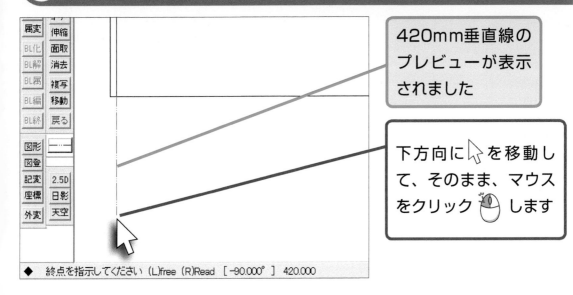

420mm垂直線のプレビューが表示されました

下方向に を移動して、そのまま、マウスをクリック します

⑥ 水平線の寸法を指定します

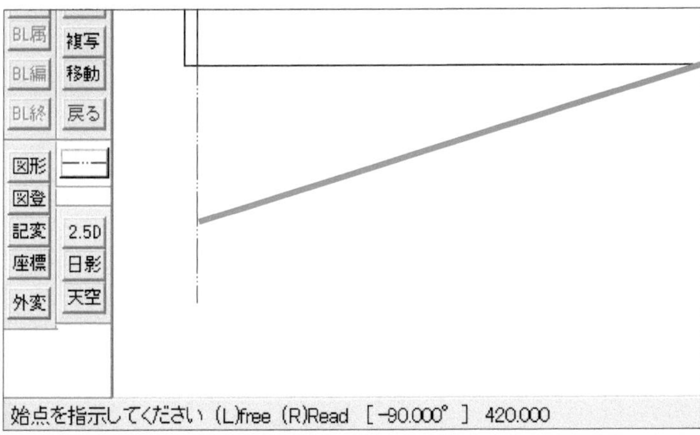

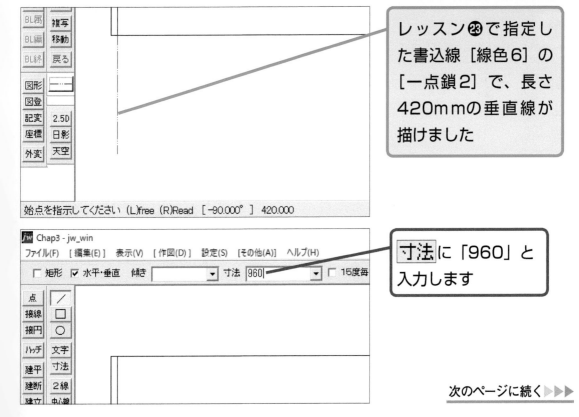

レッスン㉓で指定した書込線[線色6]の[一点鎖2]で、長さ420mmの垂直線が描けました

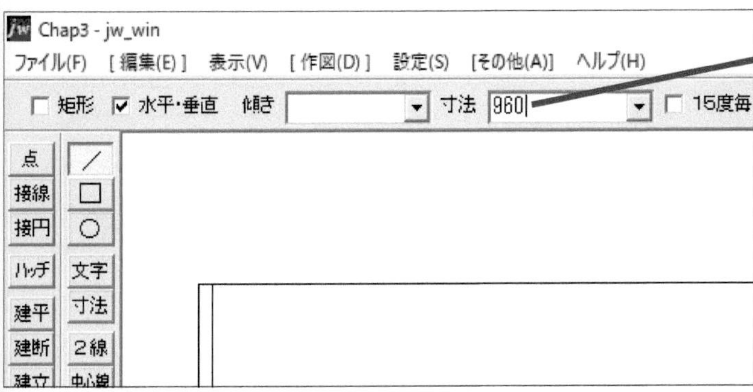

寸法に「960」と入力します

次のページに続く▶▶▶

⑦ 水平線を描きます

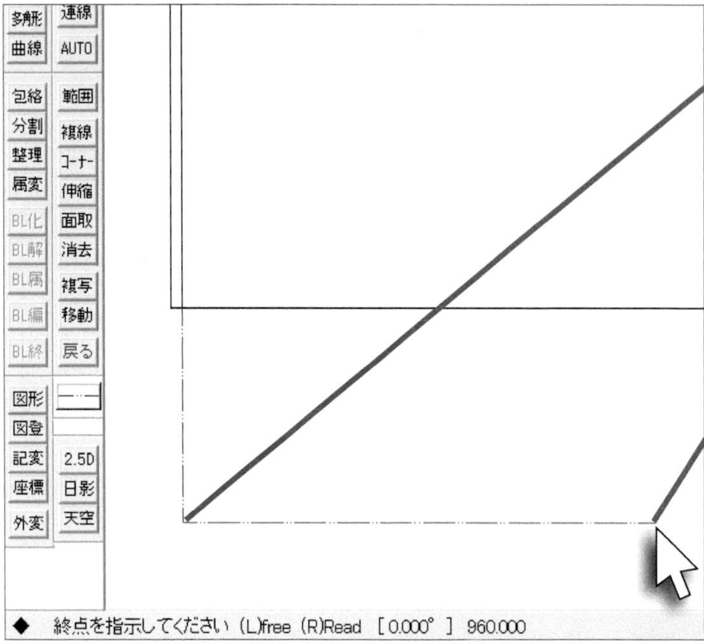

❶手順4～5で描いた垂直線の下端点に を合わせて、そのまま、マウスを右クリック します

❷右方向に を移動します

❸そのまま、マウスをクリック します

⑧ 2本目の垂直線の寸法を指定します

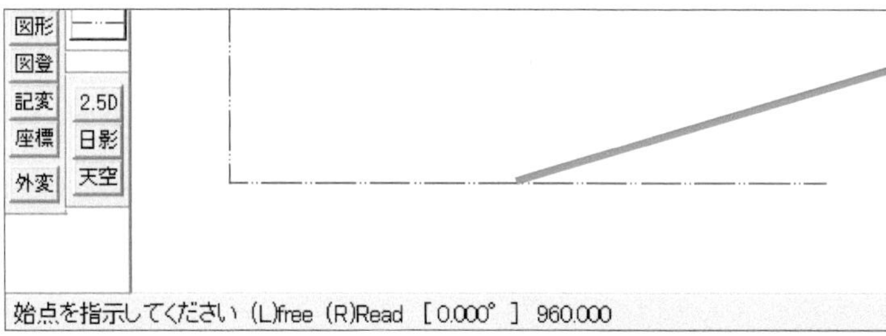

長さ960mmの水平線が描けました

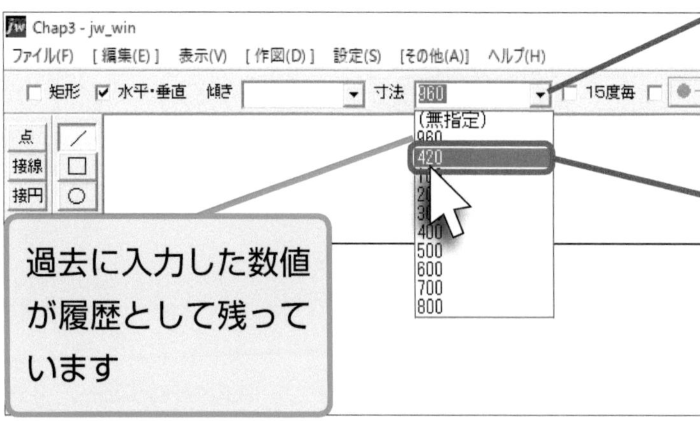

❶寸法の に を合わせて、そのまま、マウスをクリック します

❷ [420] に を合わせて、そのまま、マウスをクリック します

過去に入力した数値が履歴として残っています

⑨ 2本目の垂直線を描きます

❶手順7で描いた水平線の右端点にを合わせて、そのまま、マウスを右クリック します

❷上方向にを移動します

❸そのまま、マウスをクリック します

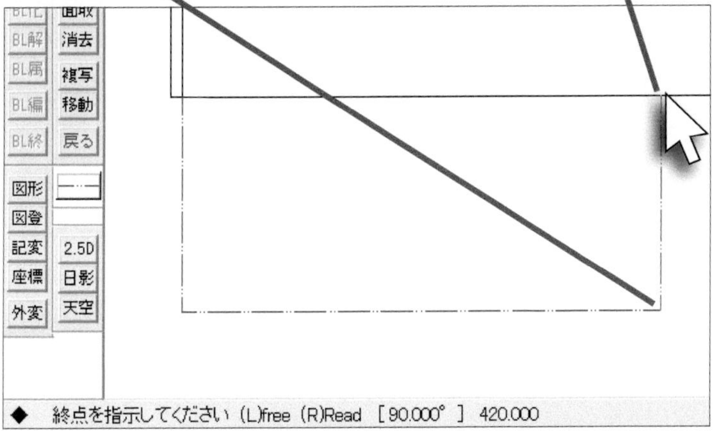

⑩ 垂直線と水平線が描けました

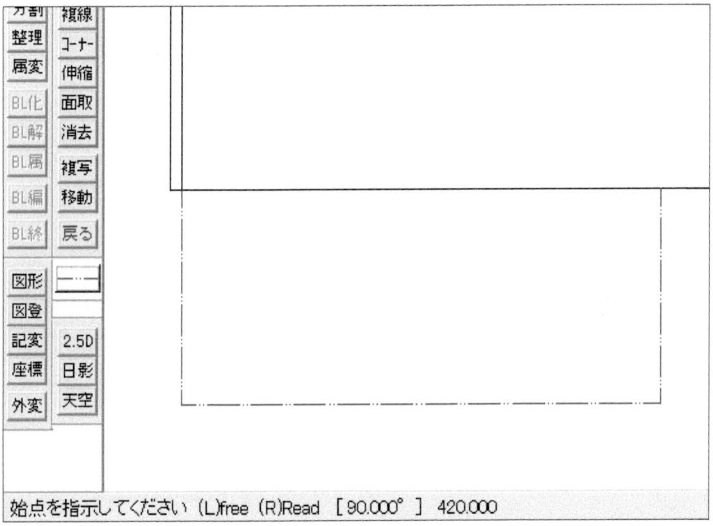

ベッドの引き出しの想像線が描けました

レッスン㉕で続けて操作するので、ファイルを開いたままにしておきます

終わり

レッスン
25 図形を複写しよう

動画で見る

キーワード [複写] コマンド

練習用ファイル ▶Chap3.jww（レッスン㉔の続き）

ベッドの右側の引き出しの想像線もレッスン㉔と同様の方法で作図できますが、ここでは新しい機能を覚えるため、レッスン㉔で作図した左側の引き出しを右側に複写しましょう。はじめに複写する対象を選択し、複写の基準にする点とそれを複写する位置を示す点を指示することで、正確な位置に複写します。

操作はこれだけ　合わせる　クリック　右クリック

対象を選択して［複写］コマンドで複写します

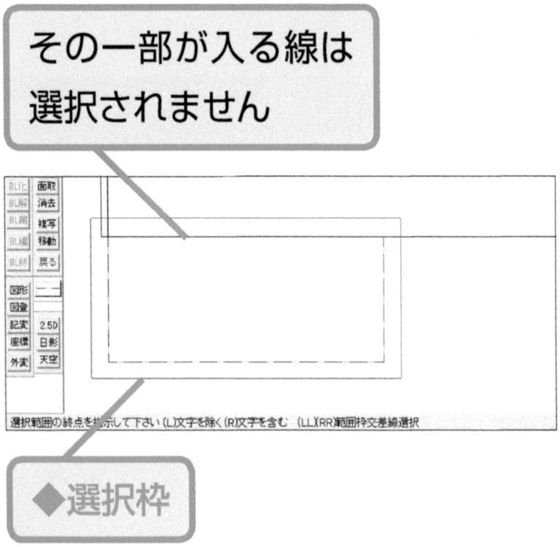

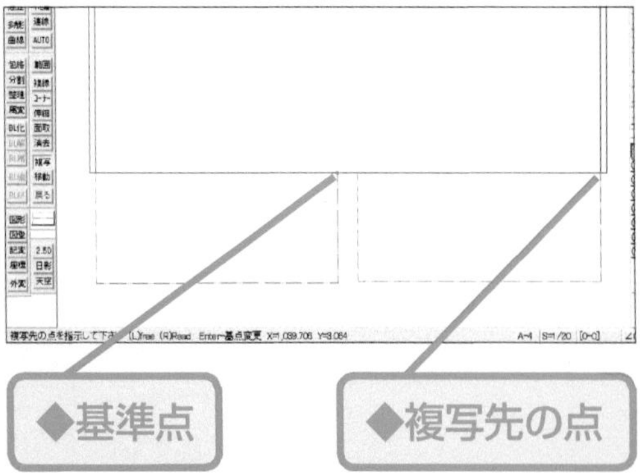

● ［範囲］コマンド

［範囲］コマンドでは、選択枠で囲むことで、複写の対象を選択します。選択枠に全体が入る線が選択されて、ピンク色になります。ここでは正確な位置に複写するための基準点も指定します。

● ［複写］コマンド

複写先の点を指示することで複写します。1つ複写した後も次の複写先の点を指示することで、同じ図形を連続して複写できます。［複写］コマンドを終了するには［線］コマンドを選択します。

1 [範囲] コマンドを選択します

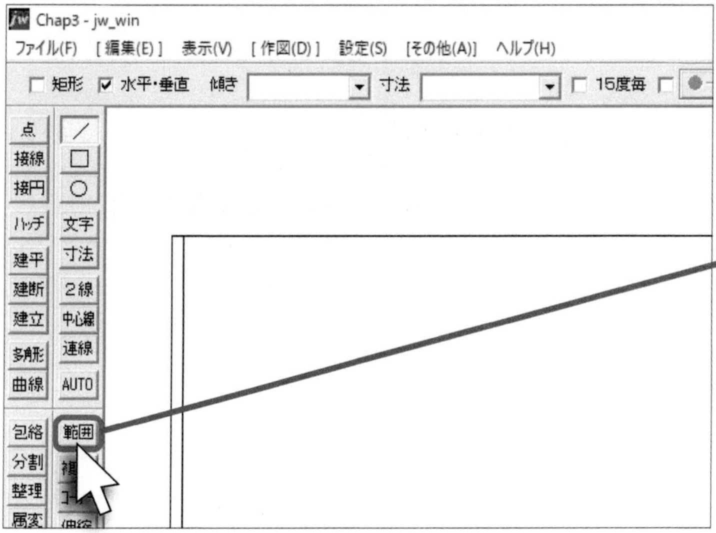

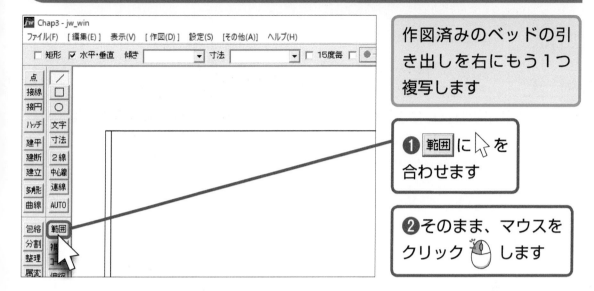

作図済みのベッドの引き出しを右にもう1つ複写します

❶ 範囲 に を合わせます

❷そのまま、マウスをクリック します

2 範囲の選択を開始します

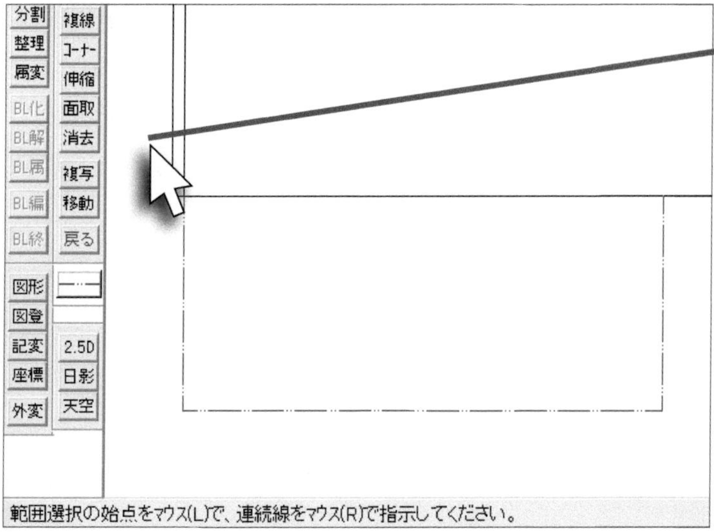

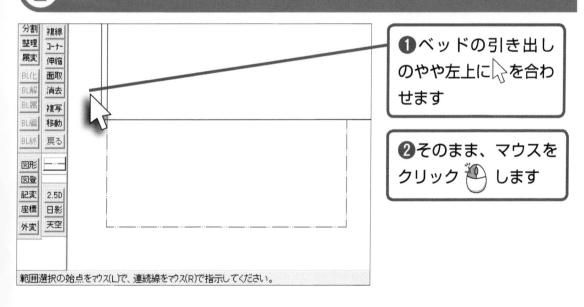

❶ベッドの引き出しのやや左上に を合わせます

❷そのまま、マウスをクリック します

次のページに続く▶▶▶

③ 範囲を選択します

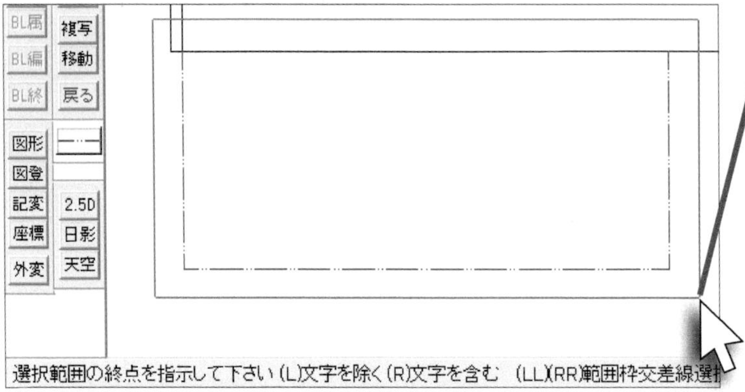

❶ベッドの引き出しが選択枠に入る位置に↖を合わせます

❷そのまま、マウスを右クリックします

④ 基準点を変更します

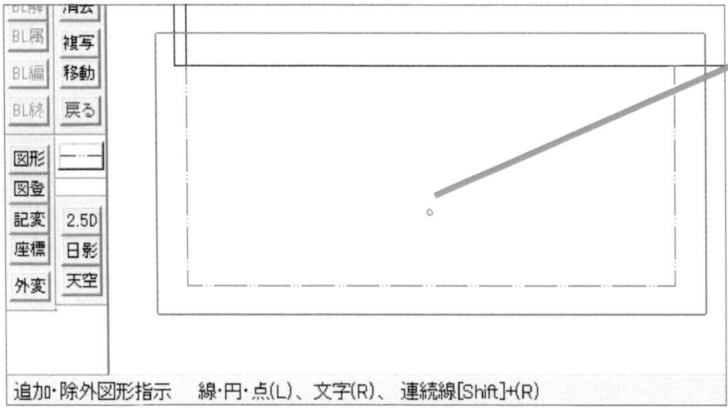

仮の基準点が設定されています

ヒント

正確な位置に複写するためには、複写先を右クリックで指定できる位置を基準点にします。

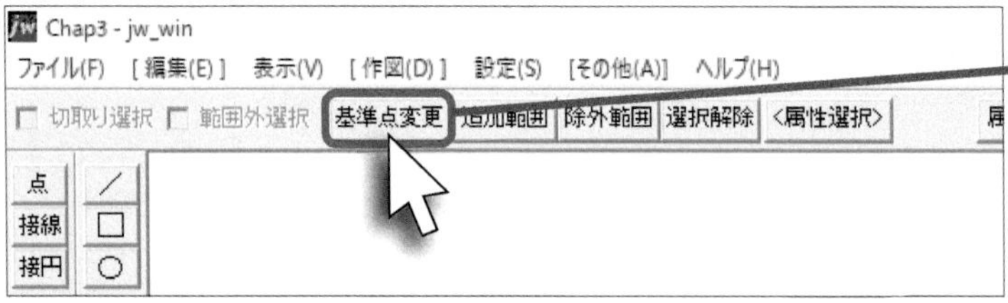

❶ 基準点変更 に↖を合わせて、そのまま、マウスをクリックします

❷ベッドの引き出しの右上端点に↖を合わせて、そのまま、マウスを右クリックします

⑤ 複写する先を指定します

複写する図形の右上を合わせる点を指定します

❶ 複写 に を合わせて、そのまま、マウスをクリック します

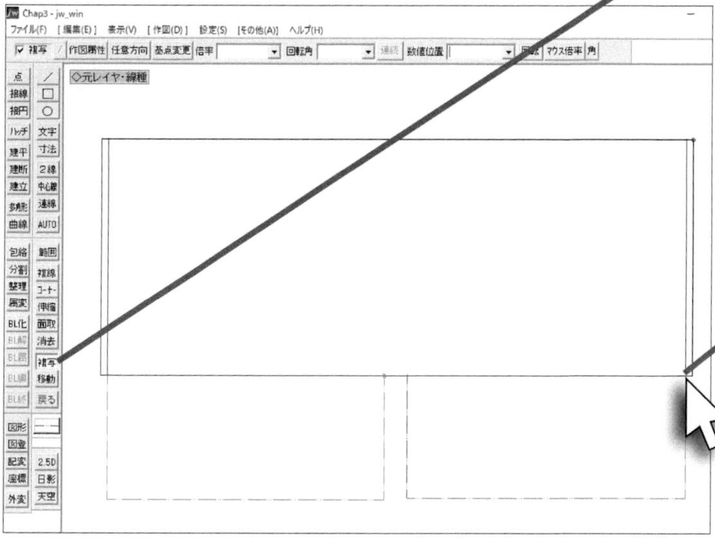

❷内側の線の下端点に を合わせて、そのまま、マウスを右クリック します

⑥ 図形が複写されました

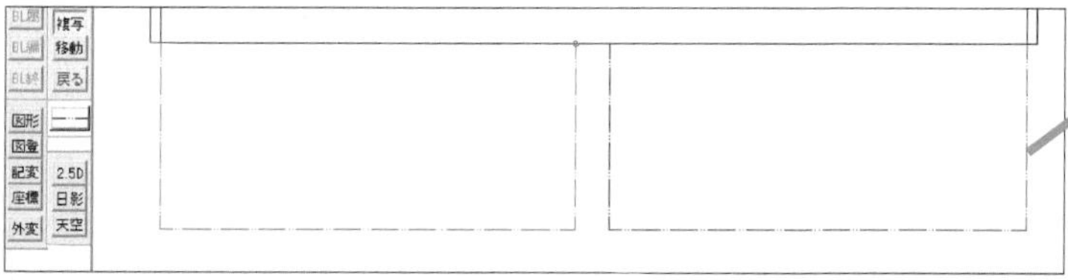

ベッドの引き出しが複写されました

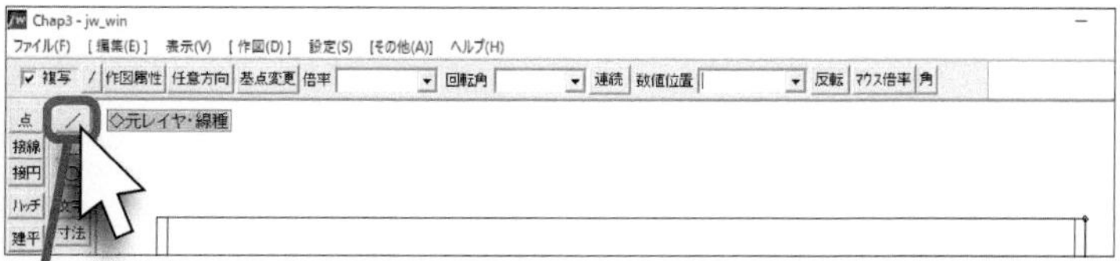

／ に を合わせて、そのまま、マウスをクリック します

複写が終了します

レッスン㉖で続けて操作するので、ファイルを開いたままにしておきます

終わり

レッスン
26 文字を記入しよう

キーワード [文字] コマンド　練習用ファイル ▶Chap3.jww（レッスン㉕の続

作図したベッドの下側に「ベッド平面図」という文字を記入しましょう。文字は［文字］コマンドを選択し、［文字入力］ボックスに記入する文字を入力した後、文字の記入位置をクリックすることで、図面の任意の位置に記入します。文字の大きさは、記入時の［書込文字種］によります。

操作はこれだけ　合わせる　クリック　入力する

［文字］コマンドで文字を記入します

● ［文字入力］ボックスとコントロールバー

［文字］コマンドを選択すると、記入文字を入力するための［文字入力］ボックスと下図のコントロールバーが表示されます。

◆［書込文字種］ボタン
これから記入する文字の種類と大きさが表示されています

文字種［6］で幅（W）6mm、高（H）6mmの大きさであることが分かります

記入する文字を入力します

記入する文字のフォントが選択できます

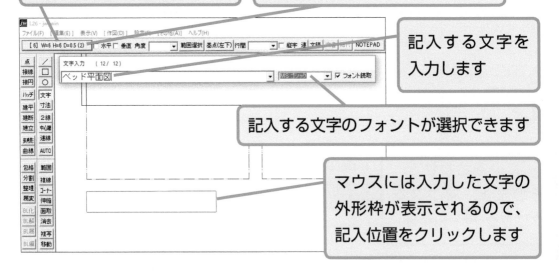

マウスには入力した文字の外形枠が表示されるので、記入位置をクリックします

① [文字] コマンドを選択します

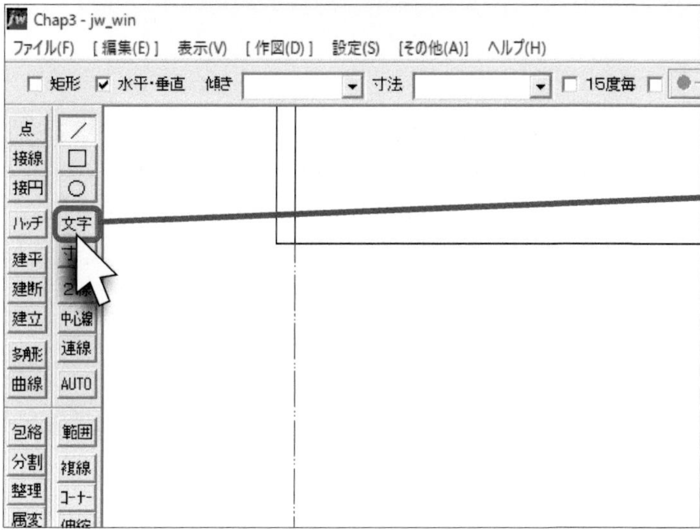

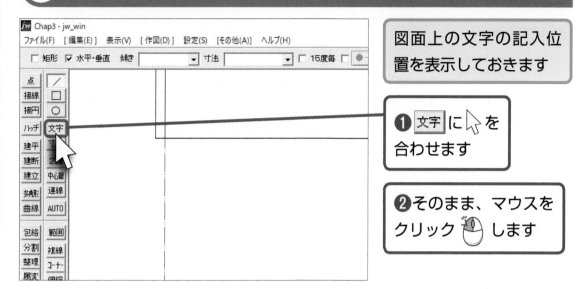

図面上の文字の記入位置を表示しておきます

❶ 文字 に を合わせます

❷そのまま、マウスをクリック します

② [書込み文字種変更] ダイアログボックスを表示します

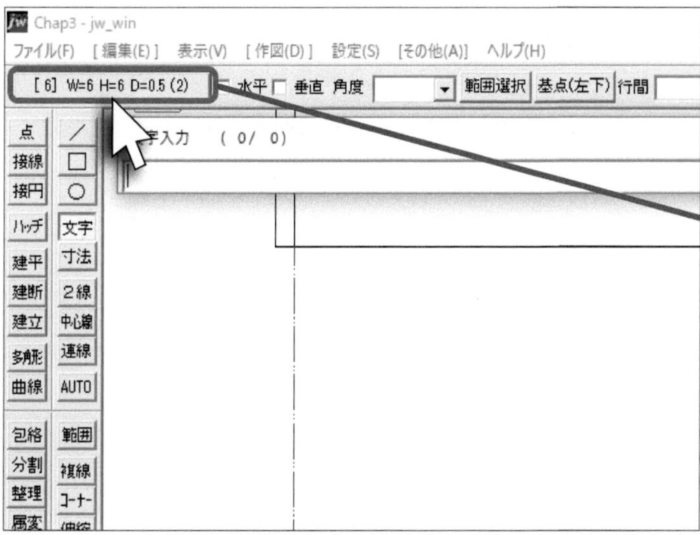

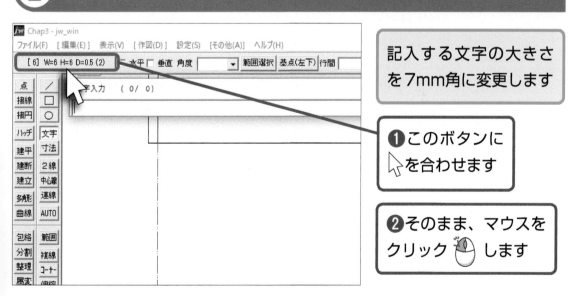

記入する文字の大きさを7mm角に変更します

❶このボタンに を合わせます

❷そのまま、マウスをクリック します

次のページに続く▶▶▶

③ 7mm角の大きさの文字種を選択します

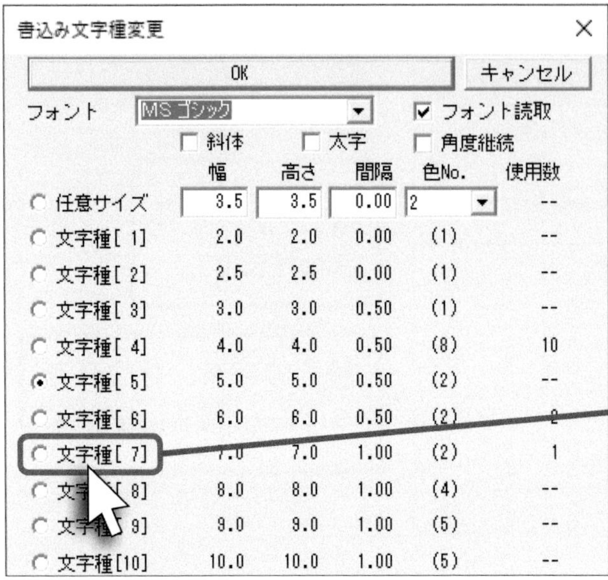

[書込み文字種変更]ダイアログボックスが表示されました

幅、高さが7.0(mm)の[文字種［7]］を選択します

文字種[7]に を合わせて、そのまま、マウスをクリック します

ヒント

Jw_cadでは、その大きさ別に文字種［1］～文字種［10］の10種類が用意されています。文字の大きさを決める「幅」「高さ」「間隔」は、図面の縮尺に関係なく、実際に印刷される幅、高さ、間隔をmm単位で指定します。文字種［1］～文字種［10］にない大きさの文字は、[任意サイズ] を選択して、その「幅」「高さ」「間隔」ボックスに大きさをmm単位で指定することで記入できます。

[色No.]の[(2)]は[線色2(黒)]を示しています

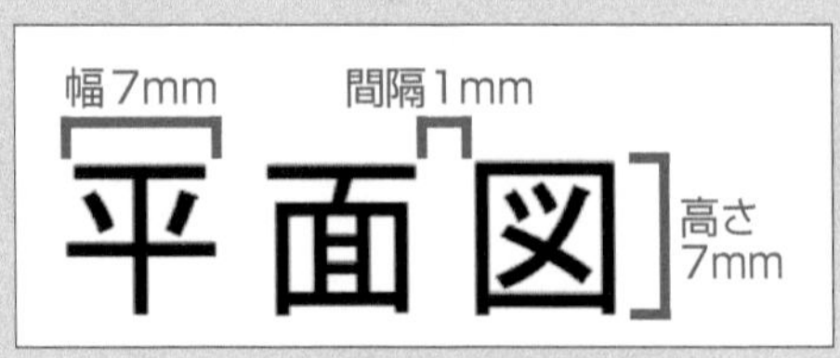

④ 文字を入力し、記入位置を指定します

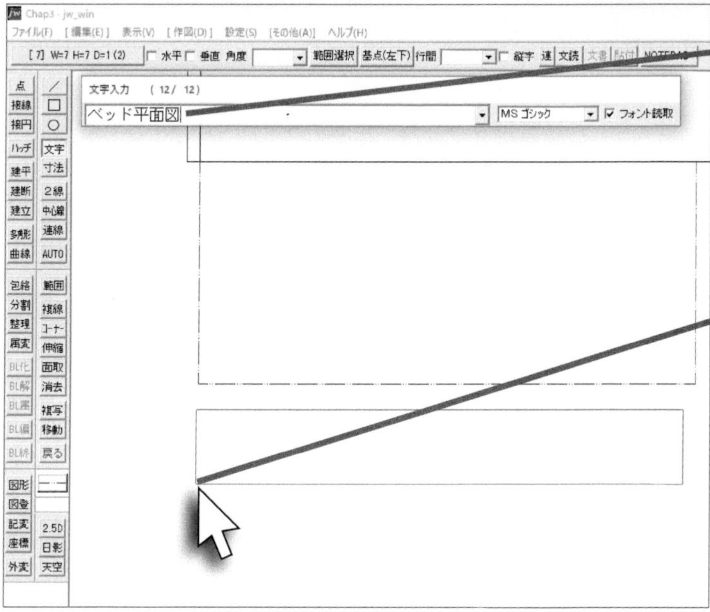

❶「ベッド平面図」と入力します

❷記入する場所にを合わせて、そのまま、マウスをクリックします

⑤ 文字が記入されました

／にを合わせて、そのまま、マウスをクリックします

レッスン㉗で続けて操作するので、ファイルを開いたままにしておきます

終わり

レッスン 27

水平方向の寸法を記入しよう

キーワード [寸法] コマンド

練習用ファイル ▶Chap3.jww（レッスン㉖の続

ベッド平面図の上側に、ベッドの長さ寸法を記入しましょう。ここでは、左隣のラックの横幅寸法と位置を揃えて記入します。寸法は、[寸法] コマンドで、記入位置を指示したうえで、図面上の2点を指示することで記入します。寸法は、書込線の線色ではなく、寸法設定で指定されている線色で記入されます。

操作はこれだけ　クリック　右クリック　両ボタンドラッグ

[寸法] コマンドで寸法を記入します

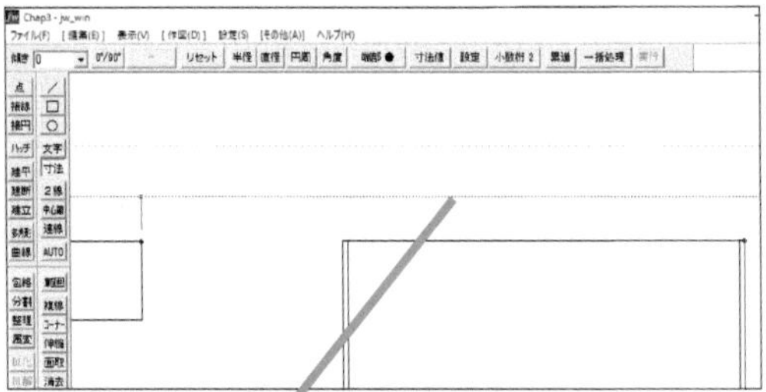

ラック平面図の寸法線上にガイドラインが表示されます

● 寸法記入位置を指定

はじめに寸法の記入位置を指示します。ここでは左隣のラックの横幅寸法と位置を揃えて記入するため、寸法線位置としてラック平面図の寸法線端点を右クリックします。

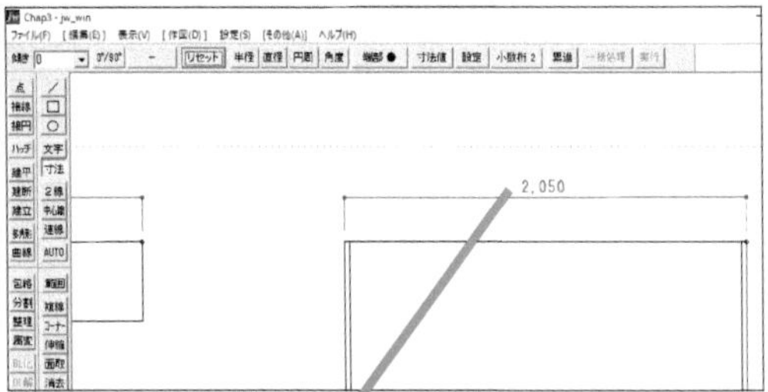

ガイドライン上に2点間の寸法が記入されます

● 寸法を記入する2点を指示

図面上の2点を指示することで、2点間の寸法がガイドライン上に記入されます。寸法を記入する点を指示するときに限り、クリックでも図面上の点を読み取ります。

① 用紙全体を表示します

❶作図ウィンドウ内の適当な位置に を合わせます

❷そのまま右上方向に両ボタンドラッグ します

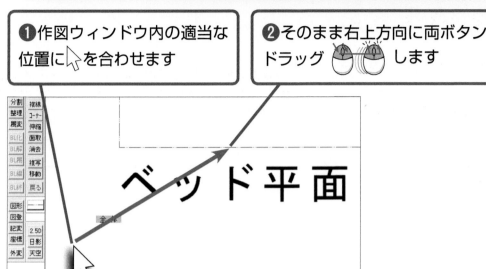

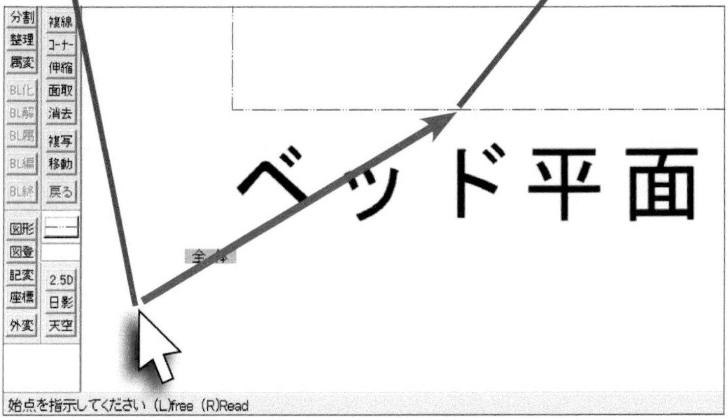

② 一部を拡大表示します

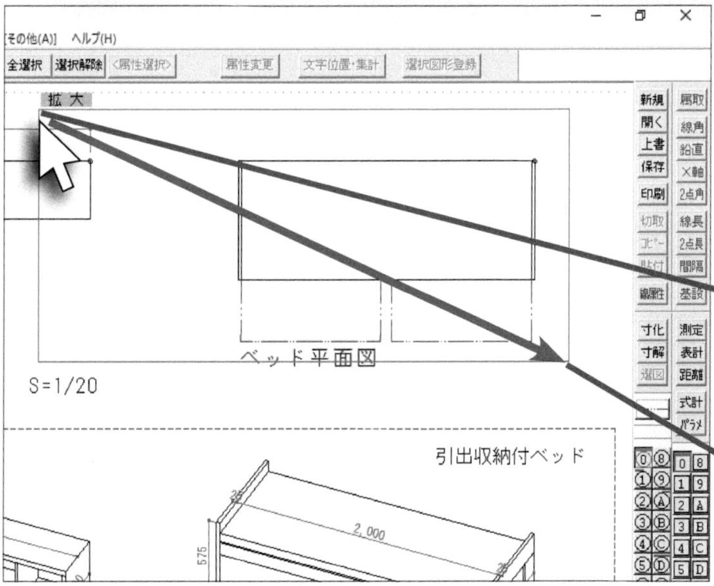

ここではラック平面図の横幅寸法の右端部が画面に入るように拡大表示します

❶拡大する部分の左上に を合わせます

❷そのまま右下まで両ボタンドラッグ します

次のページに続く▶▶▶

③ [寸法] コマンドを選択します

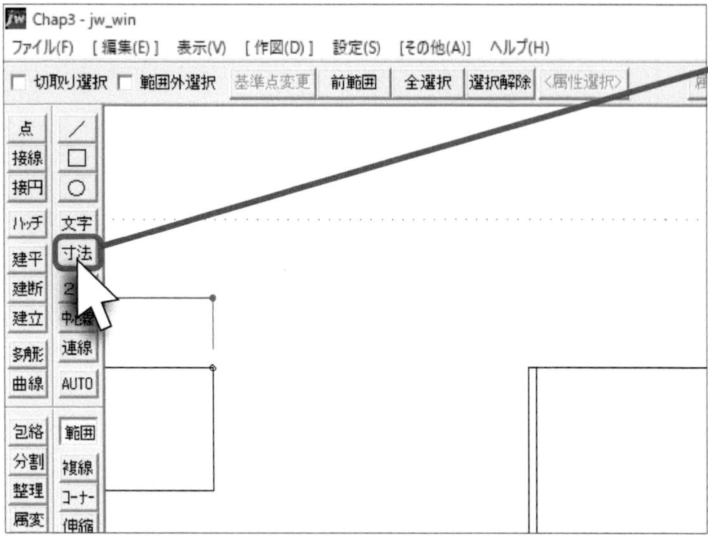

❶ 寸法 に ↖ を合わせます

❷そのまま、マウスをクリック しします

④ 寸法引出線のタイプを指定します

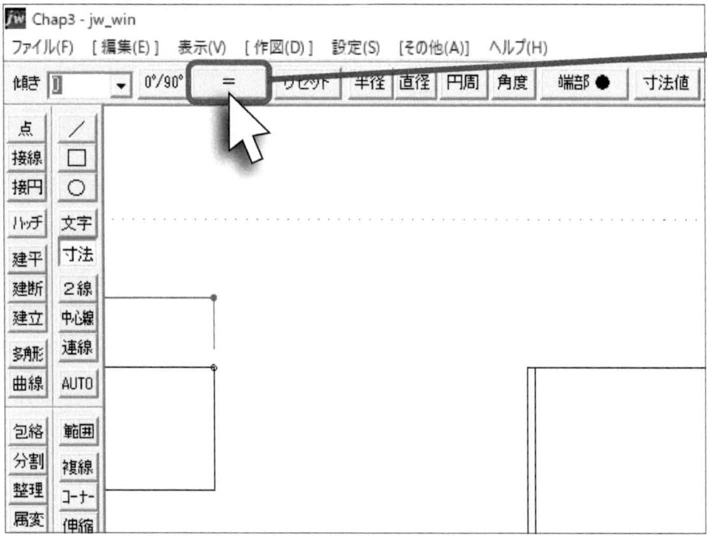

❶ = に ↖ を合わせます

❷そのまま、マウスを右クリック します

ヒント

引出線のタイプを － に変更します。誤ってクリックした場合は － に変わるまで何度か右クリックしてください。

第3章 家具の平面図を作図してみよう

ヒント

寸法線両側の線をJw_cadでは引出線と呼びます。引出線タイプ［－］では、寸法線の位置だけを指定します。引出線は寸法の指示点から一定間隔離れた位置から記入されます。

引出線タイプ［＝］では、引出線の始点位置と寸法線の位置を指定します。2本のガイドラインの間に引出線が記入されます。

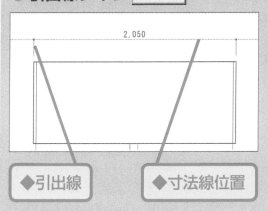

●引出線タイプ［－］

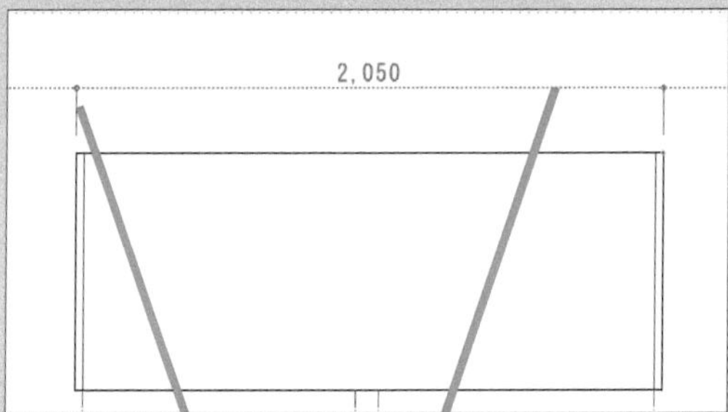

●引出線タイプ［＝］

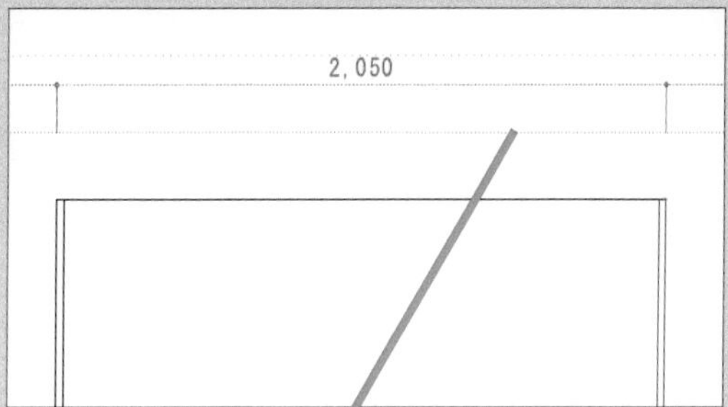

5 寸法線の記入位置を指示します

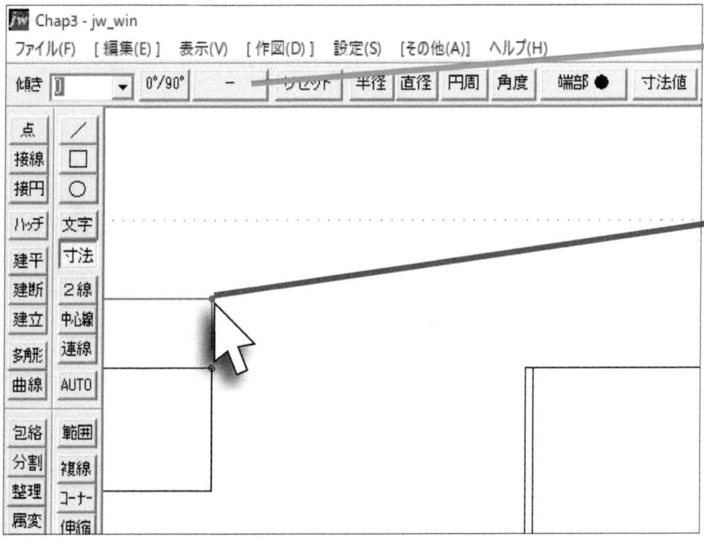

引出線タイプが［－］になります

❶ラック平面図の寸法線右端点に を合わせます

❷そのまま、マウスを右クリック します

次のページに続く▶▶▶

6 寸法の始点を指示します

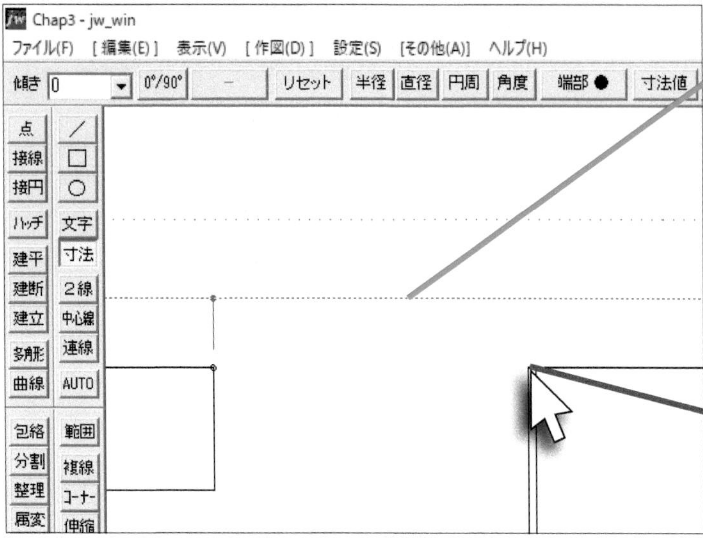

ラックの寸法線上にガイドラインが表示されました

ベッドの横幅の寸法を記入します

❶外側の四角形の左上角に を合わせます

❷そのまま、マウスをクリック します

7 寸法の終点を指示します

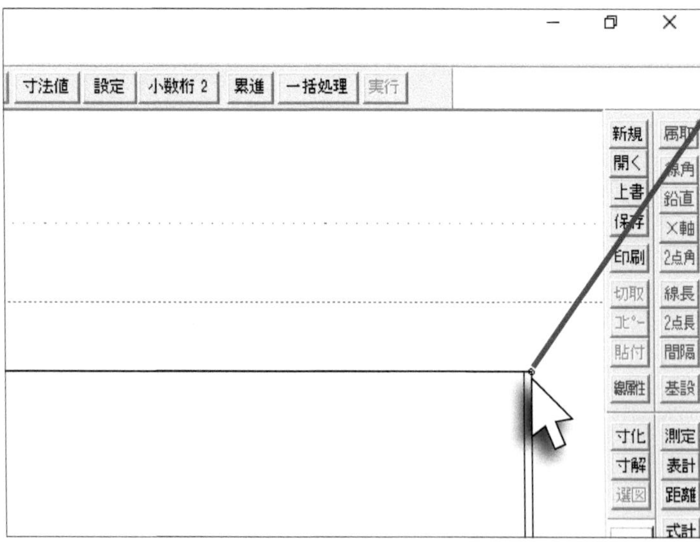

❶外側の四角形の右上角に を合わせます

❷そのまま、マウスをクリック します

ヒント

寸法の始点・終点指示時に限り、クリックでも図面上の点を読取りできます。

⑧ 寸法線の記入を完了します

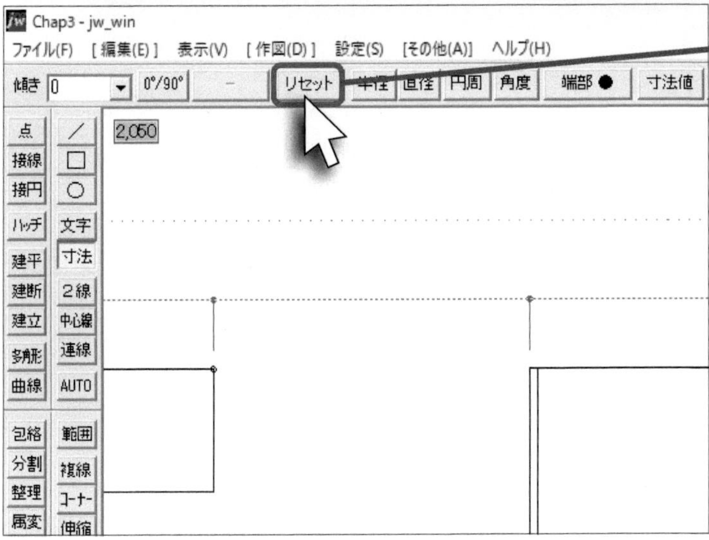

❶ リセット に合わせます

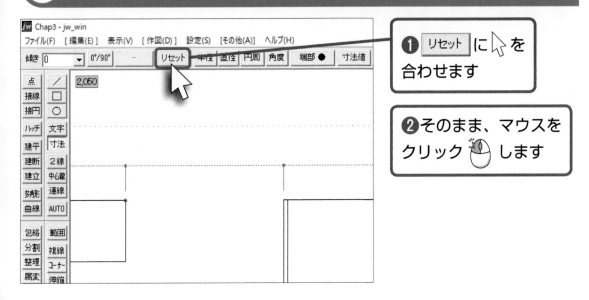

❷そのまま、マウスをクリックします

⑨ 寸法が記入されました

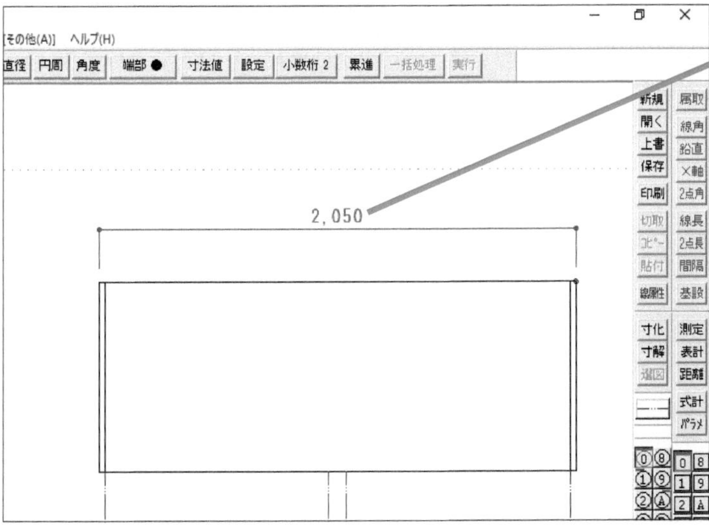

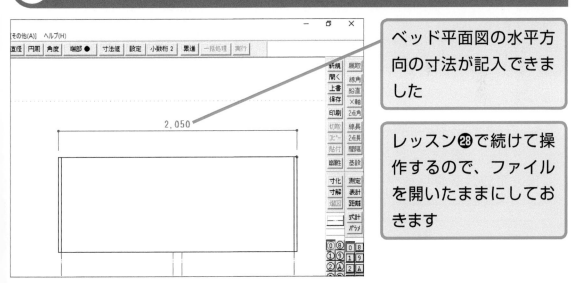

ベッド平面図の水平方向の寸法が記入できました

レッスン㉘で続けて操作するので、ファイルを開いたままにしておきます

終わり

レッスン 28

垂直方向の寸法を記入しよう

キーワード 寸法の傾き

練習用ファイル ▶ Chap3.jww（レッスン㉗の続

ベッド平面図の左側に、ベッドの幅寸法とベッドから引き出しの想像線の端までの寸法を記入しましょう。ここでは、ベッド左辺から適当に離れた位置に記入します。垂直方向の寸法は、［寸法］コマンドのコントロールバー［傾き］ボックスの角度を「90」にすることで、記入できます。

操作はこれだけ　合わせる　クリック　入力する

［傾き］で記入する寸法の方向を設定します

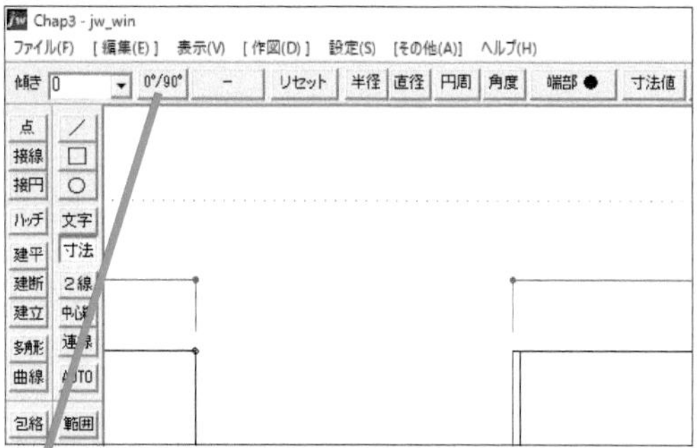

0°/90° に を合わせて、そのまま、マウスをクリック します

● ［傾き］

［寸法］コマンドの［傾き］ボックスの角度で寸法は記入されます。［0°／90°］ボタンをクリックすることで、［傾き］ボックスの角度「0」と「90」が切り替わります。

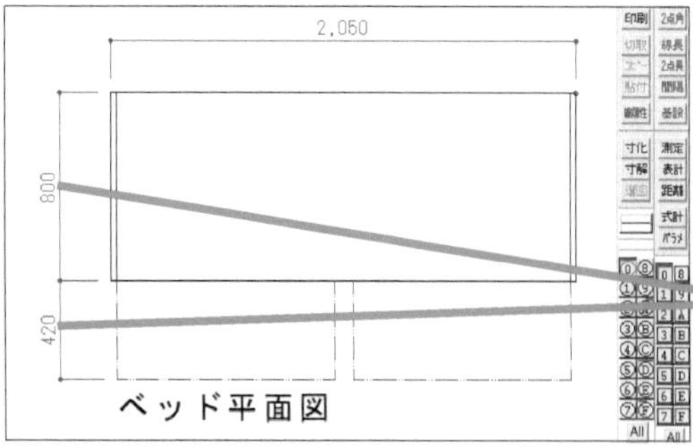

垂直方向の寸法が記入できます

第3章 家具の平面図を作図してみよう

① 寸法の記入角度を90° 傾けます

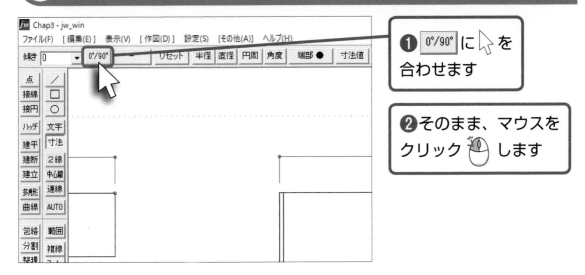

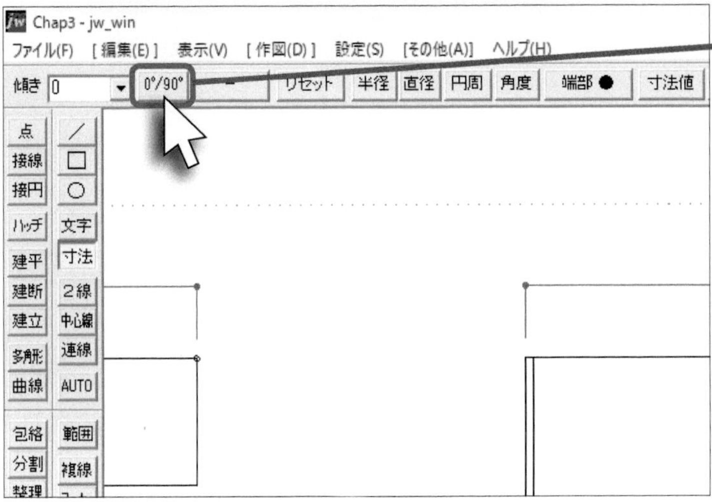

❶ 0°/90° に を合わせます

❷そのまま、マウスをクリック します

② 寸法線の記入位置を指定します

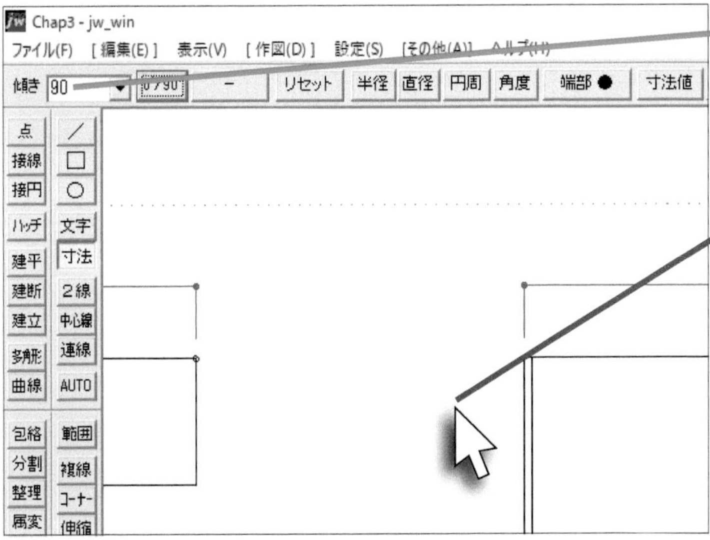

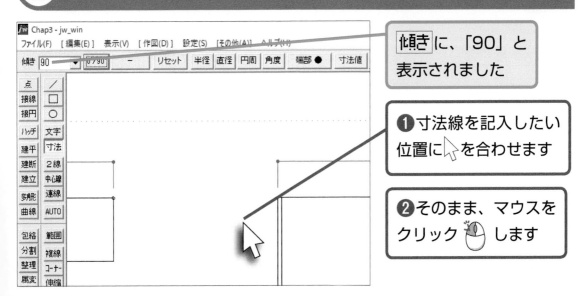

傾き に、「90」と表示されました

❶寸法線を記入したい位置に を合わせます

❷そのまま、マウスをクリック します

ヒント

［傾き］ボックスにキーボードから「45」を入力すれば、45°に傾いた寸法を記入できます。

次のページに続く ▶▶▶

③ ベッドの垂直方向の寸法を記入します

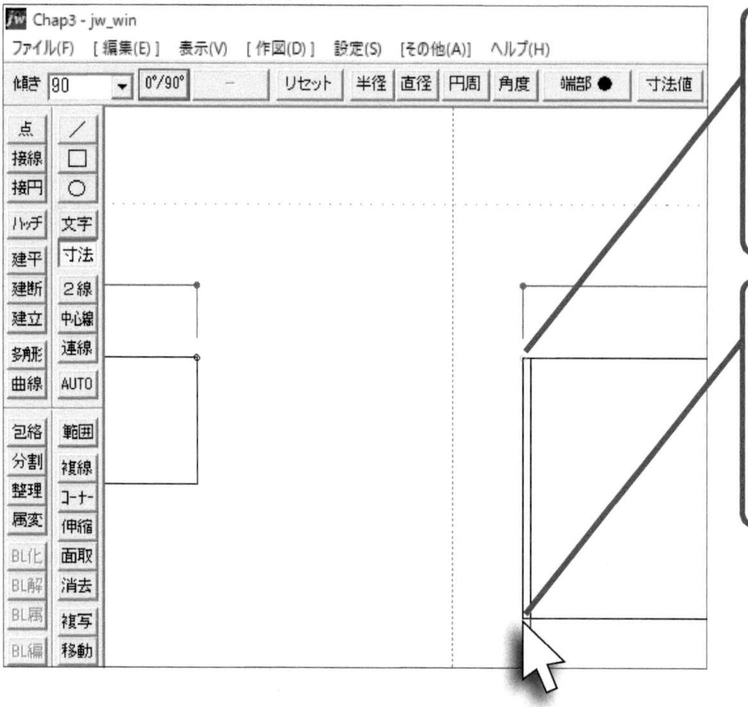

❶外側の四角形の左上角に を合わせて、そのまま、マウスをクリック します

❷外側の四角形の左下角に を合わせて、そのまま、マウスをクリック します

④ 続けて引き出しの端までの寸法を記入します

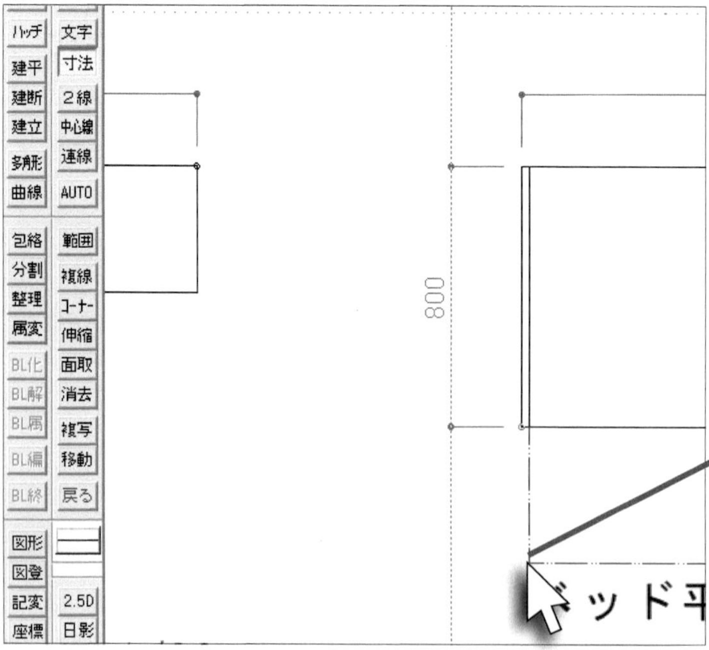

ヒント

寸法の始点・終点を指示後、次の点を右クリックすると、直前に記入した寸法の終点から右クリックした点までの寸法が記入できます。

引き出しの左下角に を合わせて、そのまま、マウスを右クリック します

5 寸法線の記入を完了します

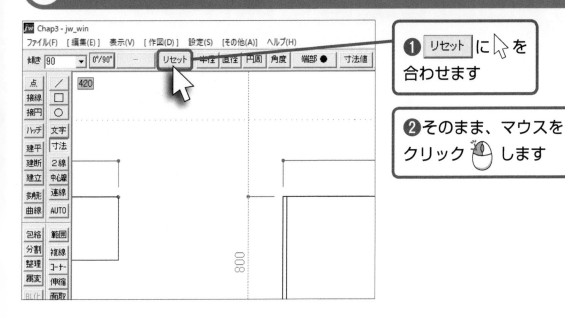

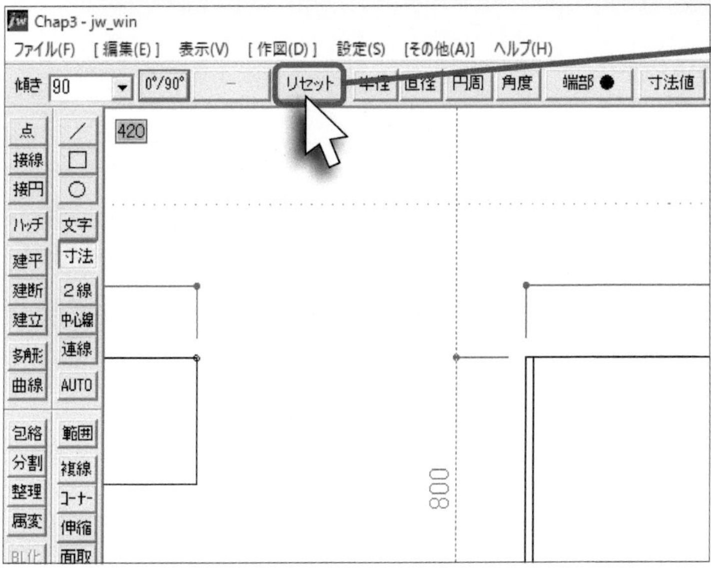

❶ リセット に を合わせます

❷そのまま、マウスをクリック します

6 垂直方向の寸法が記入されました

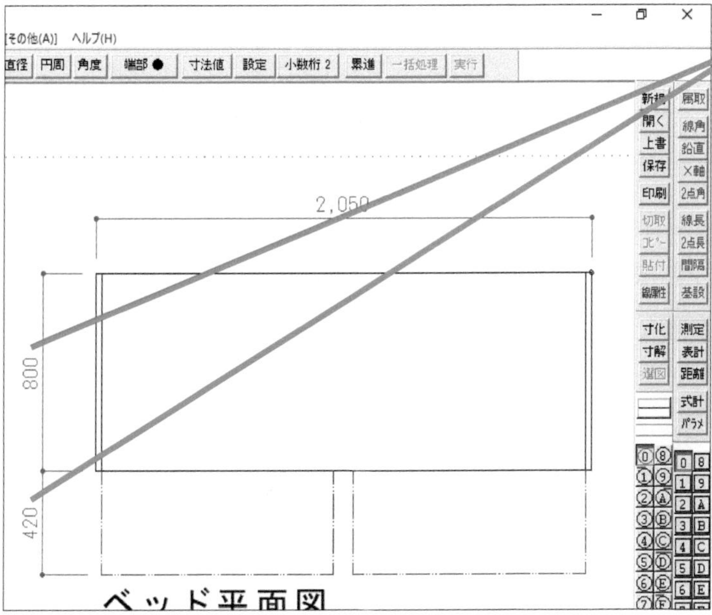

ベッドと引き出しの垂直方向の寸法が、それぞれ記入されました

レッスン㉙で続けて操作するので、ファイルを開いたままにしておきます

終わり

レッスン 29 図面を上書き保存しよう

キーワード 上書き保存

練習用ファイル ▶Chap3.jww（レッスン㉘の続

レッスン⑰で開いた図面ファイル「Chap3.jww」に、ベッド平面図を描き加えました。この段階でJw_cadを終了すると、描き加えたベッド平面図は無くなってしまいます。はじめから作図されていたラック平面図と描き加えたベッド平面図を第５章で使用するため、「Chap3.jww」に上書き保存しましょう。

操作はこれだけ　合わせる　クリック

図面を上書き保存します

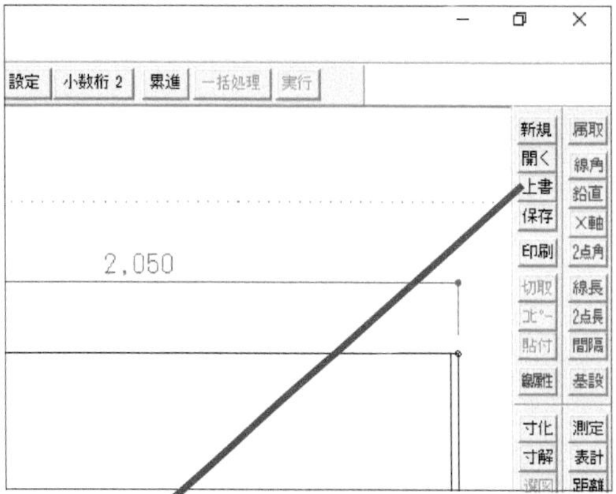

上書 に を合わせて、そのまま、マウスをクリック します

図面が上書き保存されました

●上書き保存

ここで上書き保存することで、ベッド平面図を描き加えた図面がChap3.jwwになり、ベッドが作図されていない元からあったChap3.jwwは無くなります。

ヒント

上書き保存をしたあとに、Jw_cadを終了したり、ほかの図面をひらいたりして、この図面を閉じると、再び図面を開いてもこれまでの操作を［戻る］コマンドで取り消すことはできません。

① 図面を上書き保存します

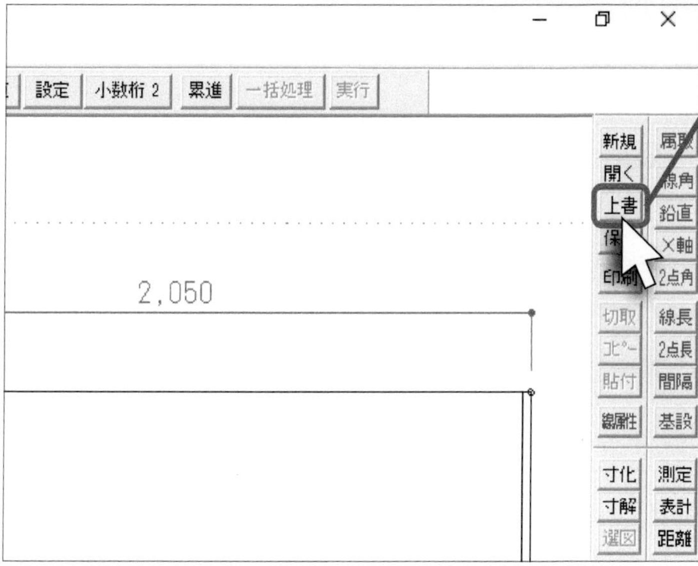

❶ 上書 に を合わせます

❷そのまま、マウスをクリック します

② 図面が上書き保存されました

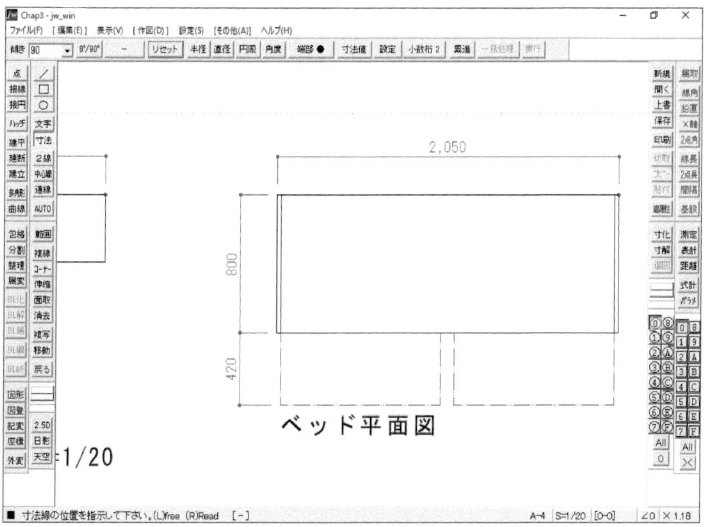

「Chap3.jww」に上書き保存されます

終わり

Q 寸法値の大きさや寸法線の色はどこで指定するの？

A ［寸法設定］ダイアログボックスで指定します

［寸法］コマンドで記入する寸法の色や寸法値の大きさは［寸法設定］ダイアログボックスで指定します。色は線色１～８の番号で、寸法値の大きさ・色は文字種［1］～［10］の番号で指定します。

●［寸法設定］ダイアログボックスの表示

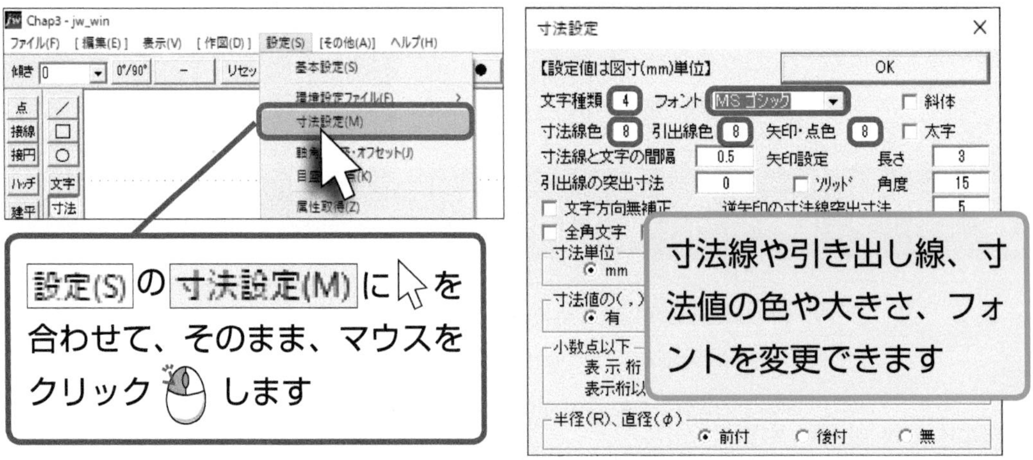

●寸法の各部名称

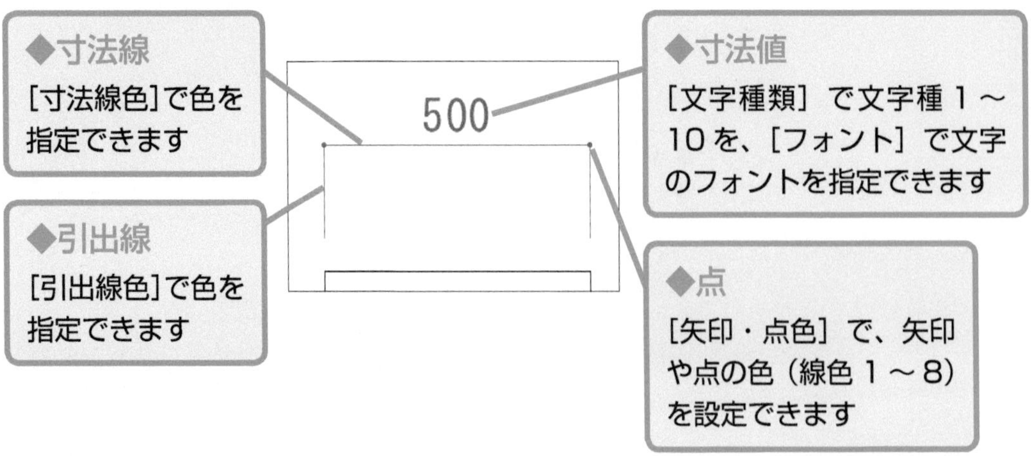

第4章

測定した寸法を基にワンルームの間取り図を作図しよう

この章では、部屋を実測してメモした現況図を基にワンルームの間取り図を作図します。

この章の内容

レッスン 30 作図する間取り図とおおまかな作図手順を知ろう

キーワード 作図の計画

部屋の壁面の長さや窓・ドアの位置を実際に測ってメモした部屋の現況図を基にワンルームの間取り図を作図していきます。はじめに、部屋の現況図の寸法を基に壁の線を作図します。窓やドアなどの開口部分の壁は消しておいて、壁を二重線にして整えます。窓やドアを作図し、ユニットバスなどの設備を配置します。

基にする現況図と作図の準備

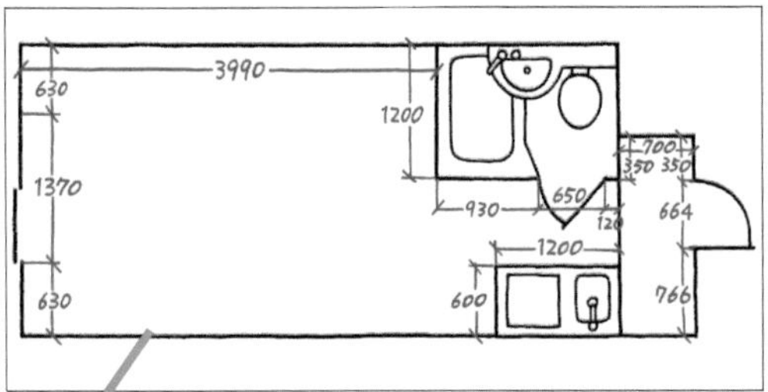

◆部屋の現況図

●部屋の現状図

ここでは、実際の部屋で、その壁面長さや窓・ドアなどの位置を測定してメモした図を指します。この章では左の現況図を基にして間取り図を作図します。

用紙サイズと縮尺を設定します

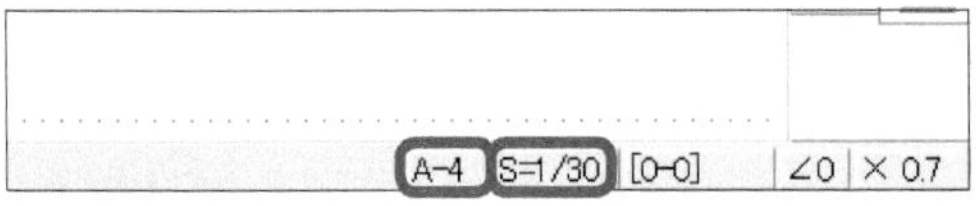

3種類の線の太さを設定します

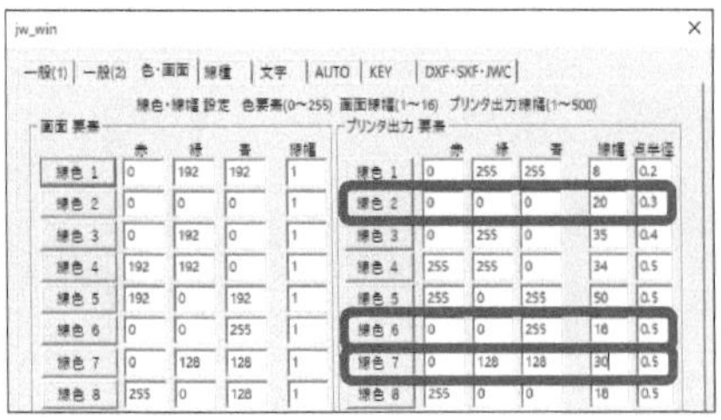

●作図の準備

用紙サイズと縮尺を設定します。また、間取り図で使用する線の太さを決めて、線色ごとの線の太さ（印刷線幅）を設定します。ここでは、3種類の太さの線を下記の線色に割り当てて利用します。

壁などに使う中太線：0.3mm　線色7
家具などに使う細線：0.2mm　線色2
想像線に使う細線：0.18mm　線色6

大まかな作図手順

● 1.壁線を作図する

部屋の現況図の寸法を基に［線］コマンドで壁線を作図します。

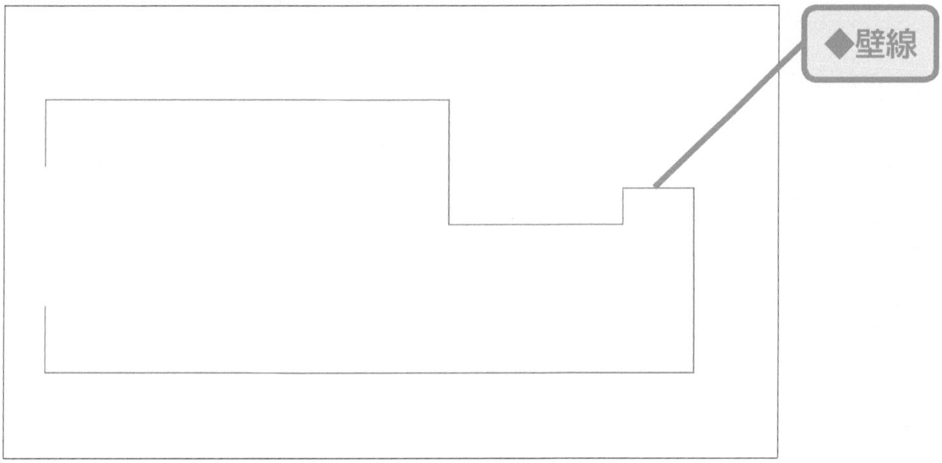

［線］コマンドで壁線を作図します

● 2.ドア部分の壁線を消去する

ドア部分の左右に仮点を配置し、［消去］コマンドの「節間消し」を利用して消します。

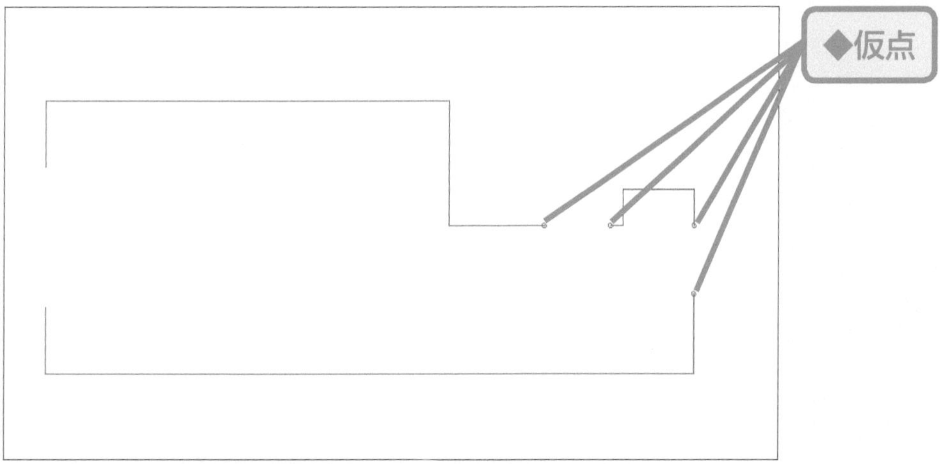

［消去］コマンドで壁線を部分消去します

次のページに続く▶▶▶

● 3.壁を二重にする

[複線] コマンドを利用して、壁線を外側に平行複写します。

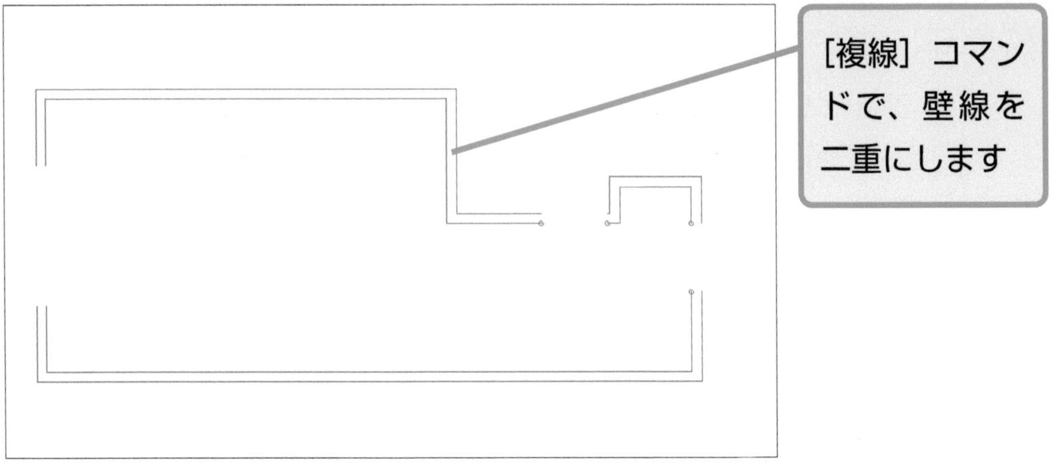

[複線] コマンドで、壁線を二重にします

● 4.壁を整える

[コーナー] コマンドで角を作成します。また、[消去] コマンドや [線] コマンドを利用して壁を整えます。

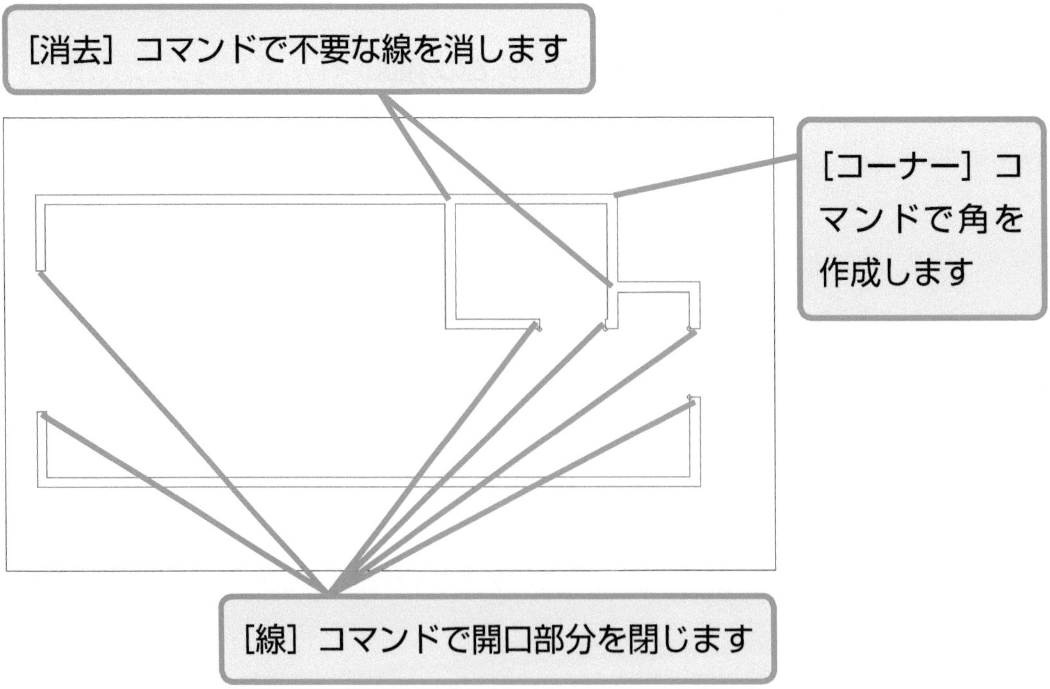

5.壁を塗りつぶして、窓やドア、上がり框を作図します

壁を塗りつぶします。窓は［図形］コマンドで、ドアは［線］コマンドと［円］コマンドを使って作図します。

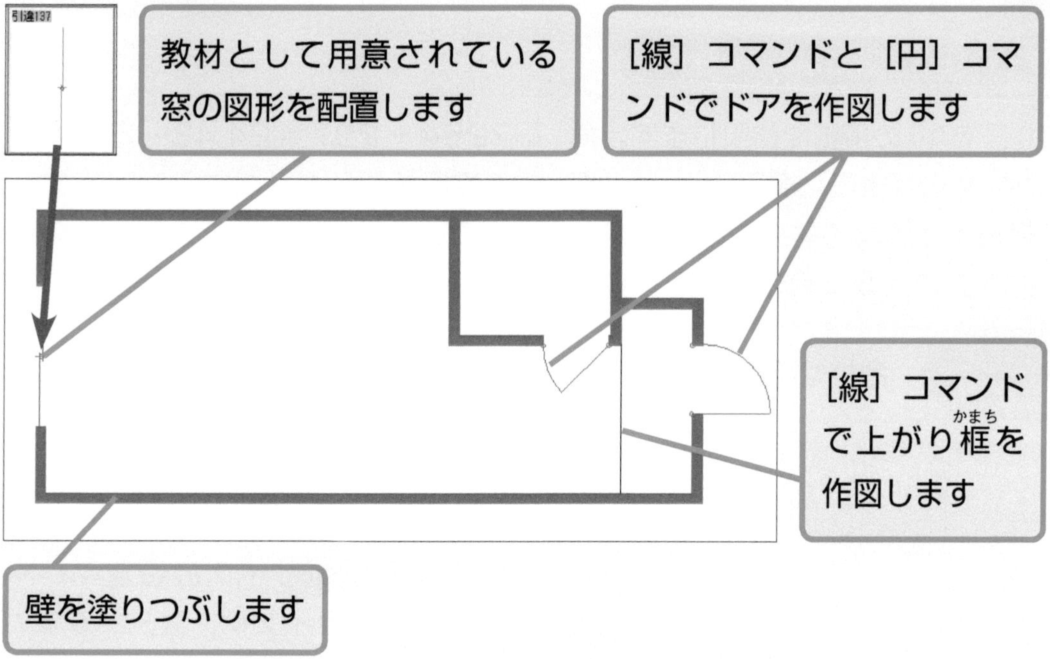
引違137
教材として用意されている窓の図形を配置します
［線］コマンドと［円］コマンドでドアを作図します
［線］コマンドで上がり框を作図します
壁を塗りつぶします

6.ユニットバスとミニキッチンを配置します

［図形］コマンドで用意されているユニットバスとミニキッチンを配置します。

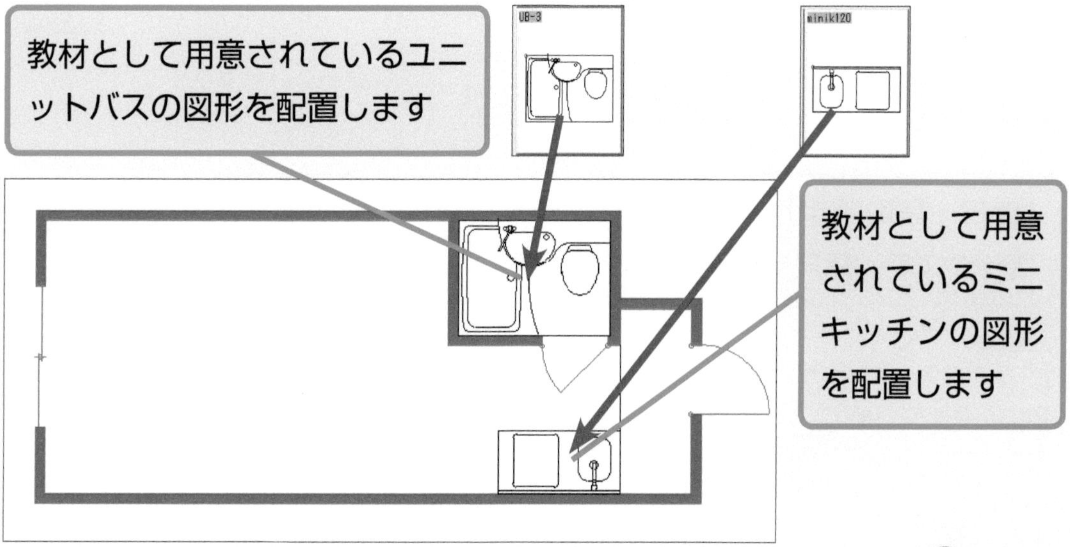
教材として用意されているユニットバスの図形を配置します
UB-3
minik120
教材として用意されているミニキッチンの図形を配置します

終わり

レッスン 31

用紙サイズと縮尺を設定しよう

キーワード 用紙サイズと縮尺

間取り図をA4の用紙に作図します。横幅297mmの用紙に、横7,254mm（部屋の横幅＋2ヵ所の壁の厚み＋玄関ドアの開き）の間取り図を収めるには、7254÷297＝24.42…ですので、1/25がギリギリ収まる縮尺です。ここでは余裕を持って収まるよう縮尺を1/30に設定します。

操作はこれだけ　合わせる　クリック　入力する

ステータスバーから用紙サイズと縮尺を設定します

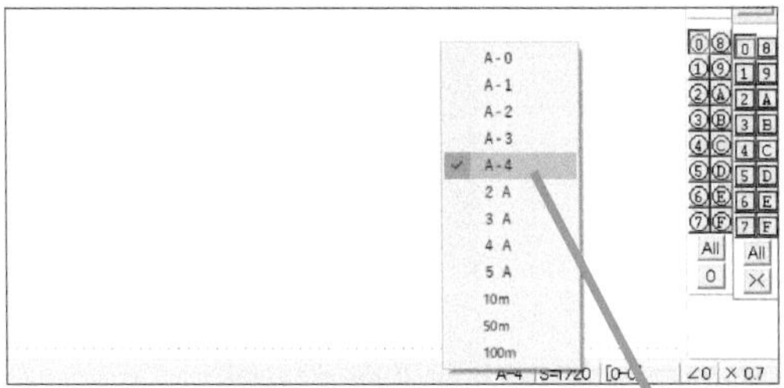

ステータスバーの［用紙サイズ］から、用紙サイズを設定します

● 用紙サイズの設定

用紙サイズは、ステータスバーの［用紙サイズ］をクリックして表示されるリストからクリックで選択します。

［縮尺・読取設定］ダイアログボックスで、縮尺を設定します

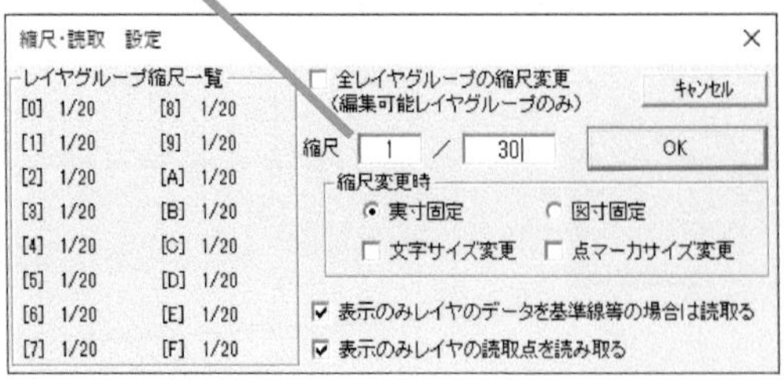

● 縮尺の設定

ステータスバー［縮尺］をクリックして表示される［縮尺・読取設定］ダイアログボックスの［縮尺］に数値を入力することで指定します。

① 用紙サイズを設定します

レッスン❸を参考に、Jw_cadを起動して、白紙の用紙を用意しておきます

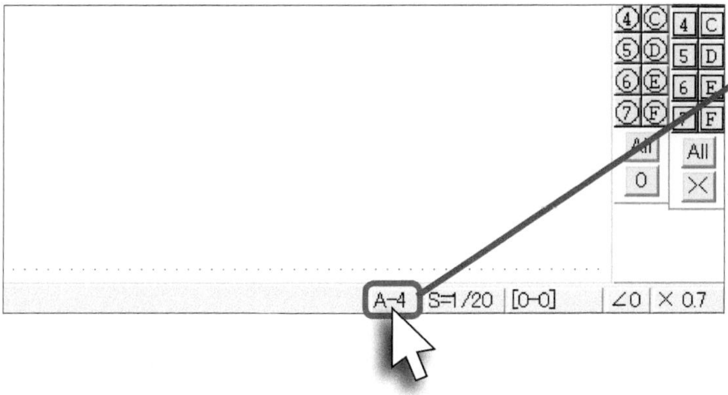

❶ A-4 に合わせます

❷そのまま、マウスをクリック します

ヒント

設定できるのは、リストに表示されるAサイズの用紙9種と横幅10m、50m、100mの計12種類です。

●用紙とサイズ

用紙	サイズ
A4	297 x 210mm
A3	420 x 297mm（A4用紙2枚分）
A2	594 x 420mm
A1	841 x 594mm
A0	1189 x 841mm
2A	1682 x 1189mm（A0用紙2枚分）
3A	2378 x 1682mm
4A	3364 x 2378mm
5A	4756 x 3364mm
10m	10000 x 7073mm
50m	50000 x 35366mm
100m	100000 x 70732mm

ヒント

ステータスバーに表示される用紙サイズ（[A-4]など）は、前回のJw_cad終了時の用紙サイズです。この本の通りに進めてくると、[A-4]と表示されており、改めてA4サイズを指定する必要はありませんが、ここでは練習のため、A4サイズを指定してみましょう。

次のページに続く▶▶▶

② 用紙サイズを指定します

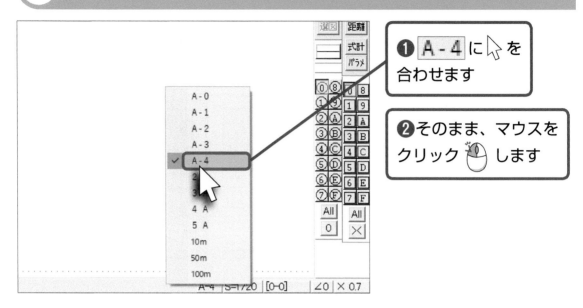

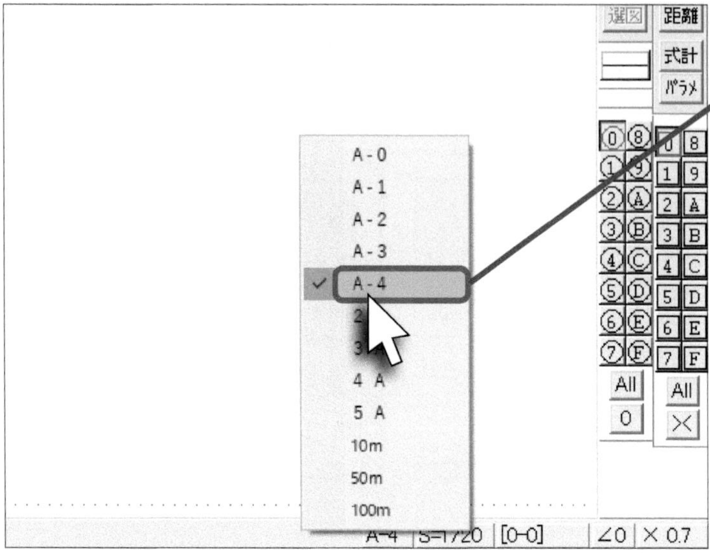

❶ A-4 に を合わせます

❷そのまま、マウスをクリック します

③ [縮尺・読取設定] ダイアログボックスを表示します

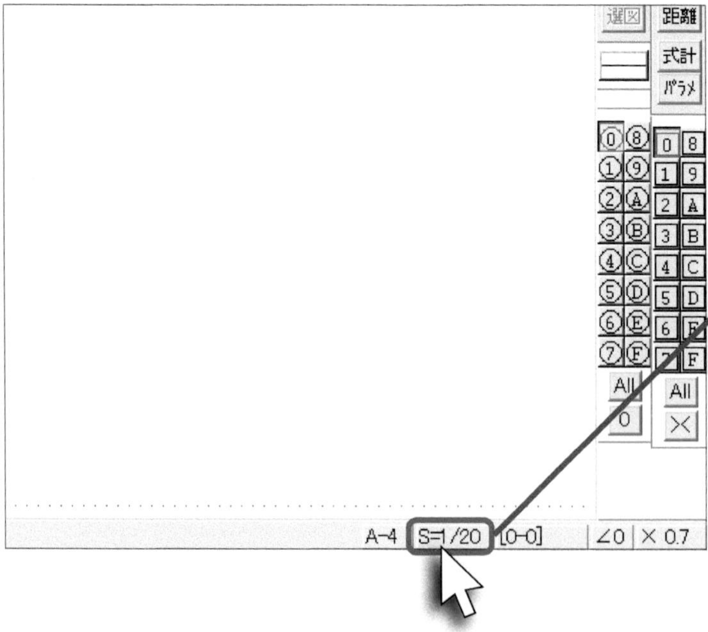

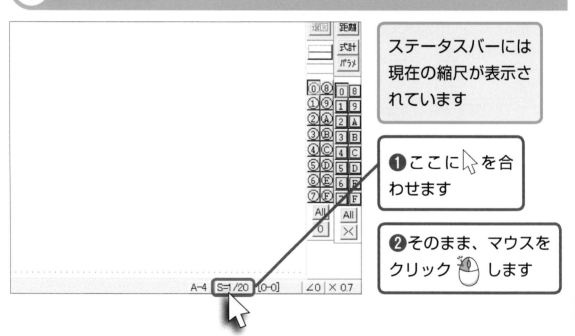

ステータスバーには現在の縮尺が表示されています

❶ここに を合わせます

❷そのまま、マウスをクリック します

④ 縮尺を指定します

［縮尺・読取設定］ダイアログボックスが表示されました

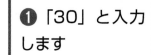

❶「30」と入力します

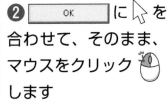

❷ OK に を合わせて、そのまま、マウスをクリックします

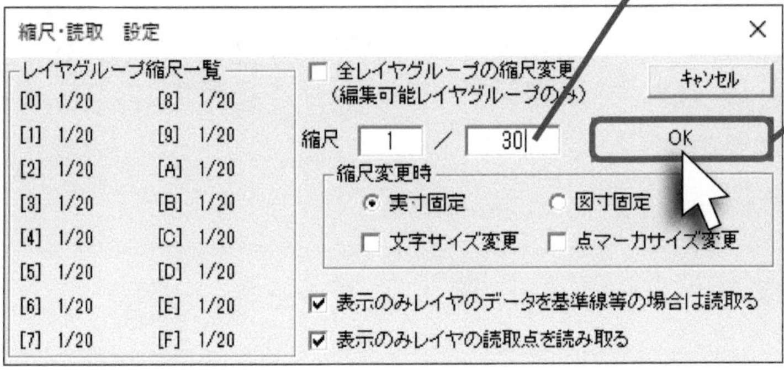

ヒント

Jw_cadでは手順４の操作１で数値を入力した後に Enter キーを押す必要はありません。Enter キーを押すと操作２を行ったことと同じことになり、縮尺が確定してダイアログボックスが閉じます。

⑤ 用紙サイズと縮尺が指定されました

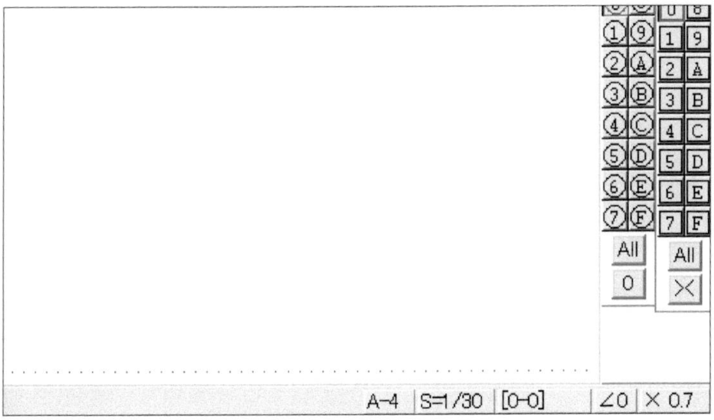

レッスン㉜で続けて操作するので、ファイルを開いたままにしておきます

終わり

レッスン 32

各線色の印刷線幅を設定しよう

キーワード 印刷線幅

Jw_cadでの線色ごとの太さ（印刷線幅）は、自由に設定・変更できます。これから作図する図面で使用する線色とその太さを決め、線色ごとの印刷線幅を設定しましょう。ここで設定した印刷線幅は、図面ファイルに保存されます。

操作はこれだけ　合わせる　クリック　入力する

[基本設定] から設定します

[基本設定] から、印刷線幅を設定できます

ヒント

[基本設定] の [色・画面] タブの左の [画面要素] 欄では、線色（1～8）ごとの画面上の表示色や表示線幅を指定します。

● 印刷線幅

[基本設定] の [色・画面] タブの右の [プリンタ出力要素] 欄で、線色1～8の印刷線幅を指定します。[線幅を1/100mm単位とする] にチェックマークを付けることでmm単位での指定ができます。[線幅] ボックスをクリックし、既存の数値を Delete キーで消したうえで、「実際の印刷線幅×100の数値（0.2mmなら20）」を入力します。ここでは以下のように設定しましょう。

壁などに使う中太線：0.3mm　線色7
家具などに使う細線：0.2mm　線色2
想像線に使う細線：0.18mm　線色6

1 ［色・画面］タブを表示します

レッスン❺の手順3を参考に、設定画面を表示しておきます

❶色・画面に合わせます

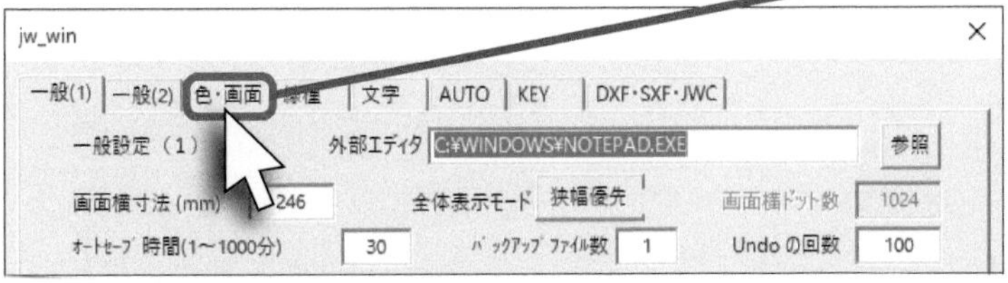

❷そのまま、マウスをクリックします

2 線幅を1/100mm単位に設定します

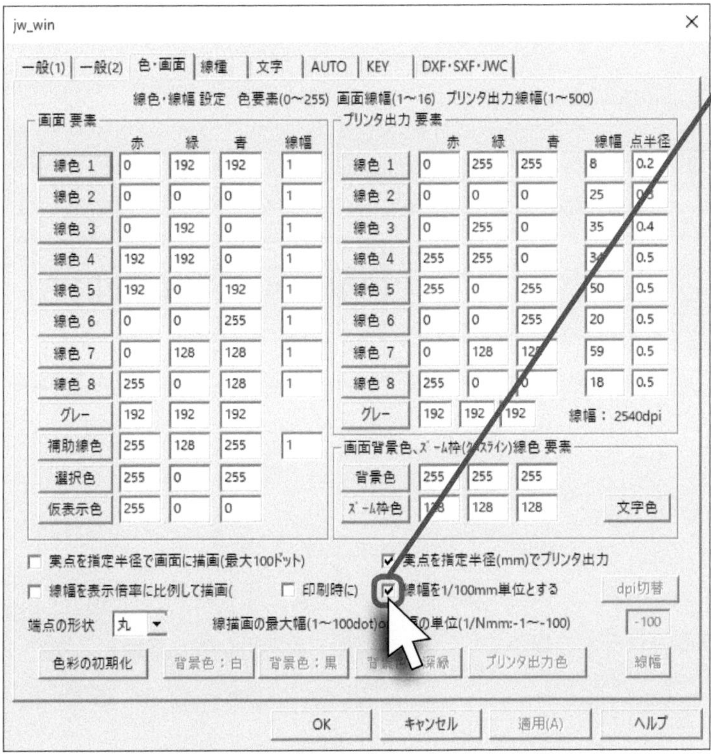

線幅を1/100mm単位とするの□をクリックしてチェックマークを付けます

すでにチェックマークが付いているときは、そのままにしておきます

ヒント

［色・画面］タブの設定は前回Jw_cad終了時の設定です。本の通りに進めていると、「Chap3.jww」の設定になっているため、チェックマークが付いています。

次のページに続く▶▶▶

③ ［線色2］の線幅を設定します

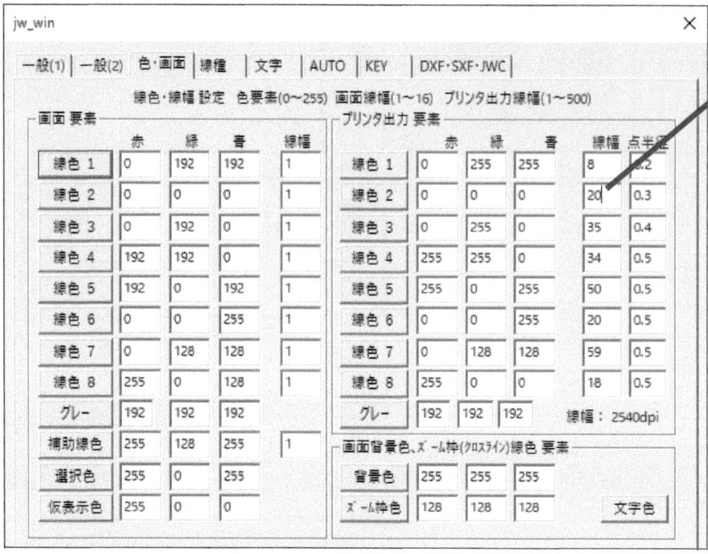

線色 2の線幅を「20」に変更します

ヒント

家具などの細線に利用している［線色2］（黒）は0.2mmにするため「20」と入力します。数値入力後、Enterキーは押さないでください。

④ ［線色6］の線幅を設定します

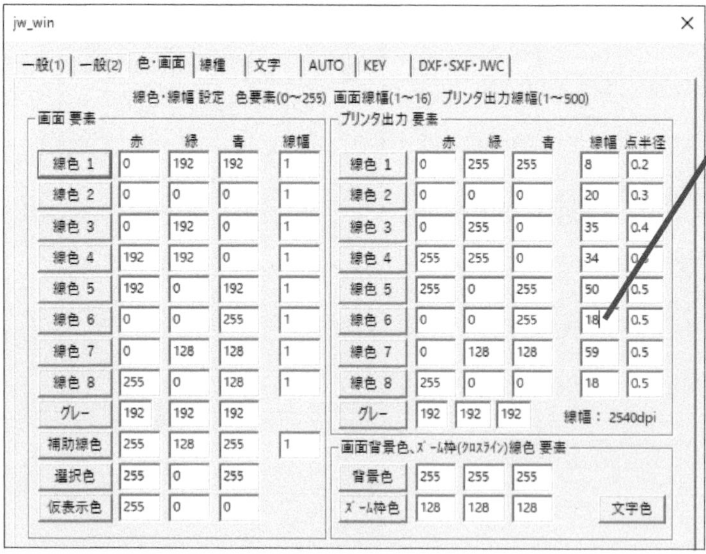

線色 6の線幅を「18」に変更します

ヒント

「Chap3.jww」でも想像線に利用した［線色6］（青）は0.18mmにするため「18」と入力します。

⑤［線色 7］の線幅を設定します

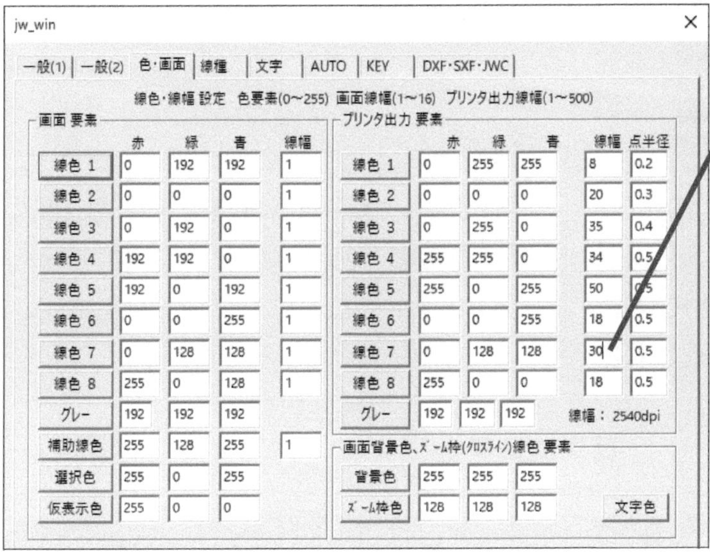

線色 7の線幅を「30」に変更します

ヒント❗

壁の線に使う中太線の［線色 7］（深緑）は0.3mmにするため「30」と入力します。

⑥線幅を設定を完了します

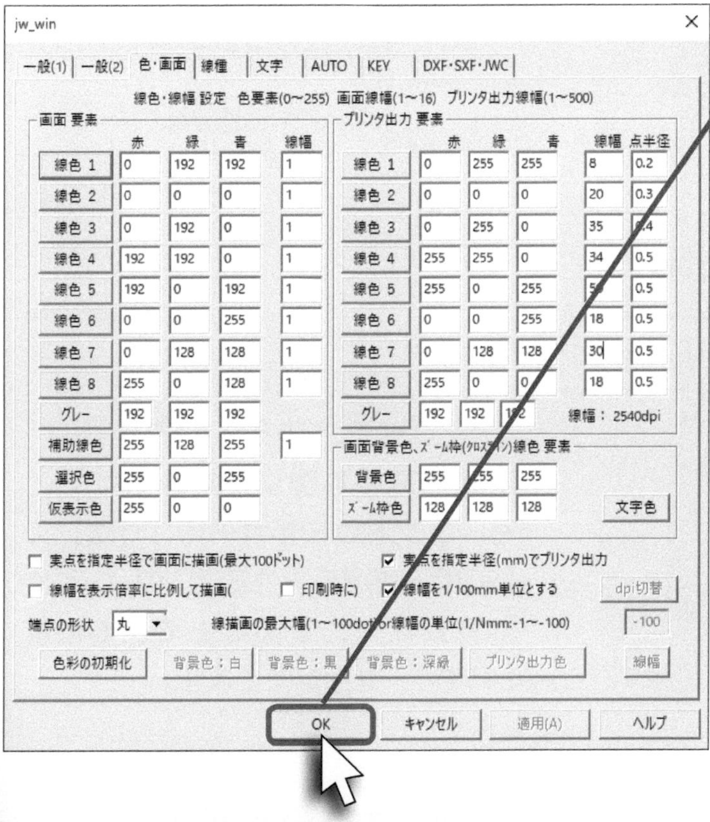

❶ OK にを合わせます

❷そのまま、マウスをクリックします

レッスン㉝で続けて操作するので、ファイルを開いたままにしておきます

終わり

レッスン33

壁線を作図しよう

キーワード 寸法の［無指定］

部屋の現況図の寸法を参照し、壁線を線色7で作図しましょう。［線］コマンドの［水平・垂直］と［寸法］を利用して、指定寸法の水平線、垂直線を連続して作図します。水平線と垂直線を間違いなく繋げるため、始点は必ず1つ前に作図した線の端点を右クリックしてください。

操作はこれだけ　クリック　右クリック　入力する

長さを指定した水平線と垂直線を組み合わせて作図します

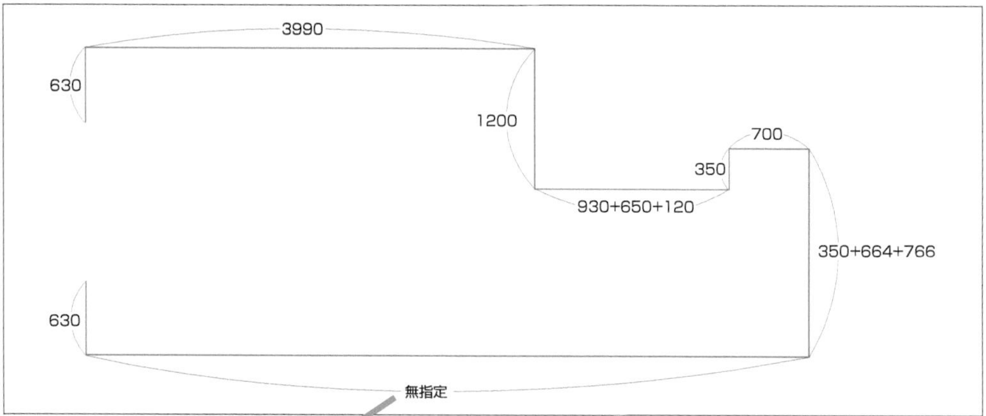

右下角と左上角の点を利用して作図します

＋は「＋」、－は「－」、×（かける）は「*」、÷（わる）は「/」を入力します

●計算式で寸法を入力できる

手元に電卓を置いて計算しなくとも、コントロールバーの［寸法］に「930＋650＋120」のように計算式を入力することで、その解（1700）を指定できます。

① 線色と線種を設定します

レッスン㉓の手順1～2を参考に、[線属性]ダイアログボックスを表示しておきます

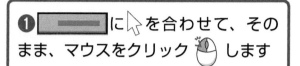

❶ に を合わせて、そのまま、マウスをクリック します

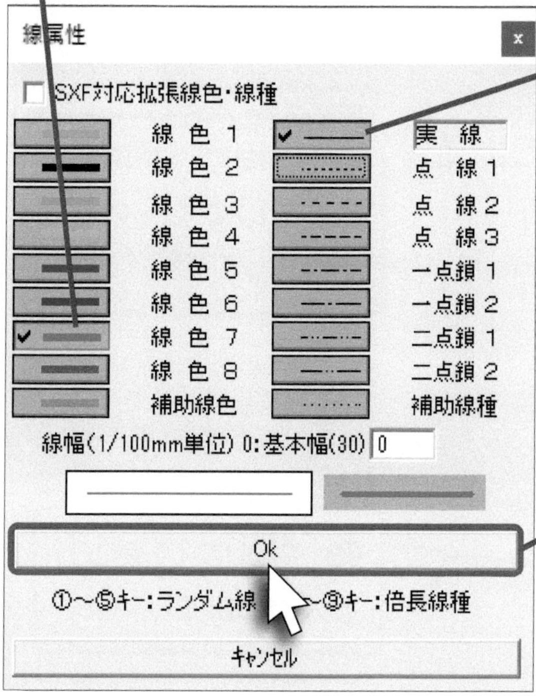

❷ に を合わせて、そのまま、マウスをクリック します

❸ Ok に を合わせて、そのまま、マウスをクリック します

次のページに続く

2 3990mmの水平線を描きます

レッスン㉔の手順1～2を参考に、[線]コマンドを選択して、水平・垂直のチェックマークを付けておきます

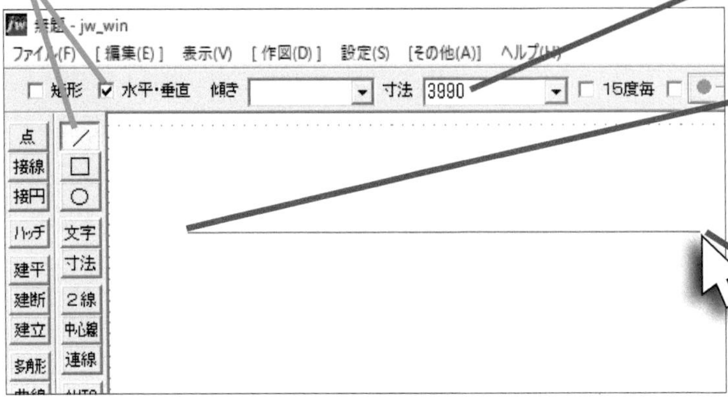

❶ 寸法 に「3990」と入力します

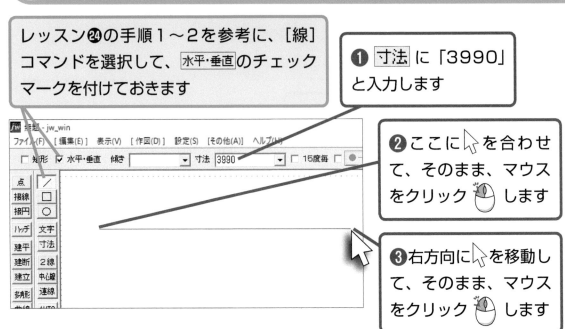

❷ここにを合わせて、そのまま、マウスをクリックします

❸右方向にを移動して、そのまま、マウスをクリックします

3 1200mmの垂直線を描きます

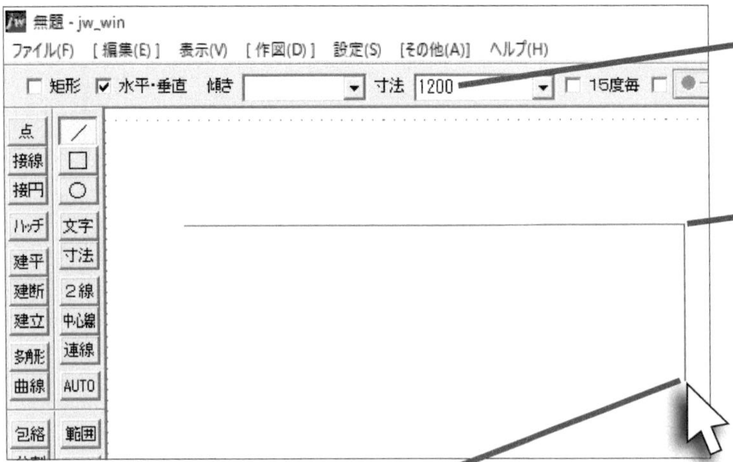

❶ 寸法 に「1200」と入力します

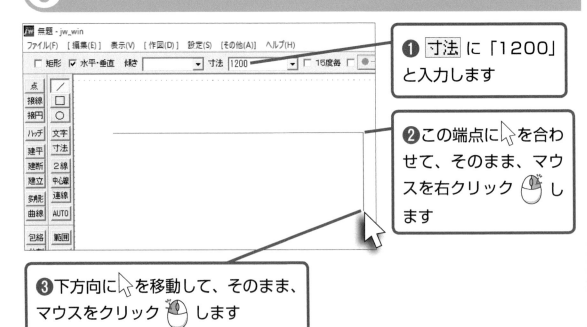

❷この端点にを合わせて、そのまま、マウスを右クリックします

❸下方向にを移動して、そのまま、マウスをクリックします

④ 次の線の長さを数式で入力します

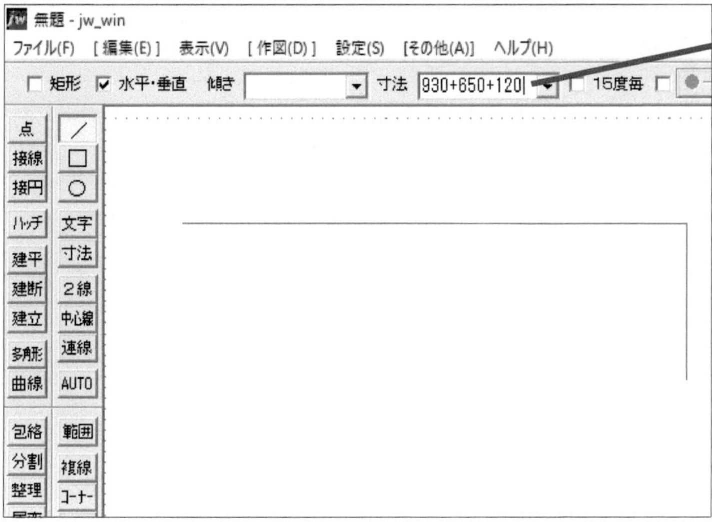

寸法に「930+650+120」と入力します

ヒント

入力後 Enter キーを押すと［寸法］ボックスの数値が計算式の解の1700に変わります。

⑤ 入力した数式の長さの線を描きます

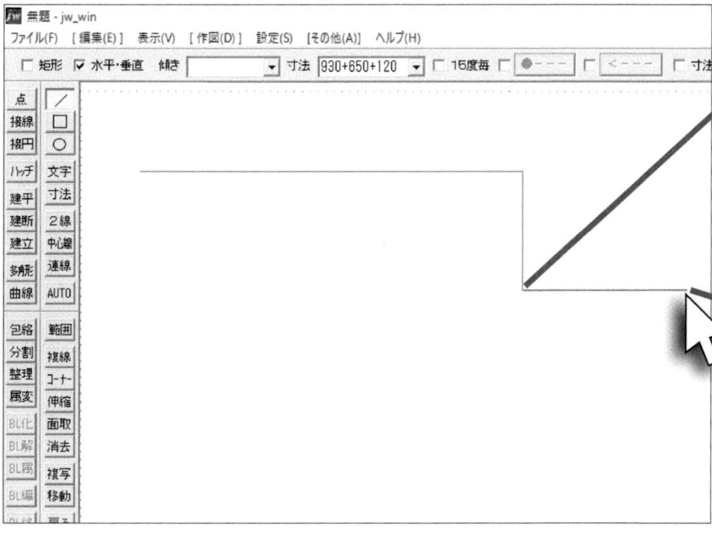

❶この端点に を合わせて、そのまま、マウスを右クリック します

❷右方向に を移動して、そのまま、マウスをクリック します

次のページに続く▶▶▶

6 そのほかの線も指定長さで描きます

❶寸法に「350」と入力して垂直線を描きます

❷寸法に「700」と入力して水平線を描きます

❸寸法に「350+664+766」と入力して垂直線を描きます

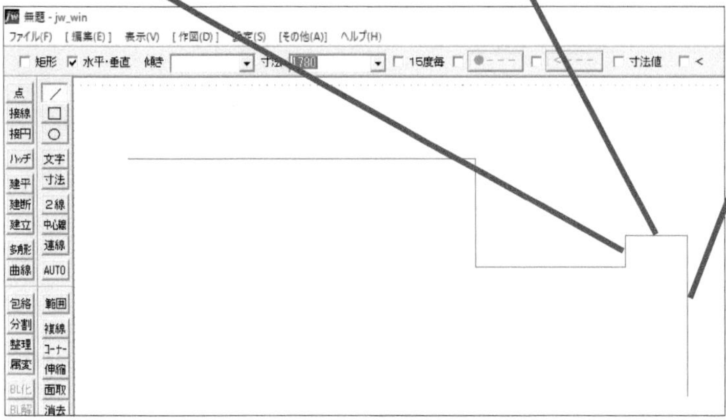

ヒント

線の始点は必ず、ひとつ前に描いた線の端点を右クリックしてください。

7 寸法を指定しないように設定します

❶寸法の▼にを合わせて、そのまま、マウスをクリックします

❷(無指定)にを合わせて、そのまま、マウスをクリックします

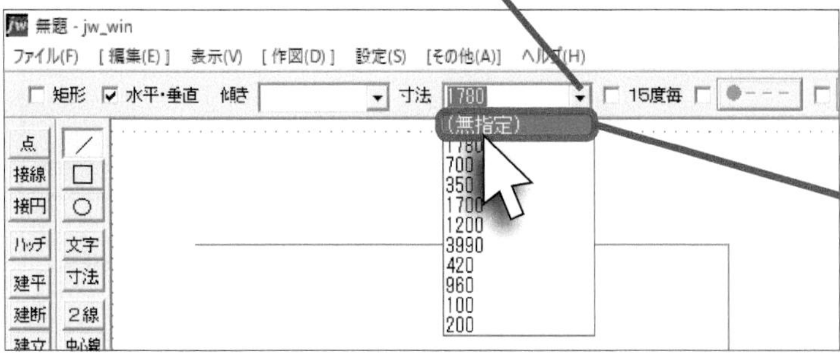

ヒント

[無指定]を選択することで、[寸法]に数値が入っていない状態（寸法の指定なし）になります。

8 線の始点を指示します

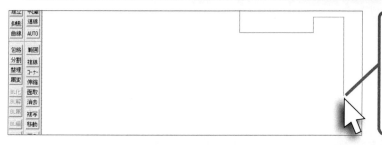

この端点に を合わせて、そのまま、マウスを右クリック します

9 線の終点を指示します

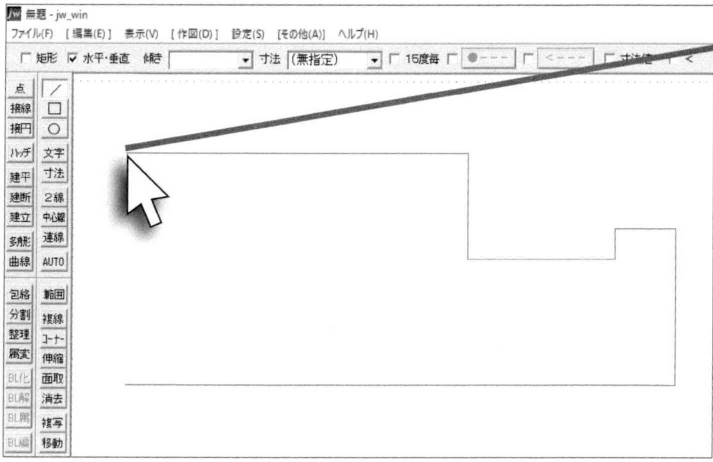

この端点に を合わせて、そのまま、マウスを右クリック します

右クリックした点から垂線を下した位置が水平線の終点です

10 水平線の左端点から残りの線を描きます

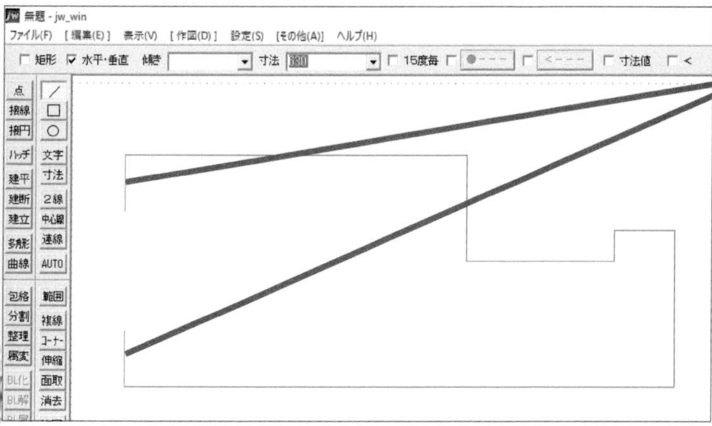

寸法に「630」と入力して垂直線を2本引きます

レッスン㉞で続けて操作するので、ファイルを開いたままにしておきます

終わり

レッスン 34

指定距離の位置に仮点を配置しよう

キーワード 距離指定点

レッスン⑮で習った［消去］コマンドの［節間消し］を利用して、ドアが入る部分（開口部）の壁線を消します。正確な位置で壁線を消すには、開口部両端を示す点を配置する必要があります。ここでは指定距離の位置に点を配置する［距離］コマンドを利用して、開口部両端に仮点を配置します。

操作はこれだけ　クリック　右クリック　入力する

［距離］コマンドで指定距離の位置に仮点を配置します

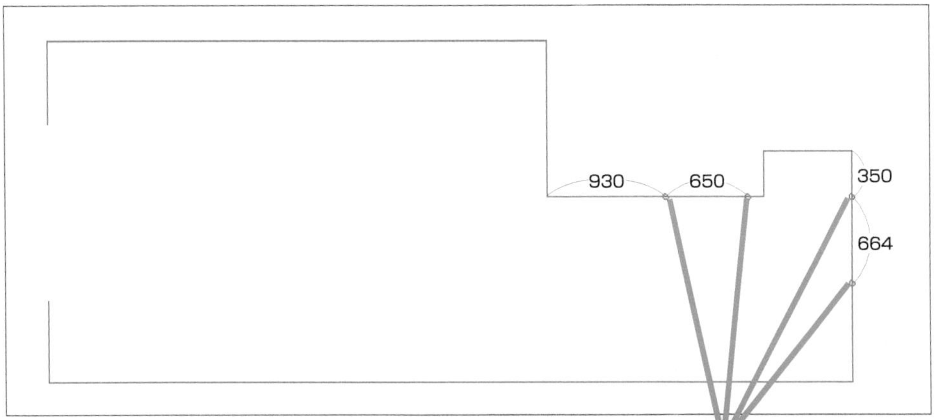

距離を指定して仮点を配置します

●［距離］コマンド

コントロールバー［距離］に距離を入力し、始点と点を配置する線・円を指示することで、始点から指示した線・円上の指定距離の位置に点を配置します。

●仮点の指定

コントロールバー［仮点］にチェックを付けることで、仮点（印刷されない点）を配置します。チェックを付けないと、書込線色の実点（印刷される）を配置します。

① [距離] コマンドを選択します

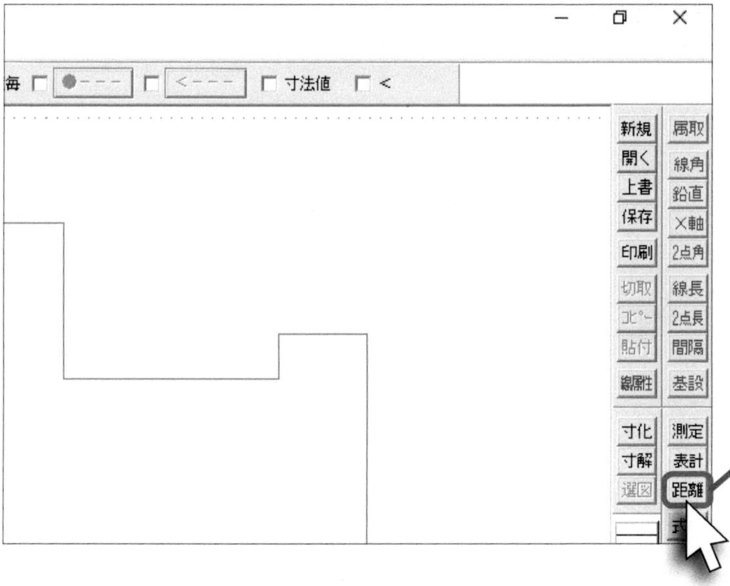

距離に を合わせて、そのまま、マウスをクリック します

② 仮点を指定します

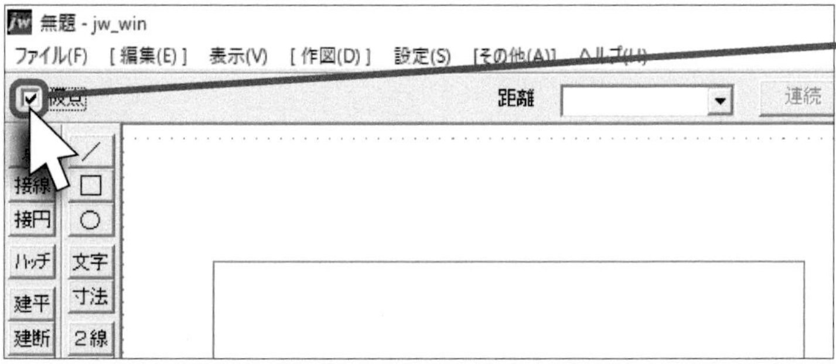

仮点の をクリック してチェックマークを付けます

③ 始点からの距離を指定します

距離に「930」と入力します

次のページに続く▶▶▶

④ 始点の位置を指示します

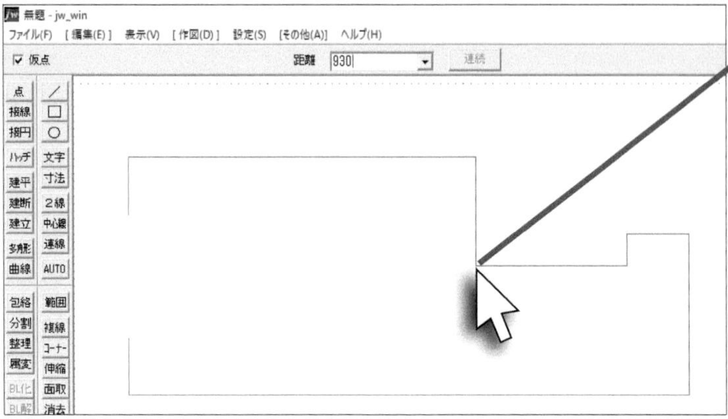

❶この角に を合わせます

❷そのまま、マウスを右クリック します

⑤ 始点の右の線上に仮点を配置します

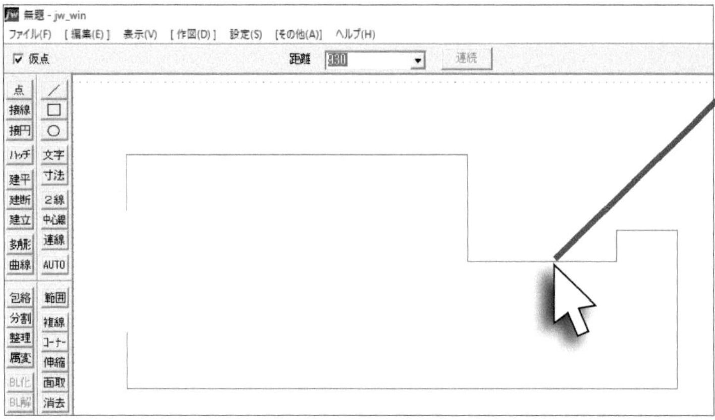

❶この線に を合わせます

❷そのまま、マウスをクリック します

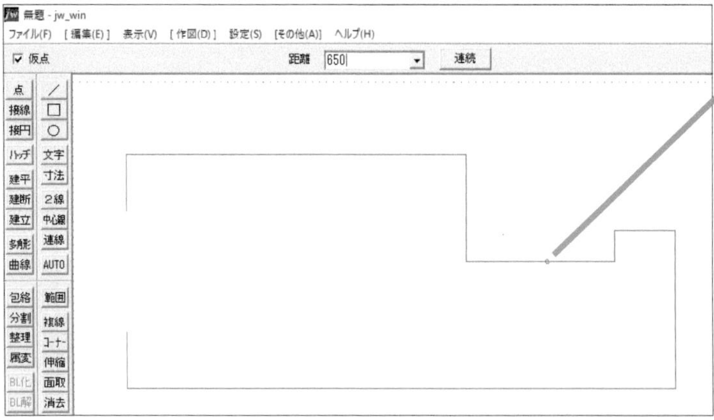

始点から距離930mmの線上に仮点が配置されました

6 同じ線上の650mmに2つ目の仮点を配置します

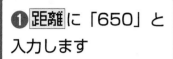

❶距離に「650」と入力します

❷連続にマウスポインターを合わせて、そのまま、マウスをクリックします

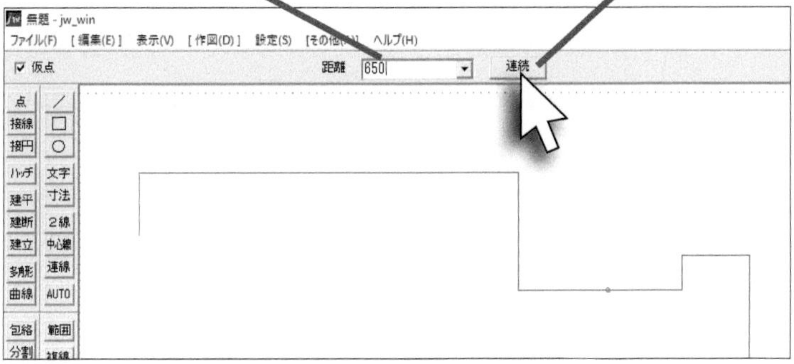

ヒント

1つ前に配置した仮点から、操作1で指定した距離の同じ線上に、操作2で仮点を配置します。

7 玄関の開口部を示す仮点を配置します

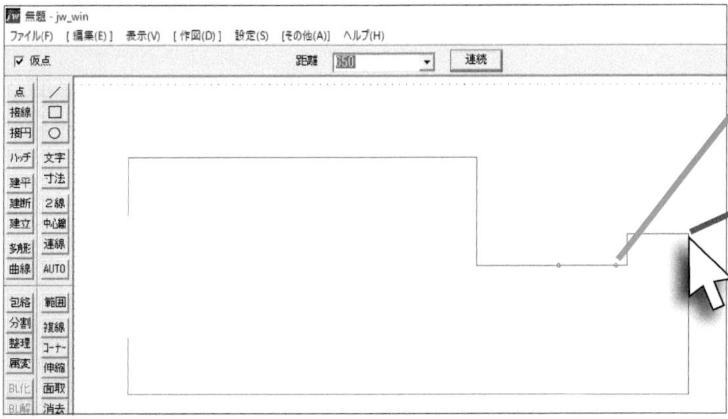

2つ目の仮点が配置されました

手順4～6と同様の手順で、この角から下の線上の距離350mm、664mmの位置に、仮点を配置します

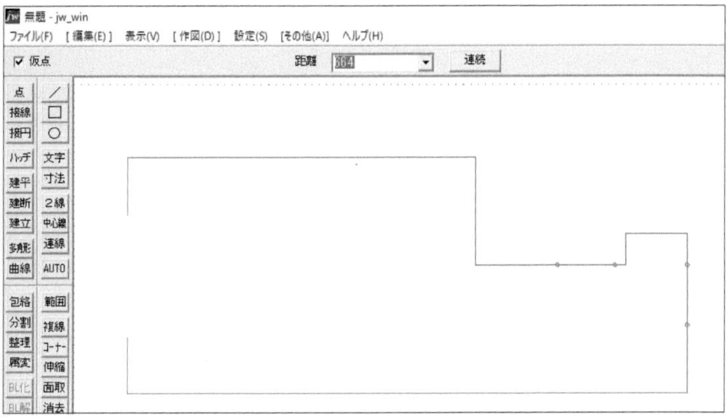

レッスン㉟で続けて操作するので、ファイルを開いたままにしておきます

終わり

レッスン
35 ドアが入る部分の壁を消去しよう

キーワード 仮点を利用した節間消し

レッスン㉞で、壁線上のドアが入る部分（開口部）の両端に仮点を配置しました。この仮点と仮点の間の線を消します。レッスン⑮で習った［消去］コマンドの［節間消し］では、クリック位置の両側の点（端点・交点）間で線を部分消去します。この機能を利用します。

操作はこれだけ　合わせる　クリック

仮点と仮点の間を消去します

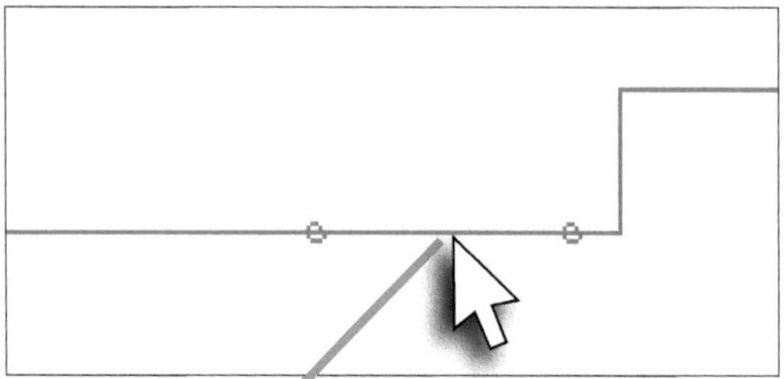

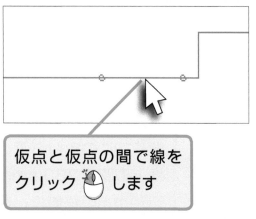

仮点と仮点の間で線をクリックします

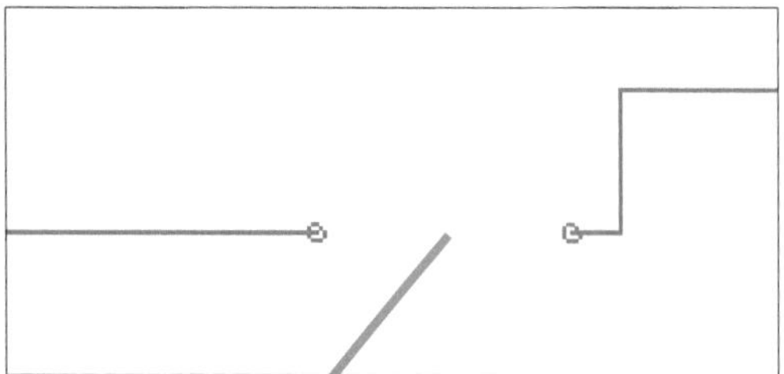

クリックした位置の両側の仮点と仮点の間の線が消去されます

●仮点と仮点の間を消去

［消去］コマンドの［節間消し］で、線をクリックすると、クリック位置の両端の点間の線部分が消去されます。その機能を利用して、レッスン㉞で配置した仮点と仮点の間の線を消去します。

① 仮点と仮点の間の線を消去します

レッスン⓯を参考に、[消去] コマンドを選択しておきます

節間消し の □ をクリック してチェックマークを付けておきます

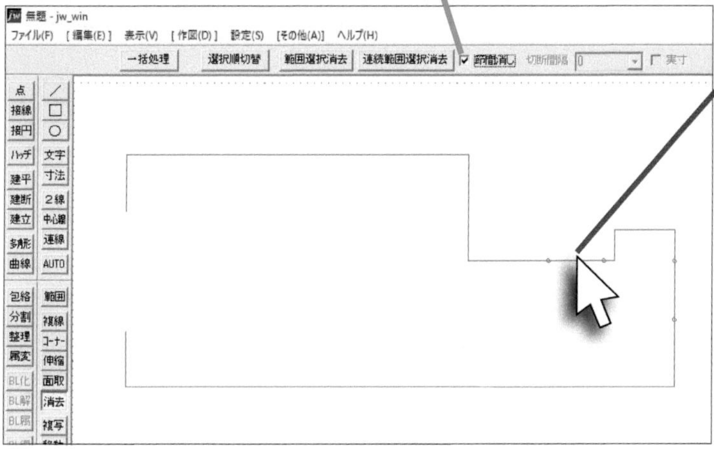

❶仮点と仮点の間の線に を合わせます

❷そのまま、マウスをクリック します

② 仮点と仮点の間の線が消去されました

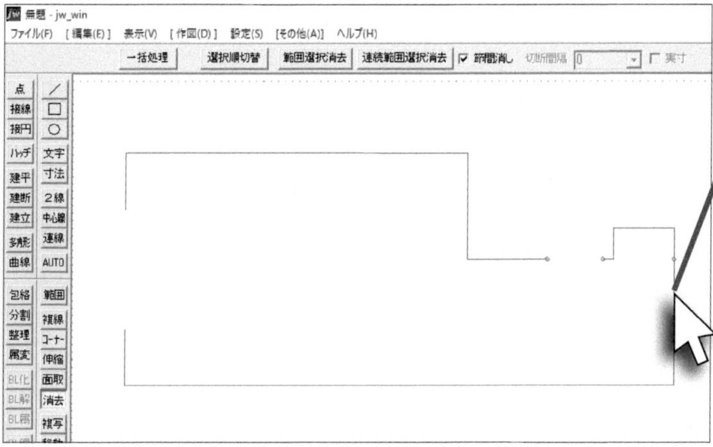

この仮点と仮点の間の線に を合わせて、そのまま、マウスをクリック します

レッスン㊱で続けて操作するので、ファイルを開いたままにしておきます

終わり

レッスン
36 壁を二重線にしよう

キーワード 複線の連続線選択

ここまで作図した壁の線を二重線にします。レッスン㉒で習った［複線］コマンドを使って、外側に100mm平行複写しましょう。実際の壁の厚みは分かりませんが、ここでは間取り図の見やすさも考慮して厚みを100mmとして作図します。

操作はこれだけ　クリック　右クリック　入力する

［複線］コマンドで線を二重線にします

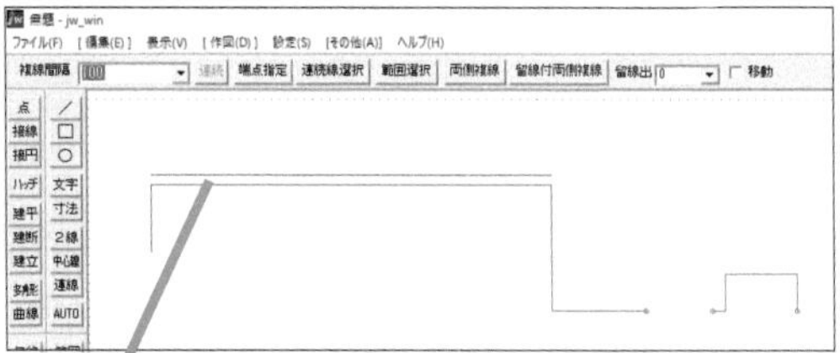

［複線］コマンドで壁線を右クリックします

［複線］コマンド

基準線を右クリック後、その線に対し複線を作図する側にマウスカーソルを移動して作図方向を決めるクリックをします。

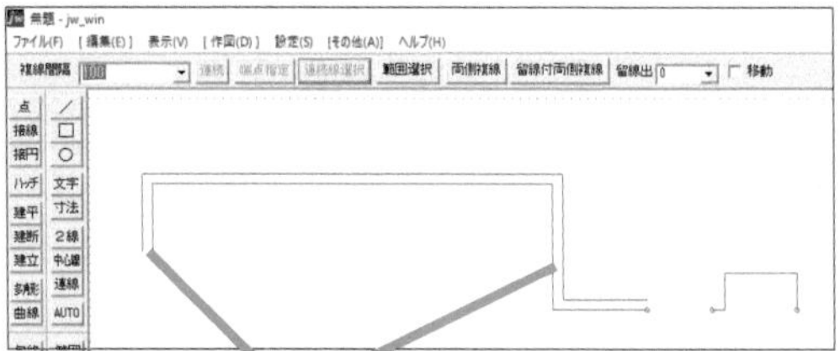

［連続線選択］で、右クリックした線と連続したすべての線を二重線にできます

連続線選択

作図方向を決めるクリックをする前にコントロールバー［連続線選択］をクリックすると、右クリックした基準線に連続するすべての線が基準線として選択されます。

① [複線] コマンドを選択します

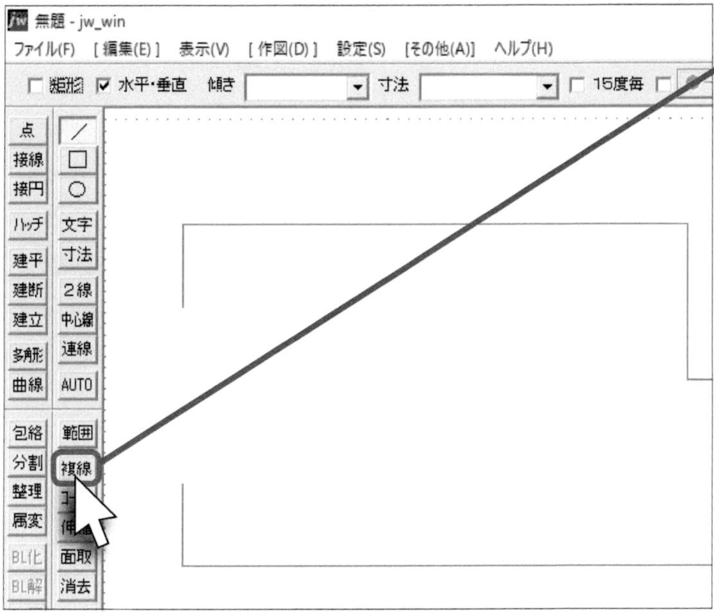

❶ 複線 に を合わせます

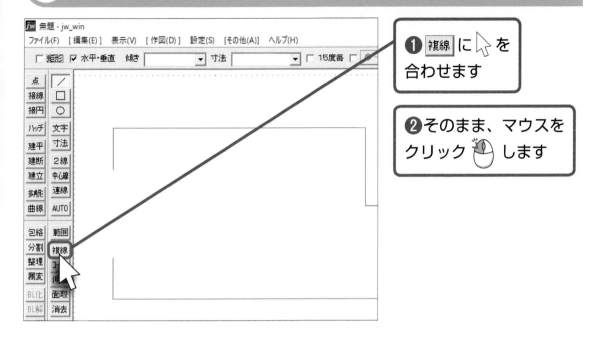

❷そのまま、マウスをクリック します

② 複線間隔 100mmを指定します

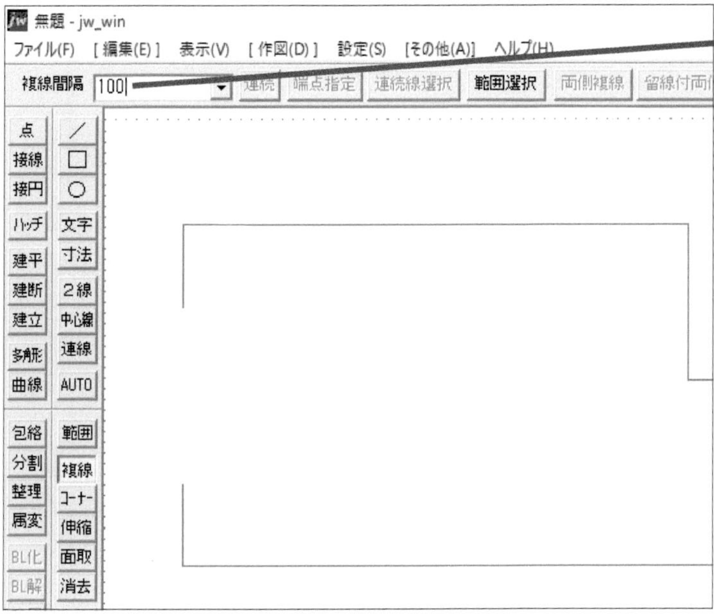

複線間隔に「100」と入力します

次のページに続く

3 二重線にする基準線を選択します

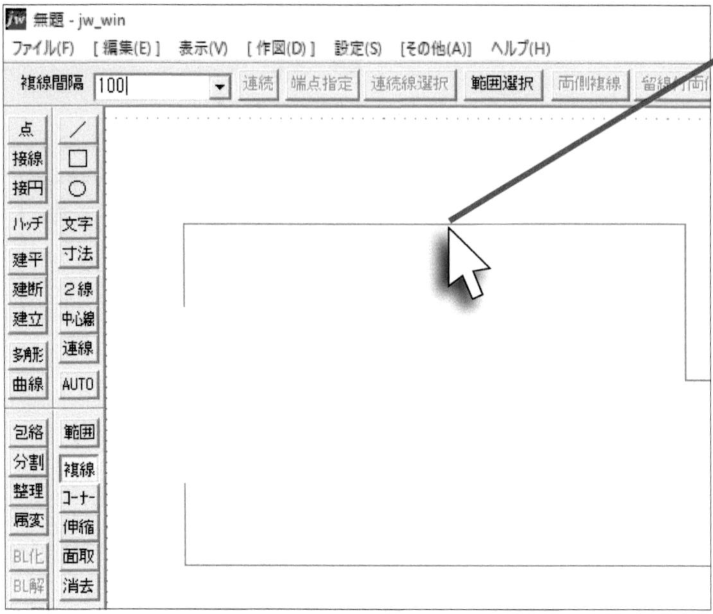

❶この線に を合わせます

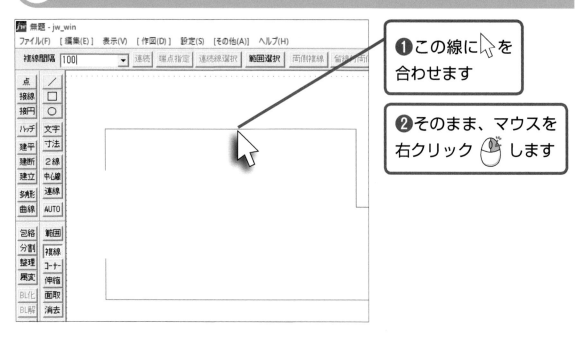

❷そのまま、マウスを右クリック します

4 連続する線をすべて基準線として選択します

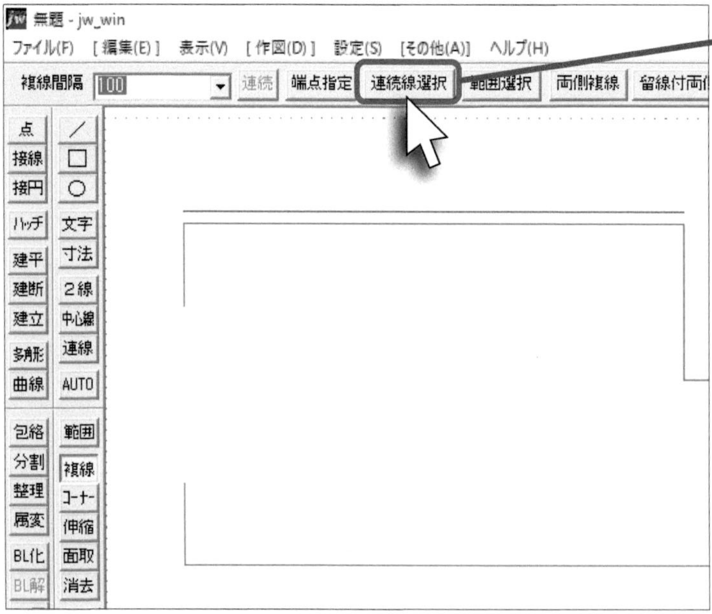

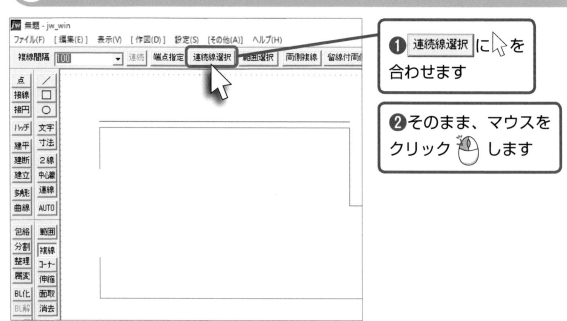

❶ 連続線選択 に を合わせます

❷そのまま、マウスをクリック します

⑤ 平行複写する方向を指定します

連続する線がすべて選択されました

ここでは、元の線の外側に二重線を描きます

❶基準線より上にを移動します

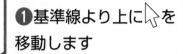

❷そのまま、マウスをクリック します

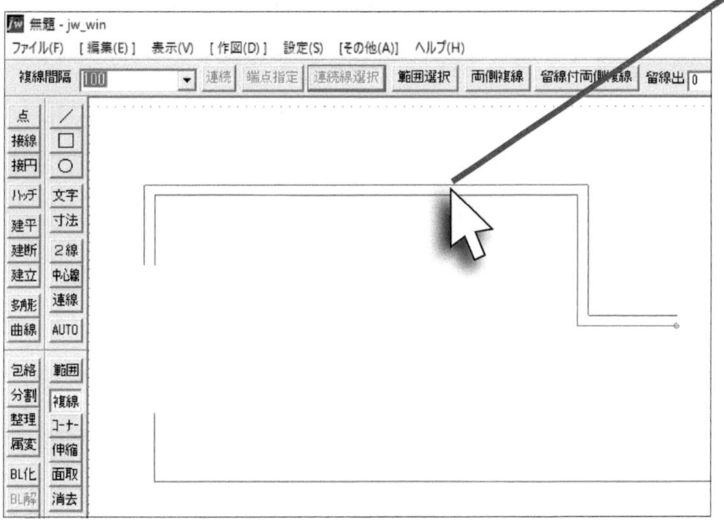

ヒント

基準線より下にマウスカーソルを移動してクリックすると、100mm内側に平行複写され、部屋の寸法が違ってしまいます。

⑥ 壁が二重線になりました

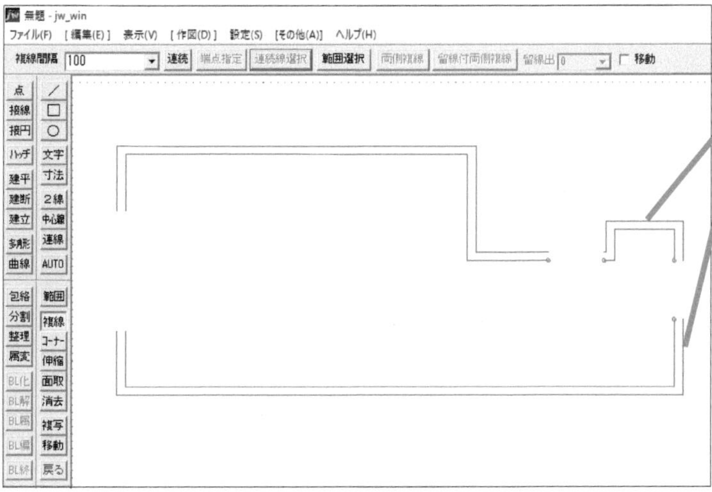

同様の手順で、これら2か所も外側に平行複写して、二重線にしておきます

レッスン㊲で続けて操作するので、ファイルを開いたままにしておきます

終わり

レッスン 37

壁を整えよう

キーワード [コーナー] コマンド

レッスン㊱で二重にした壁を整形します。はじめに、2本の線の交点に角を作成する［コーナー］コマンドを使って、ユニットバスの2方向の壁を作成します。続けて［消去］コマンドの［節間消し］で不要な線を消去し、［線］コマンドで、開口部分の壁端部を結ぶ線を作図します。

操作はこれだけ　合わせる　クリック　右クリック

［コーナー］コマンドでユニットバスの壁を作成します

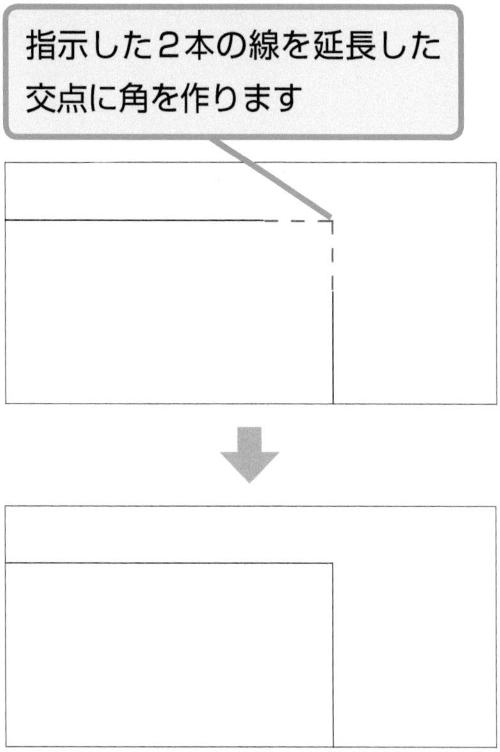

指示した2本の線を延長した交点に角を作ります

● ［コーナー］コマンド

指示した2本の線の交点に角を作成します。2本の線が交差していない場合、それらを交点まで延長して交点に角を作成します。

① ［コーナー］コマンドを選択します

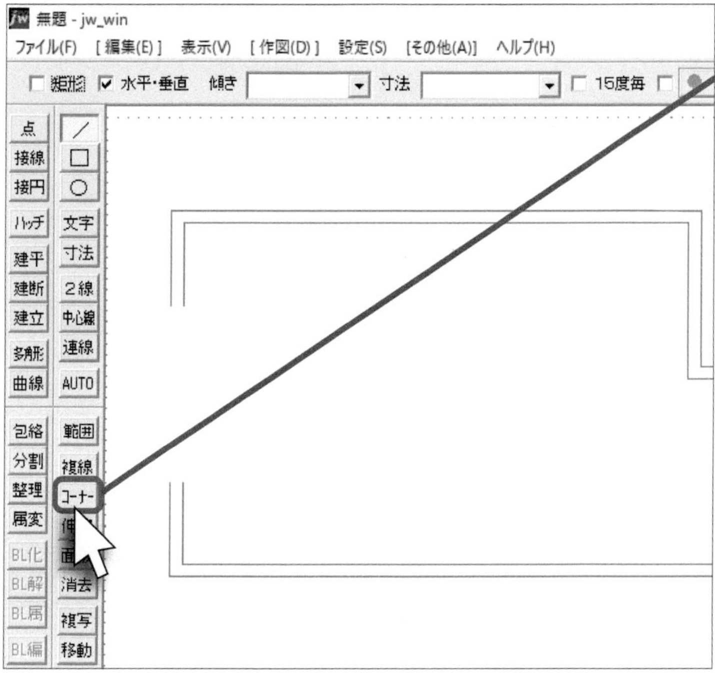

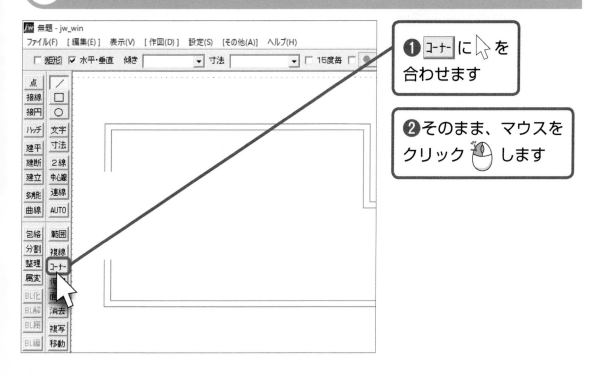

❶［コーナー］に を合わせます

❷そのまま、マウスをクリック します

② 角を作る１本目の線を指定します

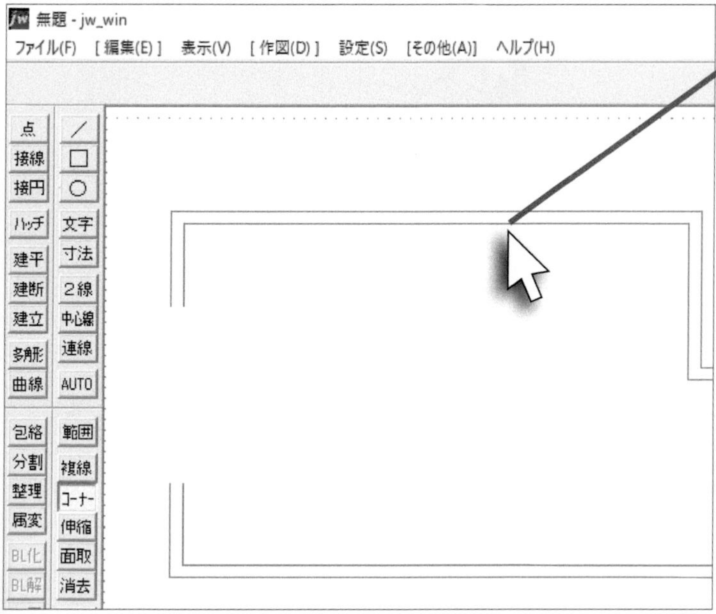

❶内側の水平線に を合わせます

❷そのまま、マウスをクリック します

次のページに続く▶▶▶

③ 角を作る2本目の線を指定します

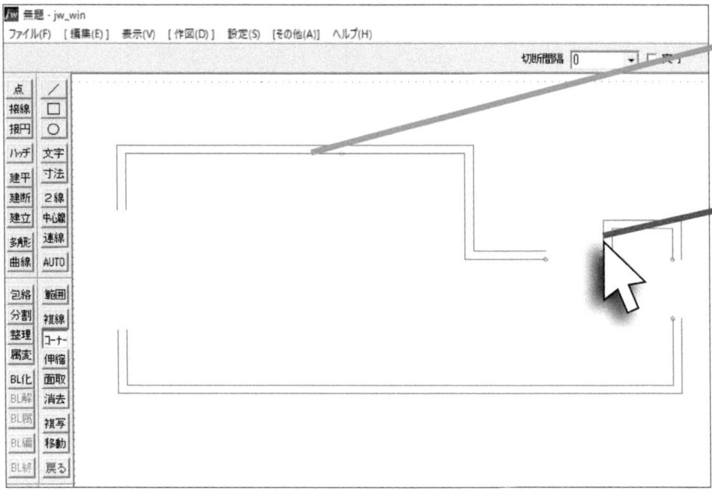

1本目の線がピンク色になります

❶この垂直線に[カーソル]を合わせます

❷そのまま、マウスをクリック[クリック]します

④ 続けて外側の壁線の角も作成します

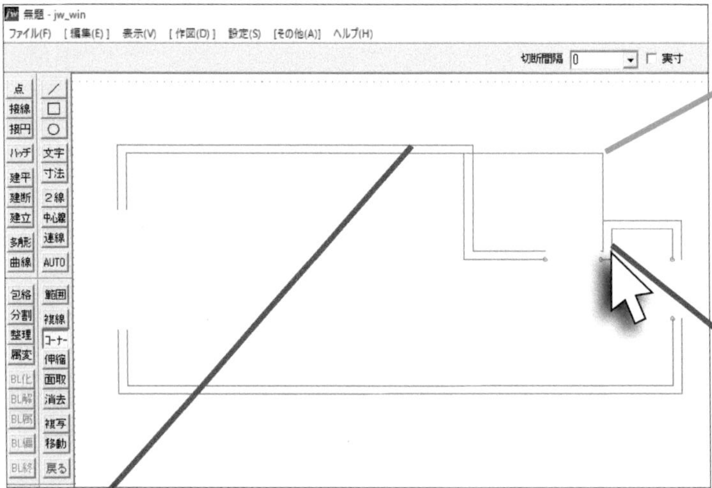

手順2、3で指示した2本の線の角が作成されました

❶外側の水平線に[カーソル]を合わせて、そのまま、マウスをクリック[クリック]します

❷この垂直線に[カーソル]を合わせて、そのまま、マウスをクリック[クリック]します

5 不要な線を消します

レッスン⓯を参考に、[消去] コマンドを選択しておきます

節間消し の □ にチェックマークを付けておきます

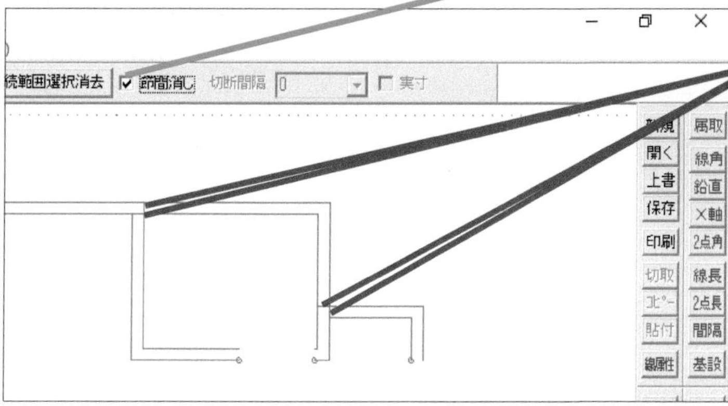

消す部分に を合わせて、そのまま、マウスをクリック して、不要な線を消します

6 開口部分の壁端部を結ぶ線を作図します

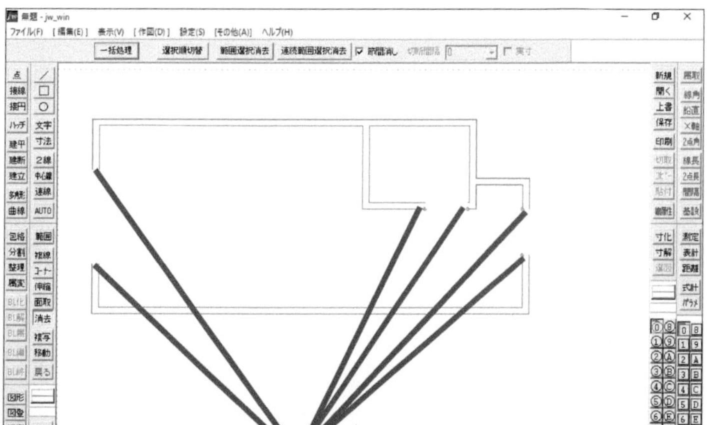

レッスン⓫を参考に [線] コマンドを選択しておきます

ヒント
線の始点・終点は、壁線端点を必ず右クリックしてください。

端点に を合わせて、そのまま、マウスを右クリック して、壁端部同士を結ぶ線を作図します

レッスン㊳で続けて操作するので、ファイルを開いたままにしておきます

終わり

レッスン 38

名前を付けて保存しよう

キーワード [保存] コマンド

ここまで作図した図面は、まだ保存していないため、このままJw_cadを終了すると消えてしまいます。Jw_cadを終了しても、また開いて続きを作図できるように、名前を付けて保存しましょう。保存する際、保存場所を必ず確認してください。どこに保存したか分からないと、その図面を開くことができません。

操作はこれだけ　合わせる　クリック　入力する

[保存] コマンドで名前を付けて保存します

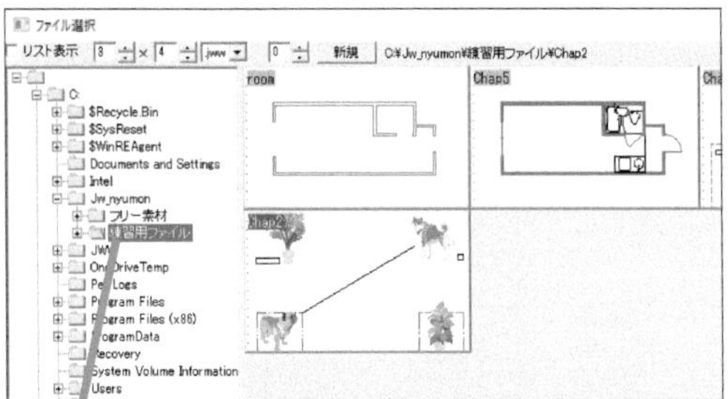

[ファイル選択] ダイアログボックスで、保存場所を指定します

● ファイルの保存場所

[保存] コマンドを選択すると、[開く] コマンドと同じような [ファイル選択] ダイアログボックスが表示されます。左側のフォルダーツリーで保存する場所を指定または確認します。

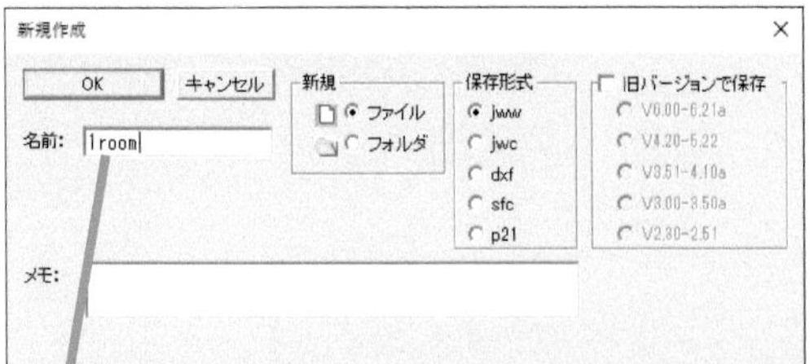

[新規作成] ダイアログボックスで、ファイル名などを指定します

● ファイルの名前

[新規作成] ダイアログボックスの [名前] に、保存する図面の名前を入力します。

① [保存] コマンドを選択します

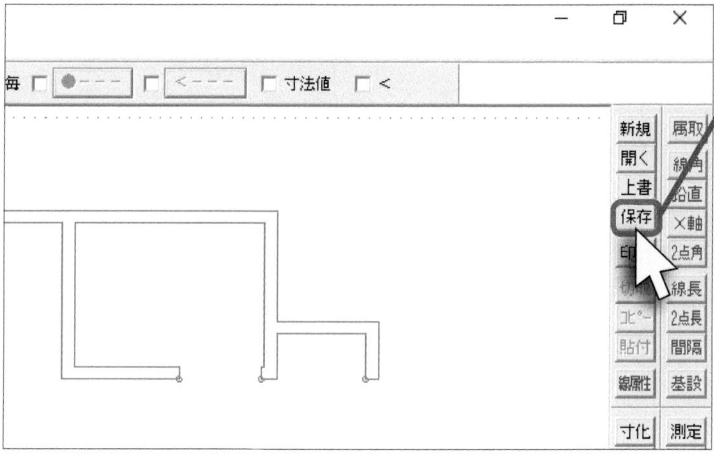

❶ 保存 に を合わせます

❷そのまま、マウスをクリック します

② 保存先のフォルダーを指定します

ここまでの作図をしたサンプル図面[room]が収録されています

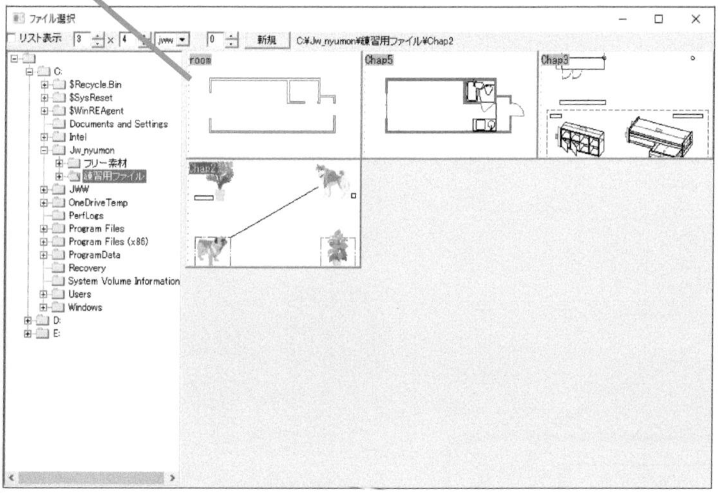

ヒント

手順2の画面は、直近に利用したフォルダーが開いた状態です。本書の通りに操作を進めていれば、第3章で利用した「Chap3.jww」が収録された[練習用ファイル]フォルダーが開いています。違うフォルダーが開いている場合はレッスン❽の手順2～3を参考に[Jw_nyumon]フォルダー内の[練習用ファイル]フォルダーを開いてください。

次のページに続く▶▶▶

③ [新規作成] ダイアログボックスを表示します

❶保存場所を選択します

現在開いている [Jw_nyumon] フォルダーの下の [練習用ファイル] フォルダーに保存します

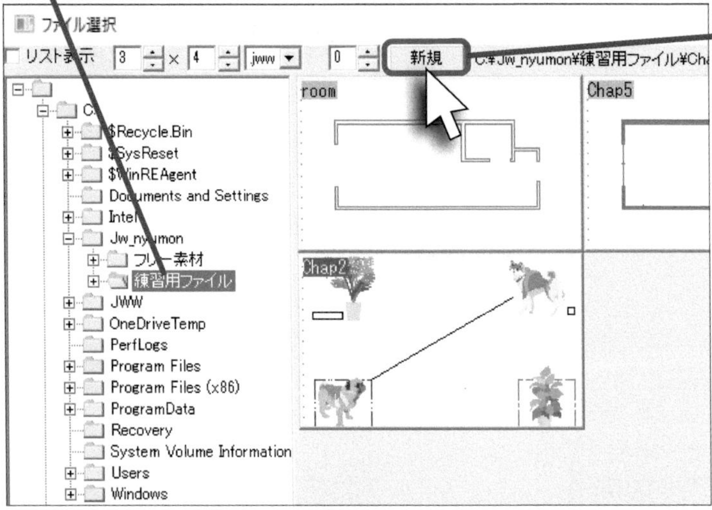

❷ 新規 に を合わせて、そのまま、マウスをクリック します

④ ファイル名を指定します

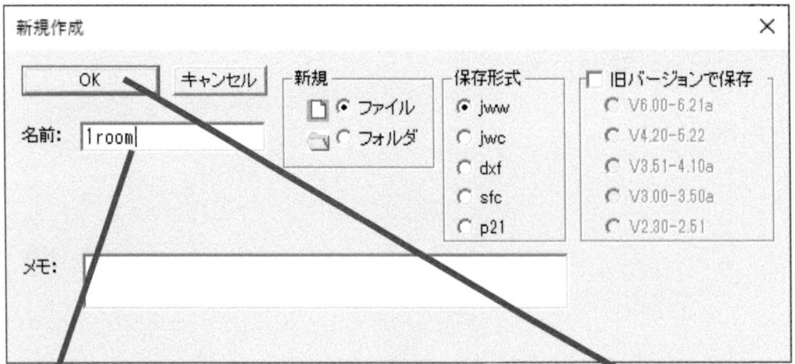

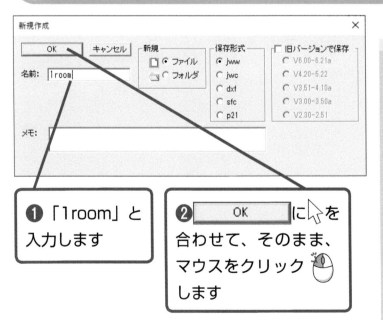

❶「1room」と入力します

❷ OK に を合わせて、そのまま、マウスをクリック します

ヒント

同じフォルダー内にある図面ファイルと同じ名前を付けることはできません。①で既にある図面ファイルの名前「room」を入力すると、上書き保存になります。また、ファイル名の文字に以下の記号は使えません。

¥ ／ ： ＊ ？ ”
< > |

5 名前を付けてファイルを保存できました

手順4で付けたファイル名が、Jw_cadのタイトルバーに表示されました

レッスン㊴で続けて操作するので、ファイルを開いたままにしておきます

ヒント

保存したファイルの場所が分からなくなった場合は、メニューバー［ファイル］をクリックして表示されるプルダウンメニューの履歴リストを探してみましょう。探している図面のファイル名があればクリックすることで、その図面を開けます。

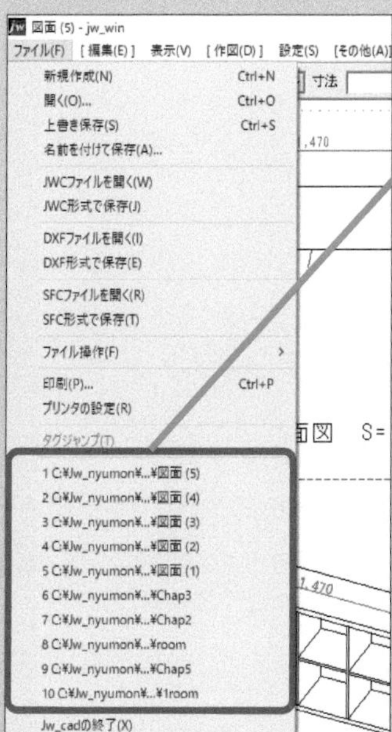

これまでに利用した図面ファイルの履歴が10まで表示されます

ヒント

これで、Jw_cadを終了しても、再び「1room.jww」を開いて続きを作図できます。

終わり

レッスン 39

壁部分を塗りつぶそう

キーワード 塗りつぶし

レッスン㊳で保存した図面の壁部分を濃いグレーで塗りつぶしましょう。Jw_cadでは塗りつぶし部分を「ソリッド」と呼びます。塗りつぶし機能は、［多角形］コマンドに［ソリッド図形］として収録されています。ここまで作図した壁のように閉じた連続線の内部であれば、ワンクリックで塗りつぶせます。

操作はこれだけ　合わせる　クリック

［多角形］コマンドで、壁部分を塗りつぶします

［多角形］コマンドを選択して各種の設定をします

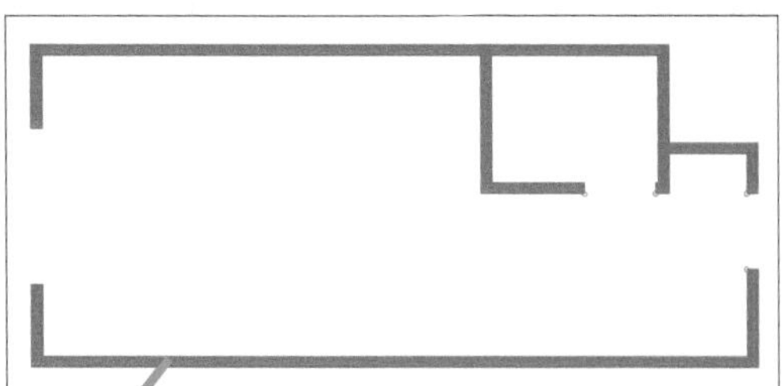

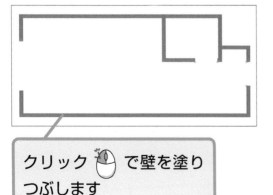

クリック で壁を塗りつぶします

● ［多角形］コマンド

多角形を作図する［多角形］コマンドのコントロールバー［任意］をクリックし、表示されるコントロールバーの［ソリッド図形］にチェックマークを付けることで、塗りつぶしが行えます。

第4章 測定した寸法を基にワンルームの間取り図を作図しよう

① ［多角形］コマンドを選択します

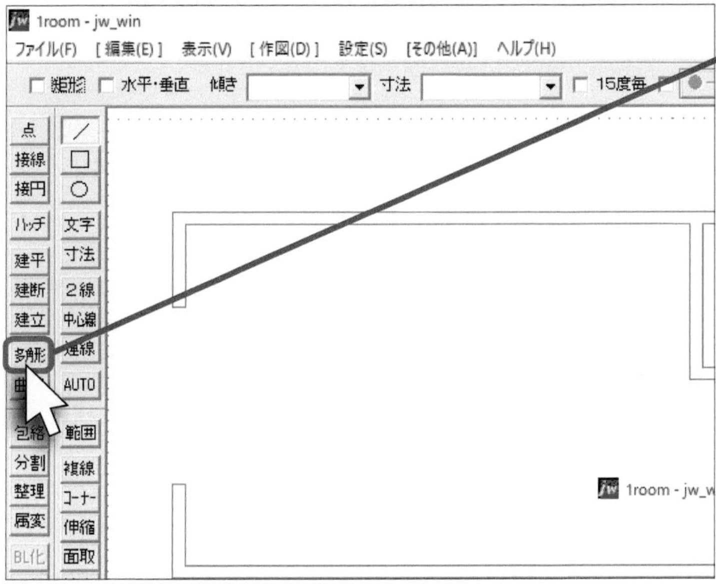

多角形 に を合わせて、そのまま、マウスをクリック します

② 多角形の形を指定します

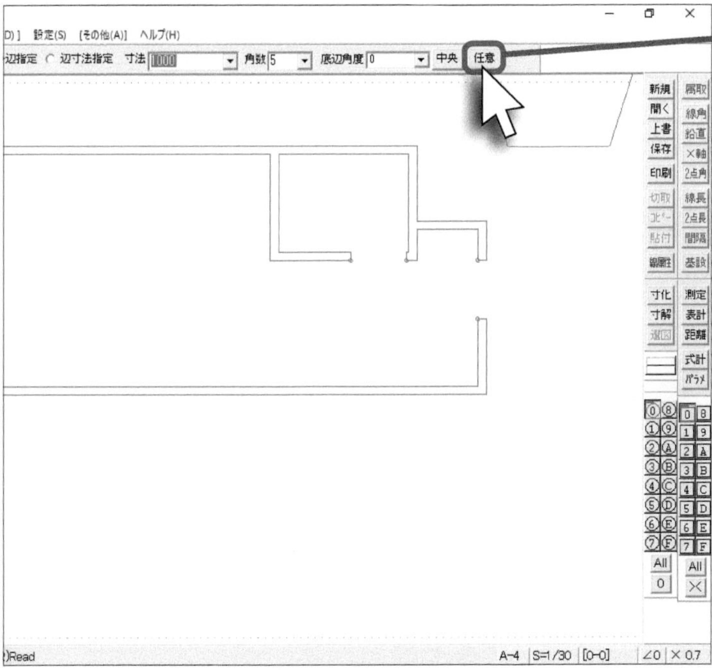

任意 に を合わせて、そのまま、マウスをクリック します

ヒント

コントロールバーには正多角形などを作図するための指示項目が並んでいます。［任意］をクリックすると、指示した点を結ぶ任意の多角形を作図する状態になります。

次のページに続く▶▶▶

3 ［ソリッド図形］に設定します

ソリッド図形の□をクリックしてチェックマークを付けます

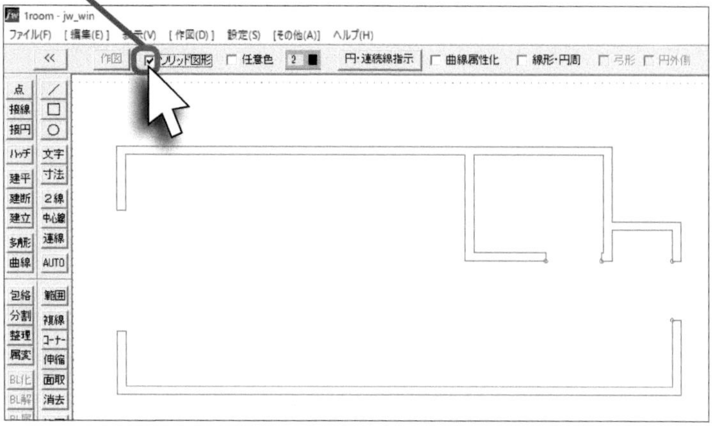

ヒント

［ソリッド図形］にチェックマークを付けることで、塗りつぶし機能が有効になり、指示した点を結ぶ多角形内部を塗りつぶします。

ヒント

塗りつぶしの色について説明しておきます。コントロールバーの［任意色］にチェックマークを付けないと、塗りつぶし色は書込線色になります。書込線色で塗りつぶした部分は、「カラー印刷」指定時はその線色に設定されているカラー印刷色で、指定無しのときは黒で印刷されます。コントロールバーの［任意色］にチェックマークを付けると、塗りつぶし色は任意■をクリックすることで任意に指定できます。任意色で塗りつぶした部分は、「カラー印刷」指定の有無に関わらず、指定した色（カラー）で印刷されます。

書込線色の線色7を示します

任意の塗りつぶし色を示します

④ 塗りつぶしの色を指定します

❶任意色の□をクリックしてチェックマークを付けます

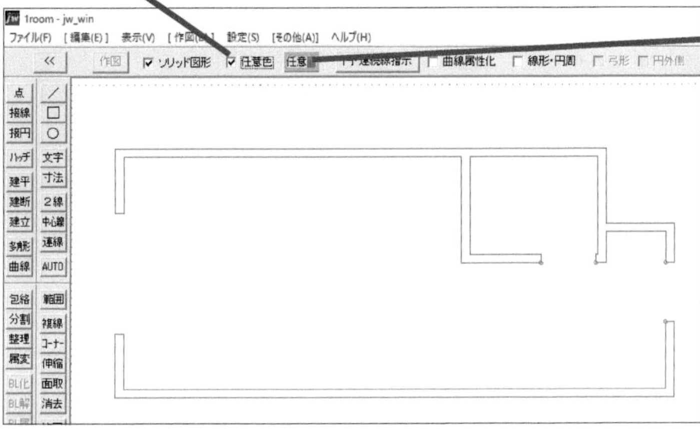

❷任意■に↖を合わせて、そのまま、マウスをクリックします

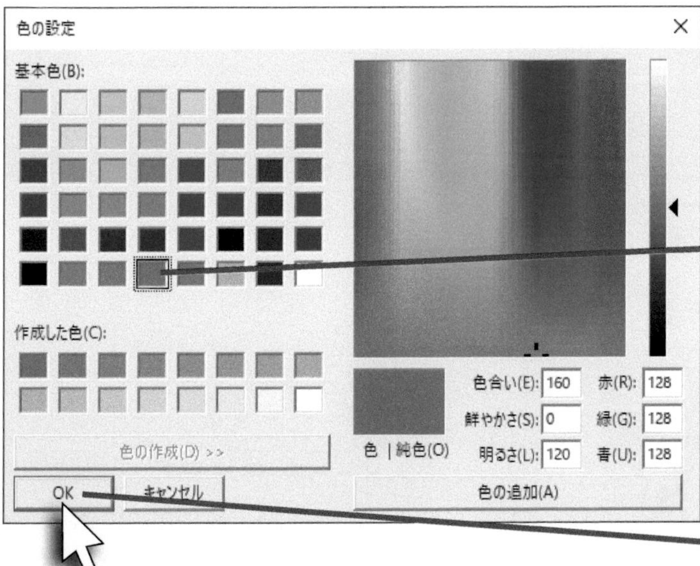

[色の設定] ダイアログボックスが表示されました

❸目的の色に↖を合わせて、そのまま、マウスをクリックします

❹ OK に↖を合わせて、そのまま、マウスをクリックします

次のページに続く▶▶▶

5 [円・連続線指示] に切り替えます

円・連続線指示 に を合わせて、そのまま、マウスをクリック します

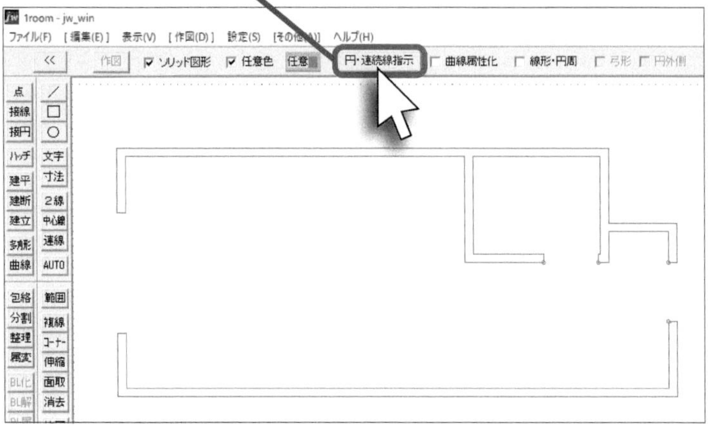

ヒント

塗りつぶす範囲の指定方法を切り替えます。[円・連続線指示] では、閉じた連続線内部や円内部を塗りつぶします。再度、[円・連続線指示] をクリックすると、切り替え前に戻り、指示した点を結ぶ内部を塗りつぶします。

6 [曲線属性化] に設定します

曲線属性化 の をクリック してチェックマークを付けます

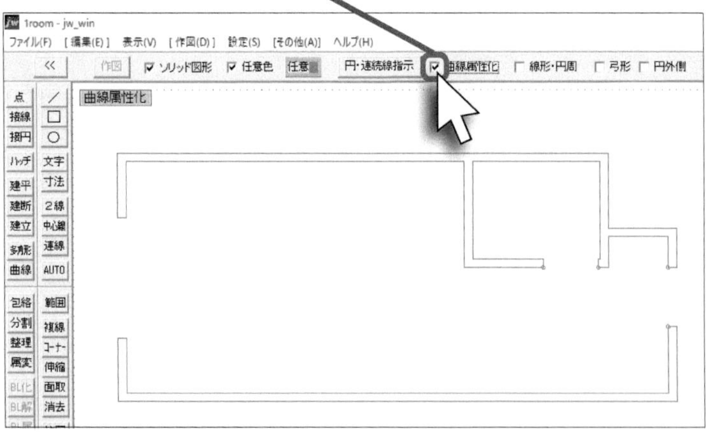

ヒント

指定範囲を三角形や四角形に分割して塗りつぶします。1度の操作で塗りつぶした部分をひとまとまりとして扱えるように [曲線属性化] にチェックを付けます。

7 壁部分を塗りつぶします

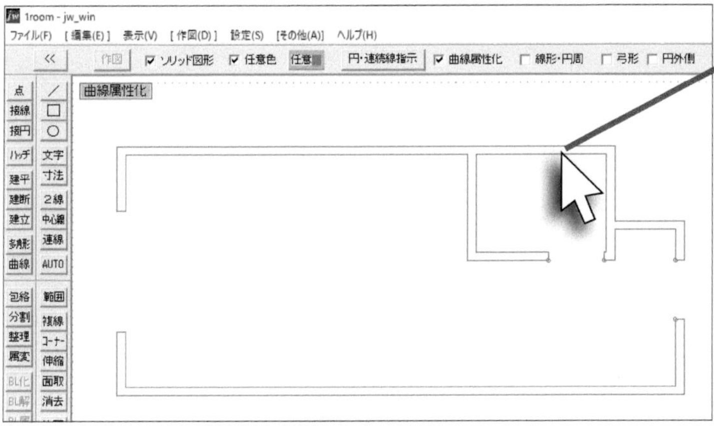

壁の線に を合わせて、そのまま、マウスをクリック します

8 壁部分が塗りつぶせました

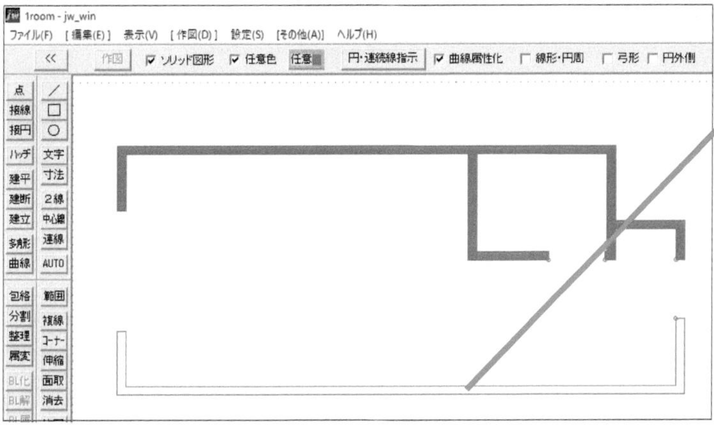

手順7と同様にして下側の壁部分も塗りつぶしておきます

レッスン㊵で続けて操作するので、ファイルを開いたままにしておきます

ヒント

違う範囲が塗りつぶされたり、「計算できません」または「4線以上の場合、線が交差した図形は作図できません」と表示される場合は、壁の線がどこかで離れていたり、交差していたり、正しく作図されていません。その場合は［練習用ファイル］フォルダーに収録しているサンプル図面「room.jww」を開いて塗りつぶしを行ってください。

終わり

レッスン 40

中心点を配置しよう

キーワード [分割] コマンド

左側の開口部には、次のレッスン㊶で、あらかじめ図形ファイルとして用意されている引き違い戸を配置します。引き違い戸を正確な位置に配置するため、開口部の中心位置に仮点を配置しておきましょう。仮点を2点の中心に配置するため、[分割] コマンドを利用します。

操作はこれだけ　クリック　右クリック　入力する

[分割] コマンドで、中心に仮点を配置します

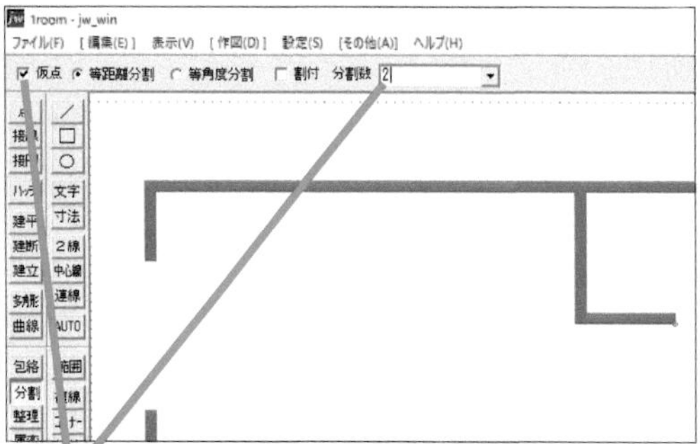

[分割] コマンドで [仮点] と [分割数] を指定します

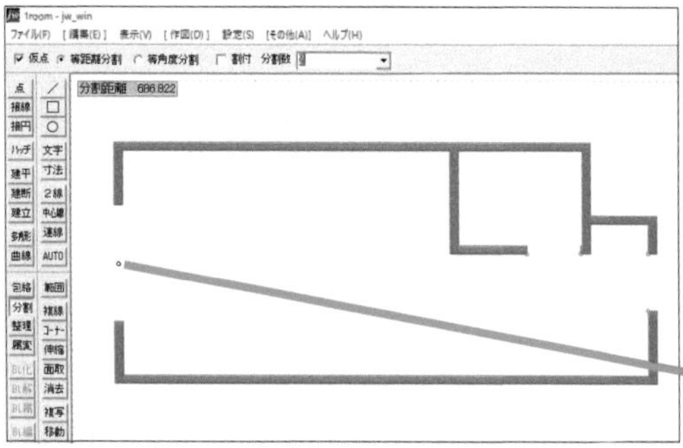

中心に仮点を配置します

● [分割] コマンド

[分割] コマンドでは、2つの線、円・弧、点間を指定数で分割する線・円・弧・点を作図できます。ここでは、[分割数] に「2」を指定して開口部対角の2つの点を指示することで、その中心に仮点を配置します。

① ［分割］コマンドを選択します

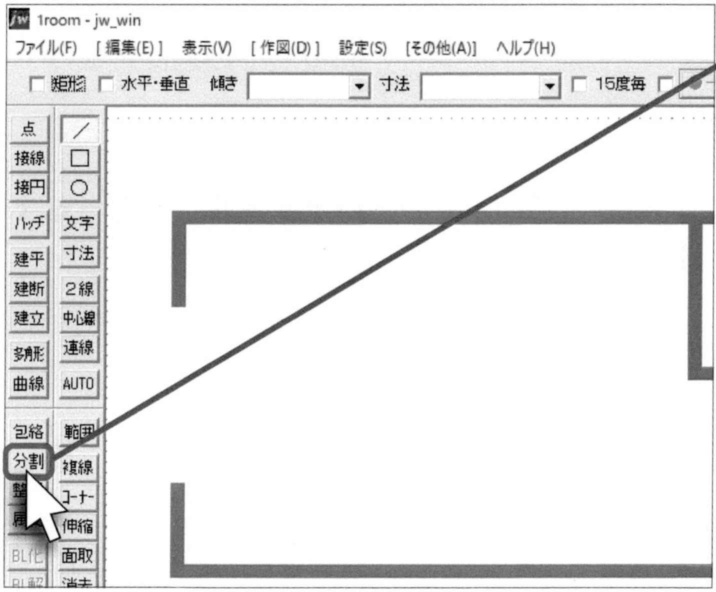

分割に を合わせて、そのまま、マウスをクリック します

② 仮点の指定をします

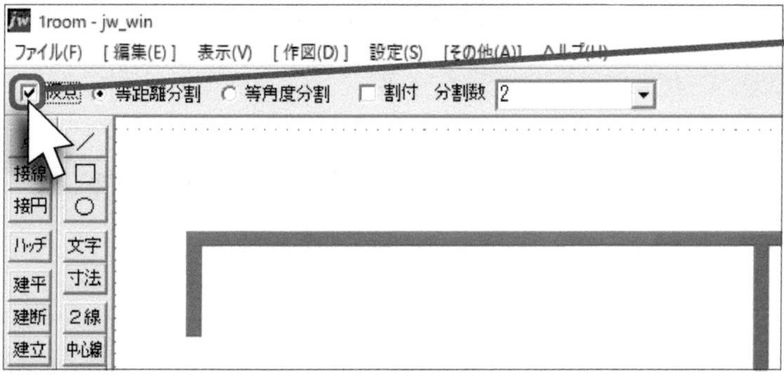

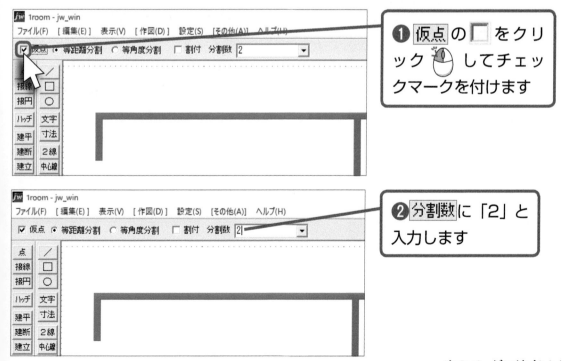

❶仮点の をクリック してチェックマークを付けます

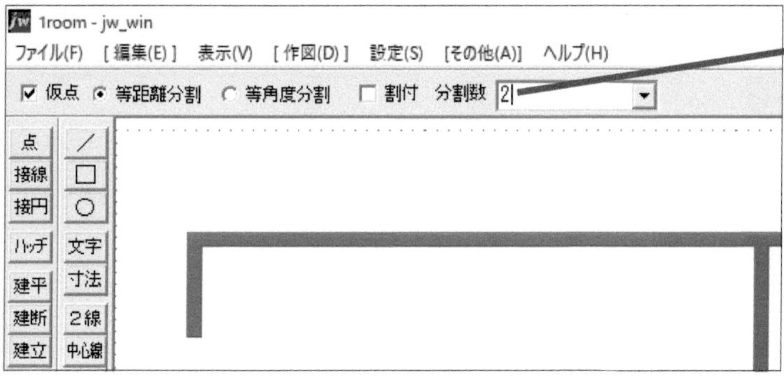

❷分割数に「2」と入力します

次のページに続く▶▶▶

③ 分割の始点を指示します

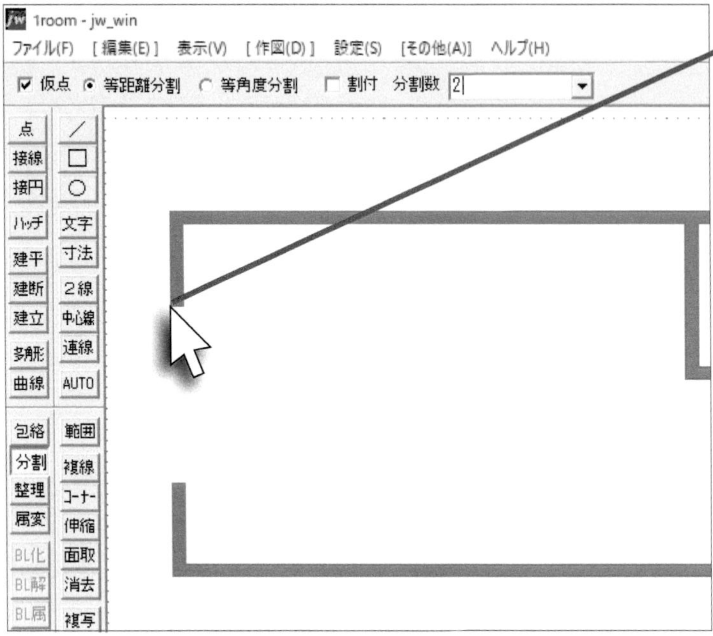

❶壁左下の角に を合わせます

❷そのまま、マウスを右クリック します

④ 分割の終点を指示します

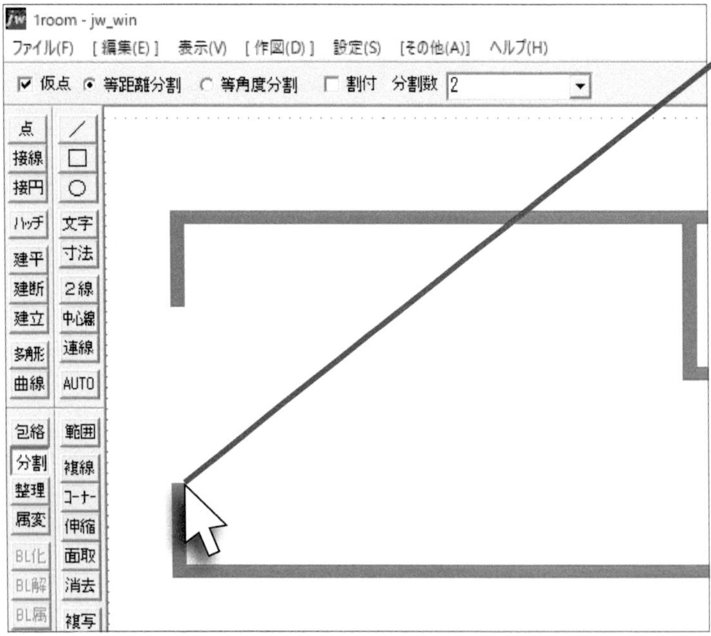

❶壁右上の角に を合わせます

❷そのまま、マウスを右クリック します

⑤ ［分割］コマンドを完了します

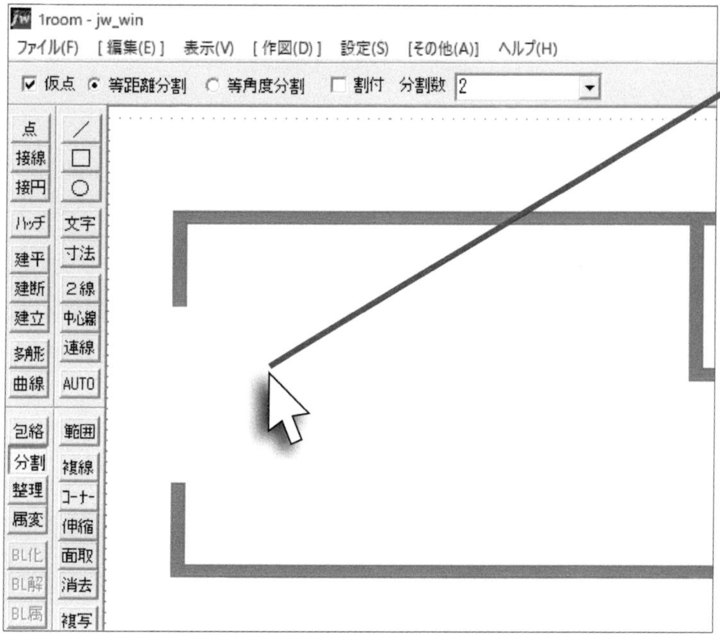

何もないところに（マウスポインター）を移動して、そのまま、マウスを右クリック（右クリック）します

ヒント

2点を指示した後、線や円・弧をクリックすると、指示した線・円・弧上に分割点を配置します。ここでは、指示した2点間に分割点を配置するため、右クリックします。

⑥ 仮点が設置できました

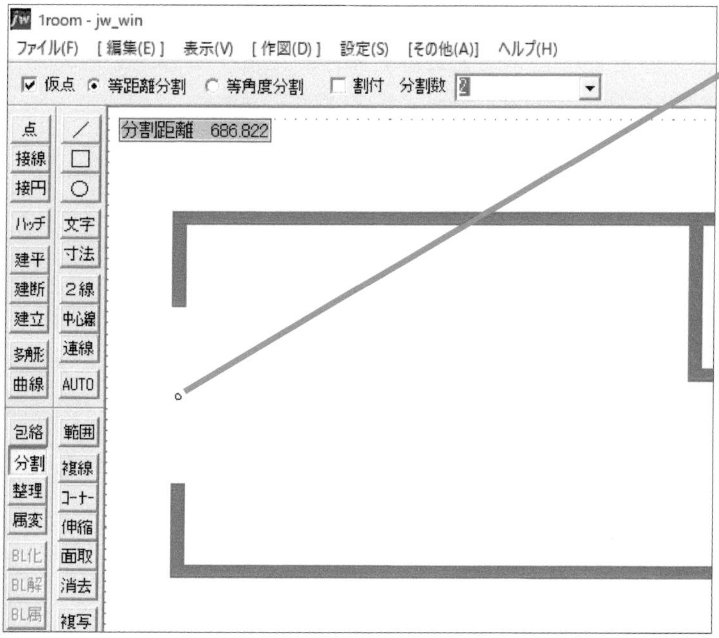

指定した始点と終点の中心に仮点が配置されました

レッスン㊶で続けて操作するので、ファイルを開いたままにしておきます

終わり

レッスン 41

引き違い戸を配置しよう

キーワード [図形] コマンド

左側の開口部に、練習用ファイルとして、用意されている引き違い戸の図形を配置しましょう。窓・ドアなどの建具やユニットバスやシステムキッチンなどの設備、インテリアなど、多くの図面で共通して利用する部品を「図形ファイル」として登録しておくことで、作図中の図面に配置するだけで利用できます。

操作はこれだけ　クリック　右クリック　ダブルクリック

[図形] コマンドで、図形を配置します

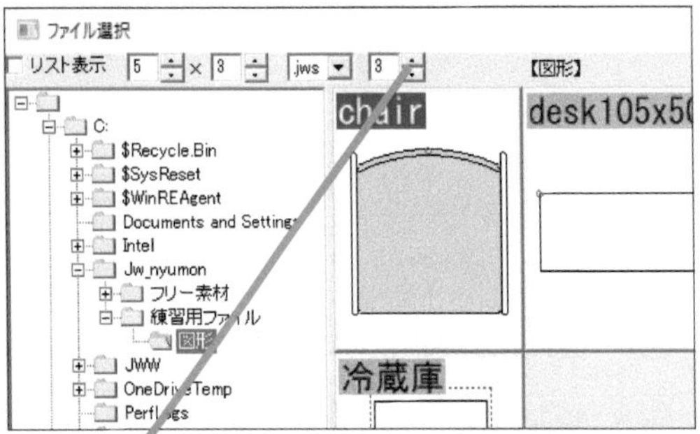

をクリックして、「1」～「3」にすることで、図形名を大きく表示できます

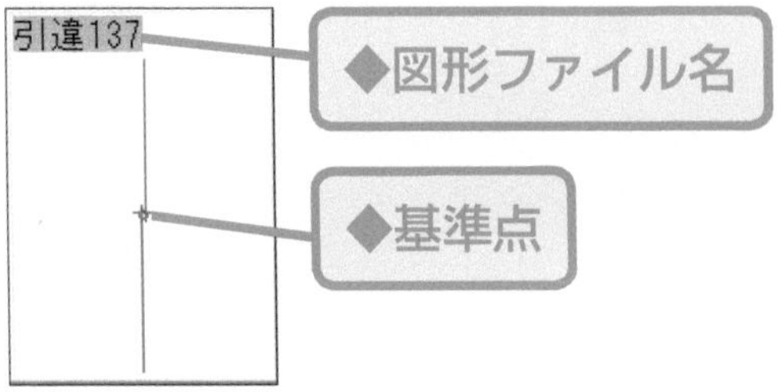

● [図形] コマンド

[図形] コマンドを選択すると、左図の [ファイル選択] ダイアログボックスが表示されます。左のフォルダーツリーで図形ファイルの保存場所を指定し、右の一覧から配置する図形ファイルを選択します。

●図形ファイル

一覧のサムネイルには、図形ファイルの名前と姿が表示されます。赤い丸は、図形配置時のマウスカーソルの位置で、基準点と呼びます。この基準点を図面上のどこに合わせるかを指示することで配置します。

① [図形] コマンドを選択します

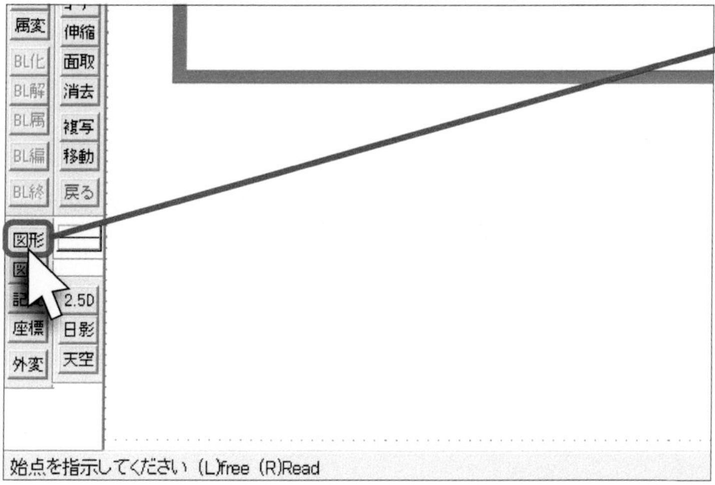

図形 に ↖ を合わせて、そのまま、マウスをクリック しります

② [図形] フォルダーを表示します

[Jw_nyumon] フォルダー内 [練習用ファイル] フォルダー内の [図形] フォルダーを表示します

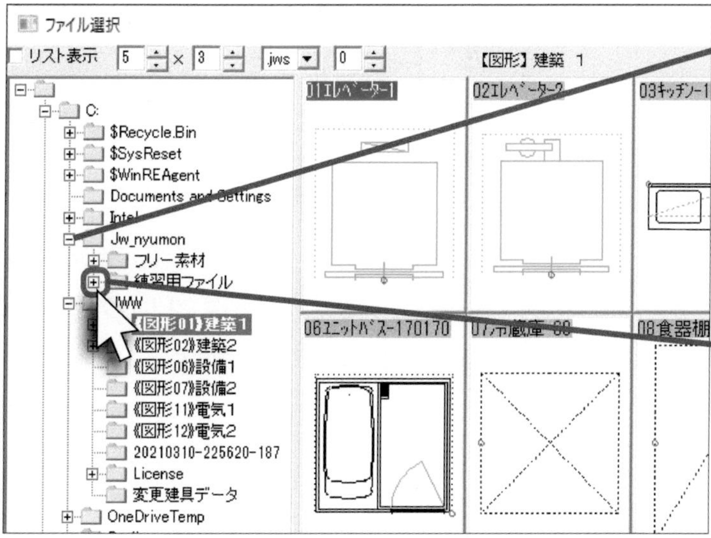

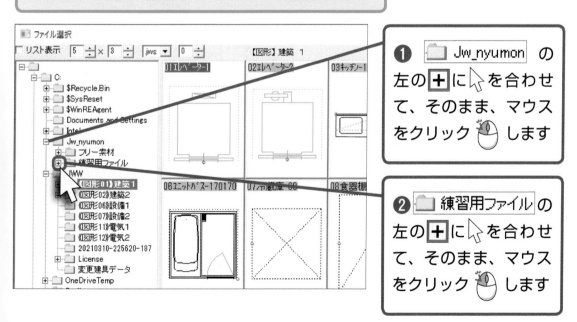

❶ Jw_nyumon の左の ＋ に ↖ を合わせて、そのまま、マウスをクリック します

❷ 練習用ファイル の左の ＋ に ↖ を合わせて、そのまま、マウスをクリック します

次のページに続く ▶▶▶

3 [図形] フォルダーの図形を表示します

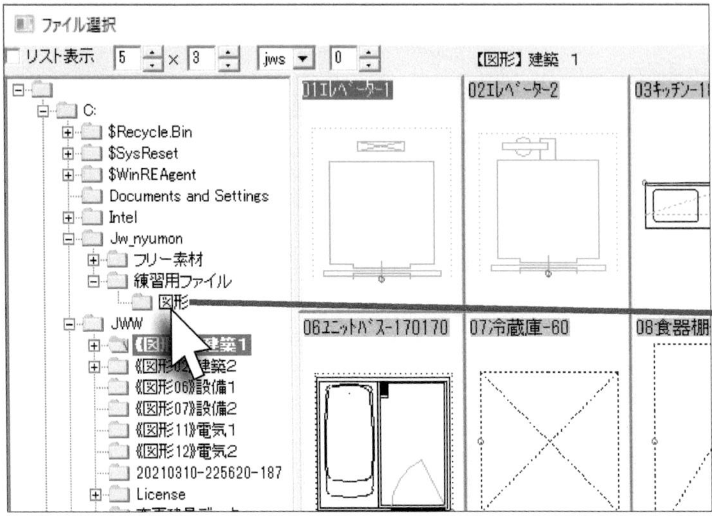

[練習用ファイル] フォルダー下に [図形] フォルダーが表示されました

図形 に を合わせて、そのまま、マウスをクリック します

4 図形を選択します

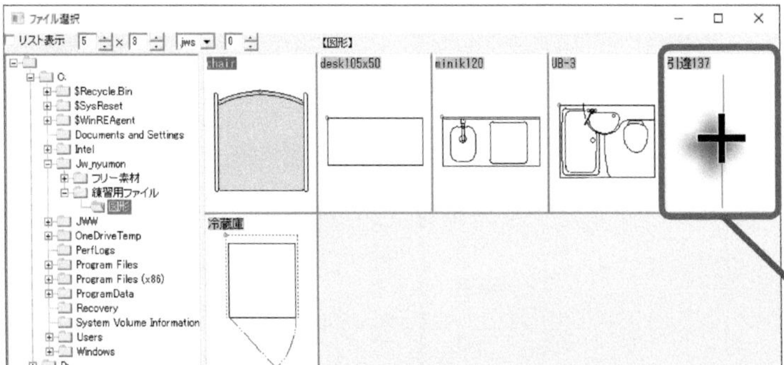

[図形] フォルダー内の図形ファイルのサムネイルが表示されました

引違137 の枠内に を合わせて、そのまま、マウスをダブルクリック します

ヒント

目的の図形のサムネイル枠内の図形名以外の位置でダブルクリックしてください。図形名をダブルクリックすると別の機能が働いてしまいます。

5 図形を配置する場所を指示します

選択した図形がマウスカーソルにプレビュー表示されます

ここでは、レッスン㊵で配置した仮点に合わせて図形を配置します

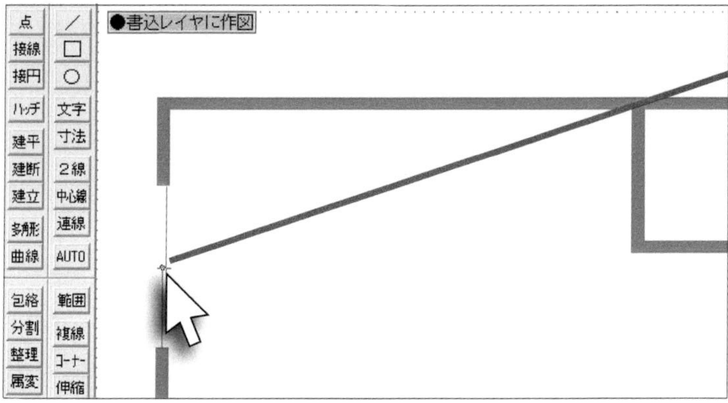

仮点に を合わせて、そのまま、マウスを右クリック します

6 図形が配置されました

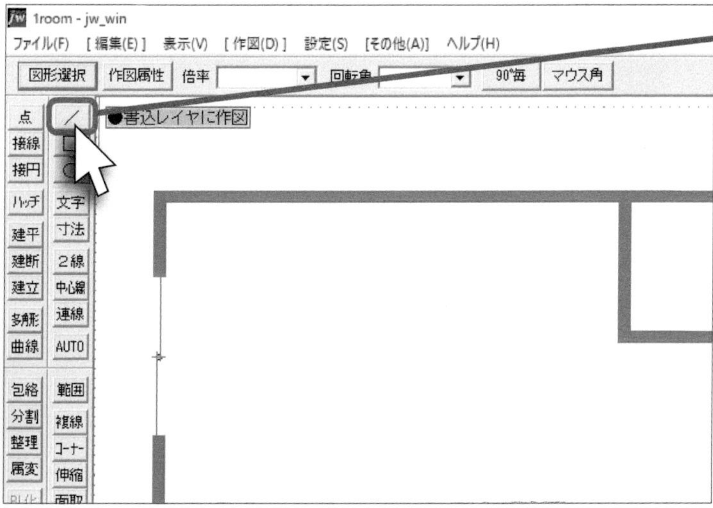

［／］に を合わせて、そのまま、マウスをクリック します

レッスン㊷で続けて操作するので、ファイルを開いたままにしておきます

ヒント

マウスカーソルには同じ図形がプレビュー表示されており、さらに配置位置をクリックすると同じ図形を配置できます。図形の配置を終了するため［線］コマンドを選択します。

終わり

レッスン 42 ユニットバスと玄関のドアを作図しよう

キーワード 円弧

このレッスンでは、ユニットバスの開口部と玄関の開口部にドアを作図しましょう。平面図上でドアは、ドアの幅の線とドアが開く際の軌道を示す円弧で、ドアが開いた状態を表します。ここでは、[線]コマンドと[円]コマンドを使ってそれらを作図します。

操作はこれだけ　クリック　右クリック　両ボタンドラッグ

[線]コマンドと[円]コマンドでドアを作図します

● [円]コマンドの[円弧]

コントロールバー[円弧]にチェックを付けると円弧の作図になります。

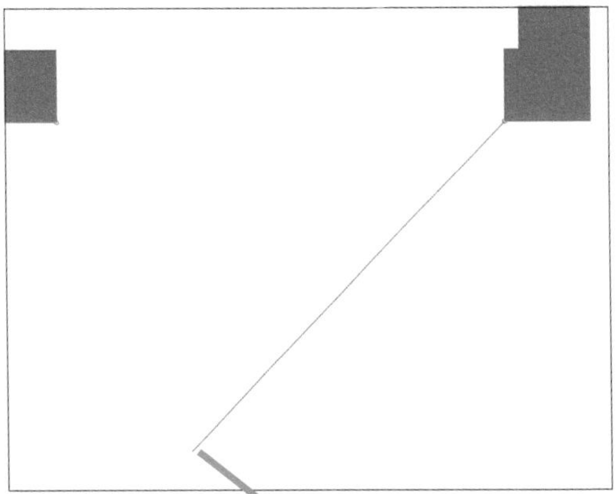

[線]コマンドでドアの幅と同じ長さの線を作図します

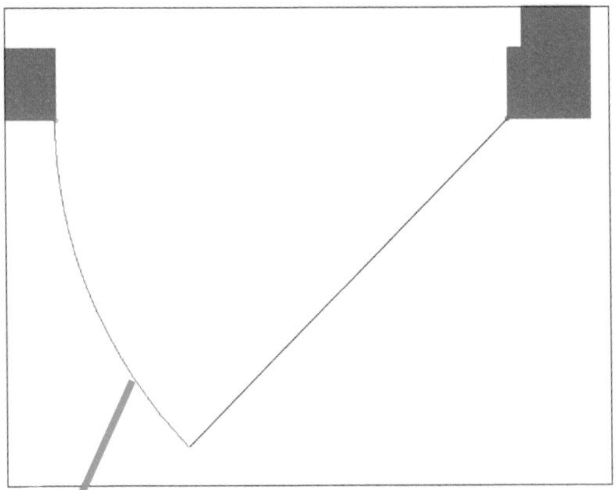

[円]コマンドで円弧を作図します

① ドアを作図する部分を拡大します

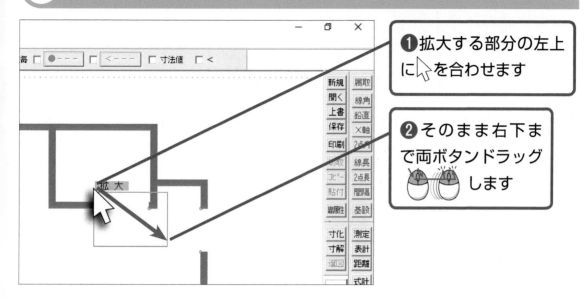

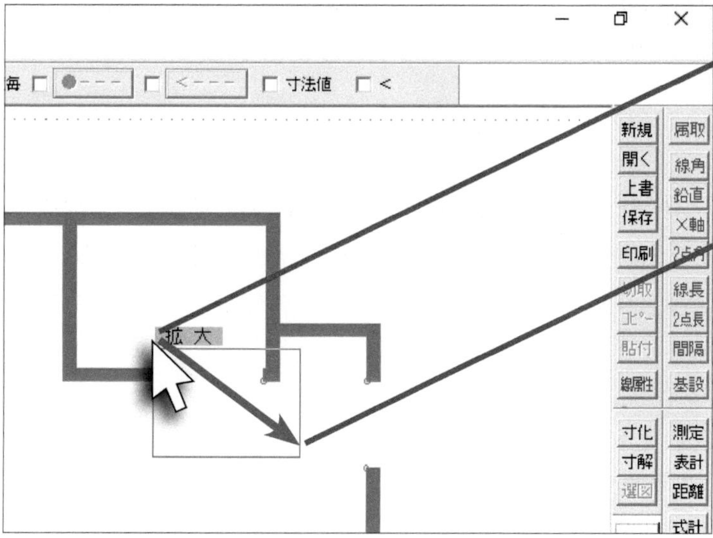

❶拡大する部分の左上に![pointer]を合わせます

❷そのまま右下まで両ボタンドラッグ![mouse]します

② 作図する線の寸法を入力します

両ボタンドラッグで囲んだ部分が拡大表示されました

[線]コマンドが選択されていないときは、[／]に![pointer]を合わせて、そのまま、マウスをクリック![mouse]しておきます

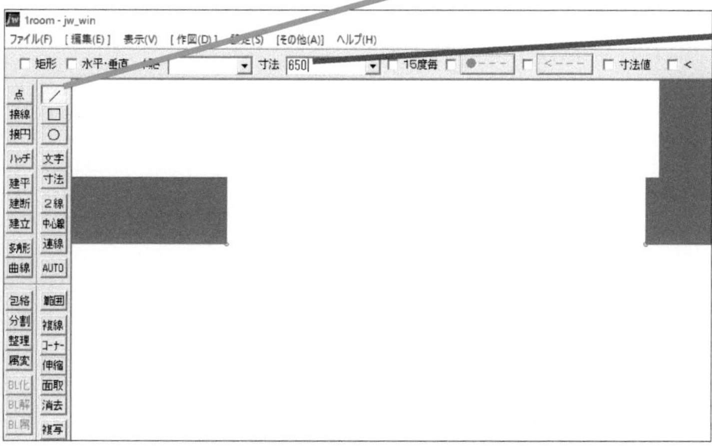

[寸法]に「650」と入力します

次のページに続く▶▶▶

3 線の角度を15度毎に固定します

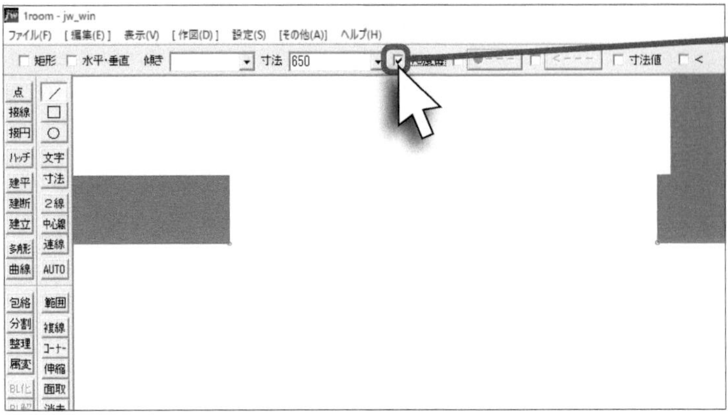

15度毎 の □ をクリック してチェックマークを付けます

4 線の始点を指示します

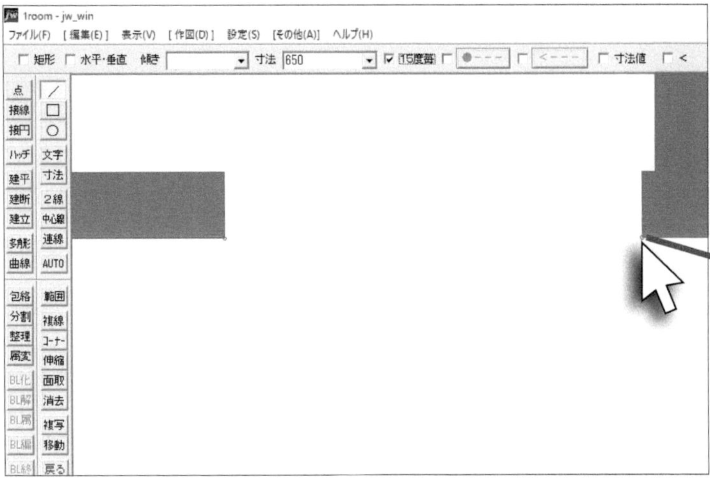

ここではドアの吊元から左下に線を描きます

❶下の角に を合わせます

❷そのまま、マウスを右クリック します

ヒント

ドアの左右いずれかにドアを開閉するための金具の蝶番（ちょうつがい）が付いています。この蝶番がついた側を「吊元」と呼びます。

5 線の終点を指示します

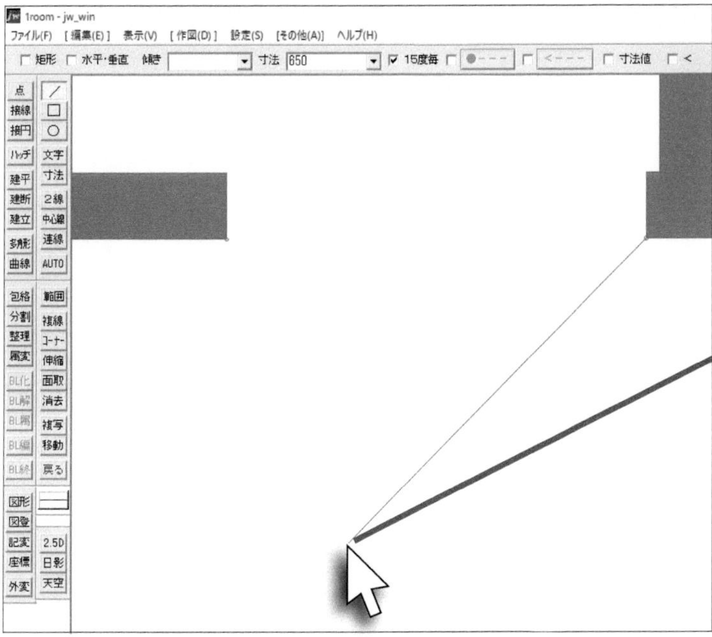

マウスカーソルに従い、15度毎に固定された650mmの線がプレビュー表示されます

❶左下方向に移動し、描きたい角度の線がプレビュー表示される位置にを合わせます

❷そのまま、マウスをクリック します

6 円弧の作図設定をします

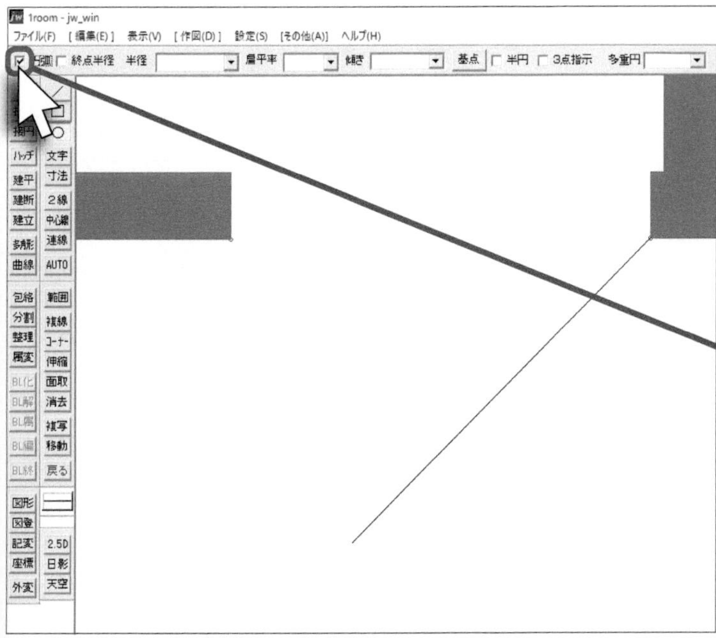

線が描かれました

レッスン⓬を参考に、[円] コマンドを選択しておきます

円弧の をクリック してチェックマークを付けます

次のページに続く▶▶▶

7 円弧の中心点を指示します

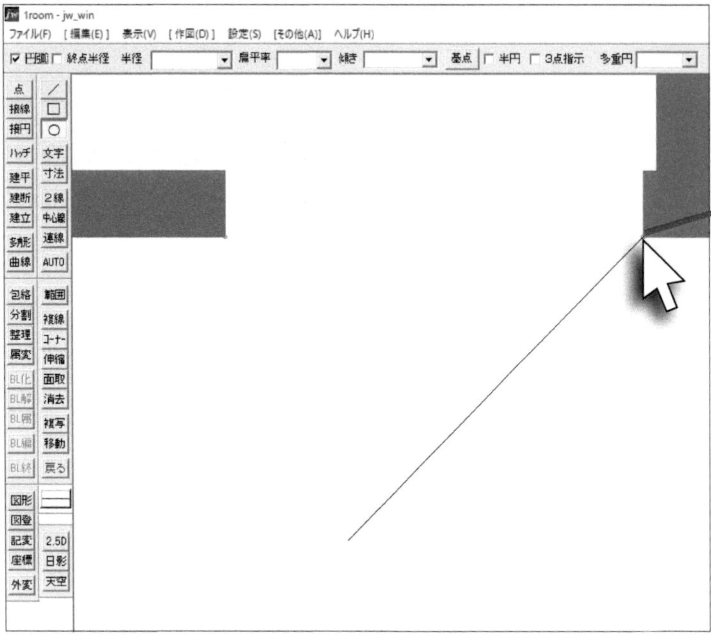

ここでは吊元を指定します

❶この角に を合わせます

❷そのまま、マウスを右クリック します

8 円弧の始点を指示します

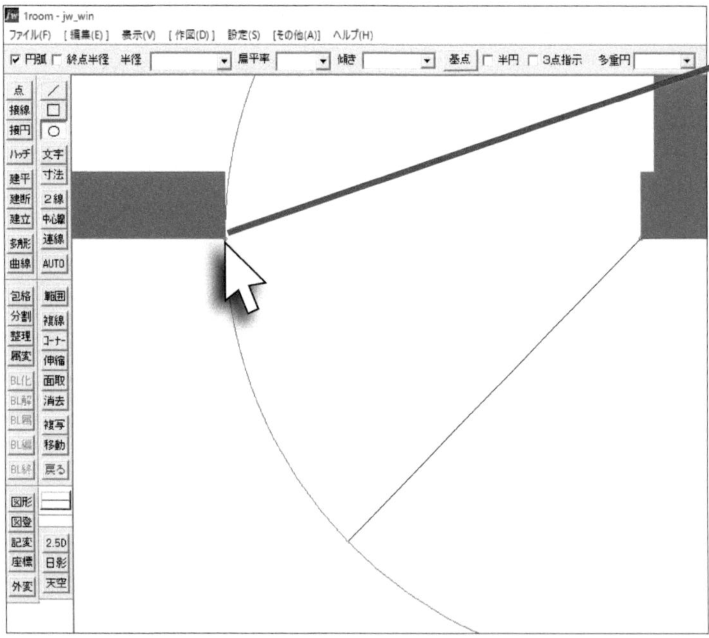

❶壁の右下角に を合わせます

❷そのまま、マウスを右クリック します

9 円弧の終点を指示します

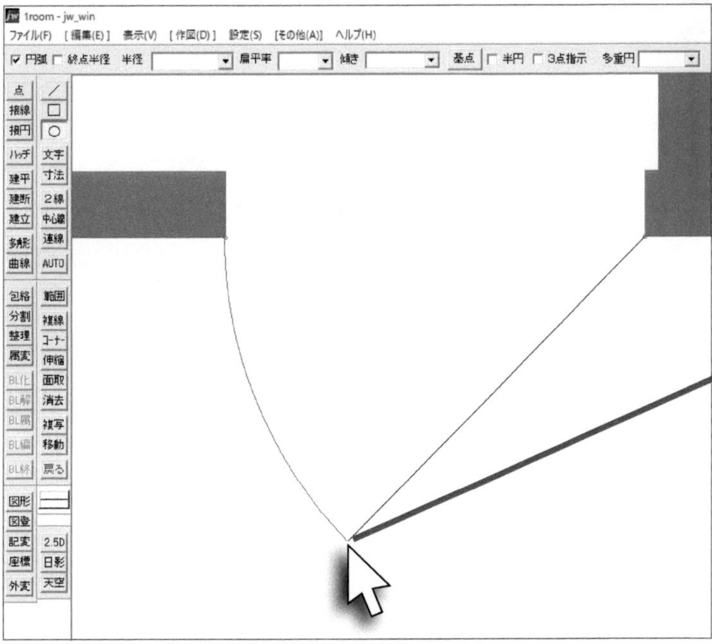

吊元を中心とした円弧が手順8で指示した角からマウスカーソルまでプレビュー表示されます

❶線の端点に を合わせます

❷そのまま、マウスを右クリック します

10 同様の手順で幅664mmの玄関ドアを作図します

❶手順2～5を参考に、[線] コマンドで664mmの線を作図します

❶手順7～9を参考に、[円] コマンドで円弧を作図します

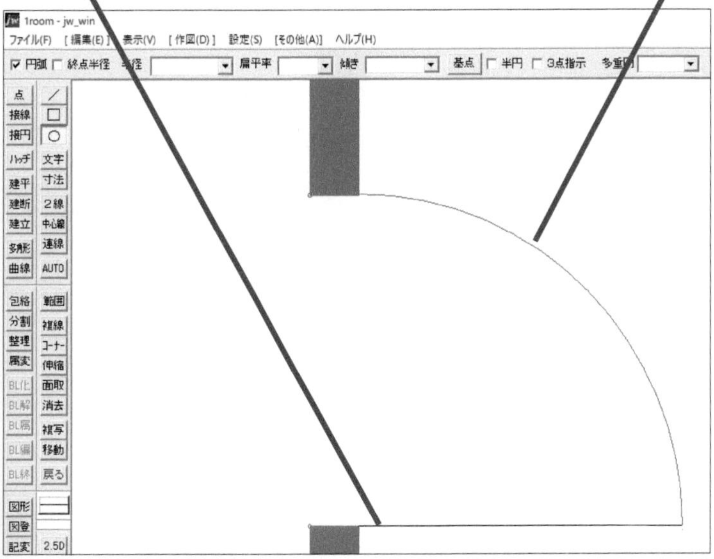

レッスン㊸で続けて操作するので、ファイルを開いたままにしておきます

終わり

レッスン 43

玄関の上がり框の線を作図しよう

キーワード 線上までの垂直線

玄関の上がり框の線を作図しましょう。上がり框を示す線は細線で描くため、レッスン㉜で印刷線幅を0.2mmに設定した線色2を書込線にします。上がり框の線の終点とする壁線上には右クリックできる点はありませんが、壁線の端点を終点として指示することで壁線までの線を作図します。

操作はこれだけ　合わせる　クリック　右クリック

壁の角から壁の線上まで垂直線を作図します

●角度が固定された線の終点指示

[線] コマンドの [水平・垂直] にチェックを付け、[15度毎] のチェックを外すと、作図できる線は水平線と垂直線に固定されます。ここで作図する上がり框の線の始点は壁の角を右クリックできますが、垂直線の終点とする壁線上には右クリックできる点はありません。ここでは作図する線の角度を水平・垂直に固定しているため、右下の壁の角を終点として右クリックすることで、壁線上までの線を作図できます。

[線] コマンドの [水平・垂直] にチェックマークを付け、[15度毎] のチェックマークは外します

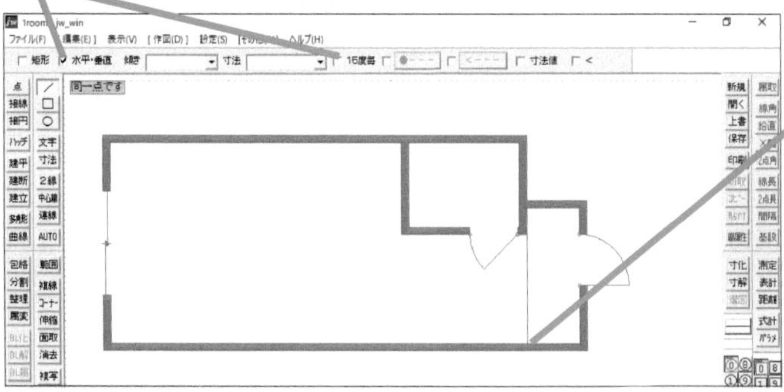

線上には右クリックできる点はありません

① [線属性] ダイアログボックスを表示します

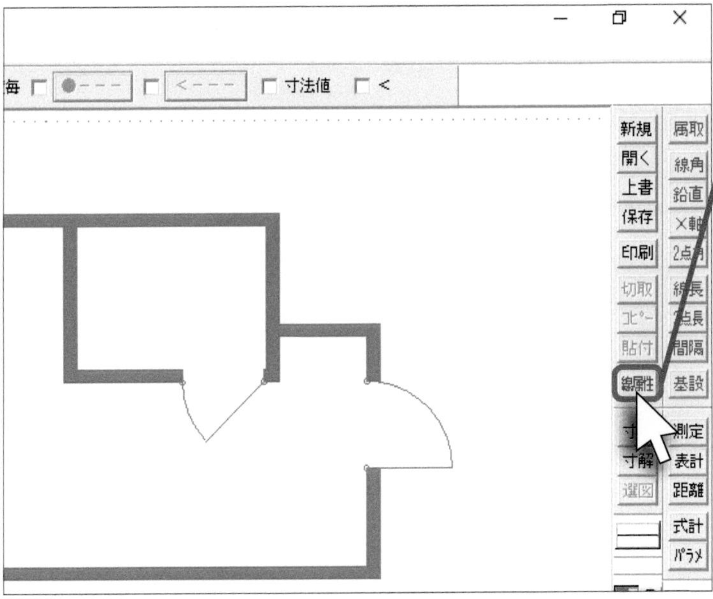

線属性に を合わせて、そのまま、マウスをクリック します

② 書込線色を [線色2] に変更します

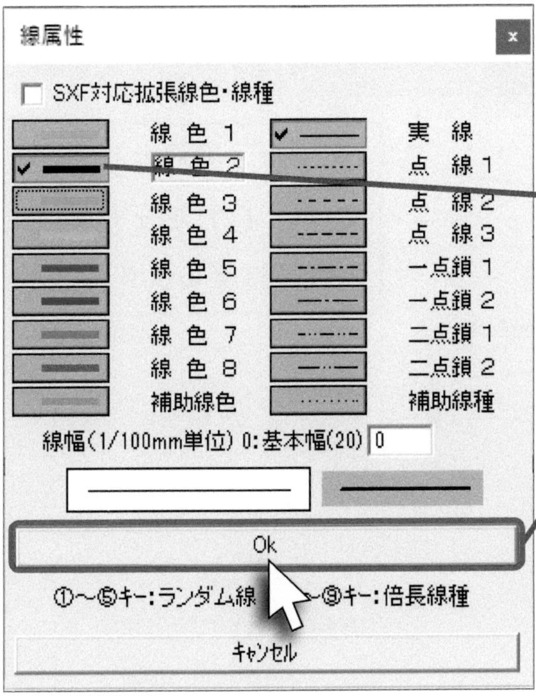

[線属性] ダイアログボックスが表示されました

❶ に を合わせて、そのまま、マウスをクリック します

❷ Ok に を合わせて、そのまま、マウスをクリック します

次のページに続く▶▶▶

3 [線] コマンドを選択します

❶ ／ に を合わせて、そのまま、マウスをクリック します

❷ 水平・垂直 の をクリック してチェックマークを付けます

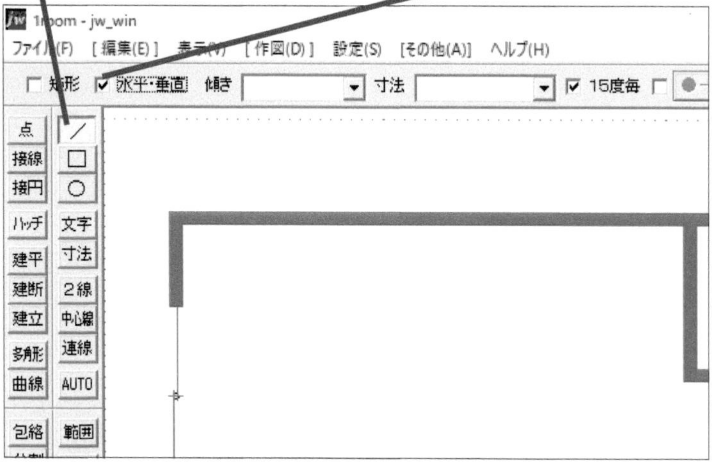

4 [15度毎] の設定を解除します

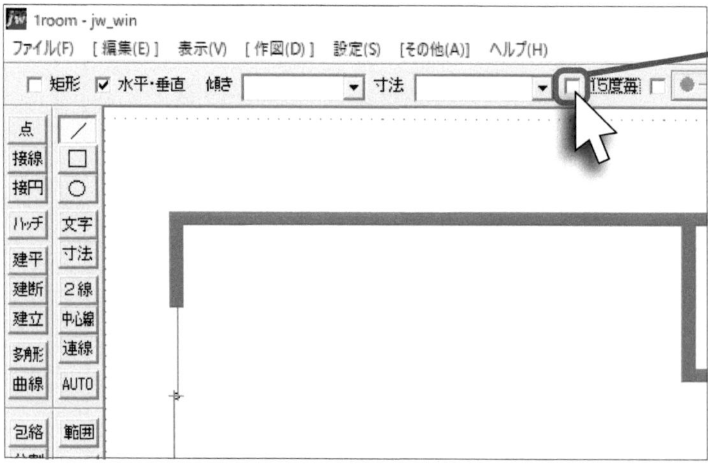

15度毎 の をクリック してチェックマークをはずします

ヒント

手順3、4の操作で、作図できる線は水平線と垂直線に固定されます。

⑤ 線の始点を指示します

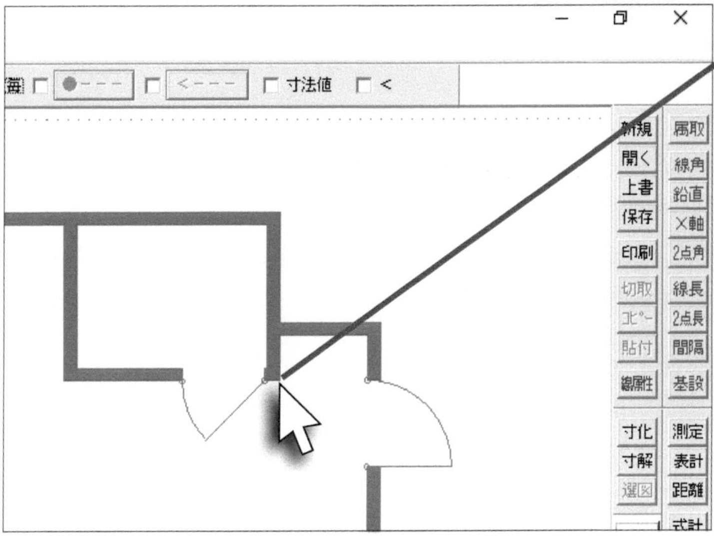

❶壁の角に[矢印]を合わせます

❷そのまま、マウスを右クリック[マウス]します

⑥ 線の終点を指示します

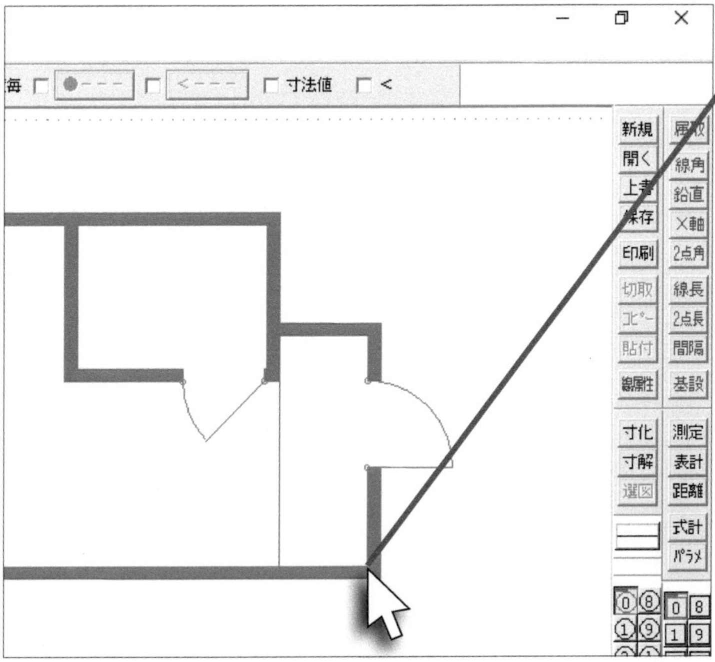

❶右下の壁の角に[矢印]を合わせます

❷そのまま、マウスを右クリック[マウス]します

上がり框（かまち）の線が描かれます

レッスン㊹で続けて操作するので、ファイルを開いたままにしておきます

終わり

レッスン 44

ユニットバス・ミニキッチンを配置しよう

キーワード 図形の傾き

ユニットバスとミニキッチンは、[練習用ファイル] フォルダー内の [図形] フォルダーに図形ファイルとして用意されています。レッスン㊶で習った [図形] コマンドを使って、ユニットバスとミニキッチンを配置しましょう。ミニキッチンはコントロールバーの指定で 180° 回転したうえで、配置します。

操作はこれだけ　クリック　右クリック　ダブルクリック

図形を傾けて配置します

角度を指定すると、図形を傾けて配置できます

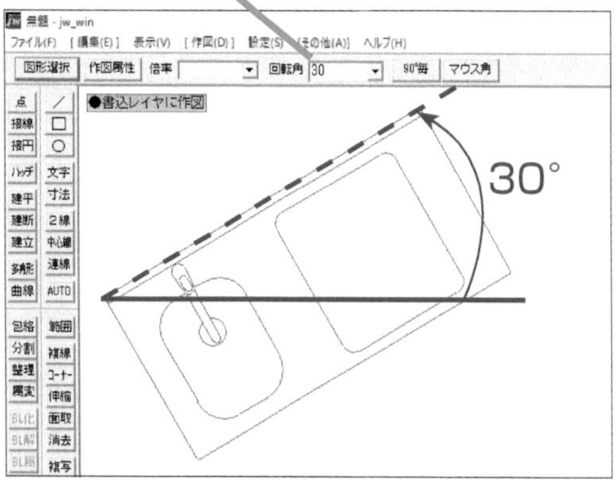

●図形の [回転角]

[図形] コマンドのコントロールバー [回転角] に角度を指定することで、図形を指定角度に傾けて配置できます。角度は [ファイル選択] ダイアログボックスに表示されている姿を 0° として、指定します。

●図形の [90° 毎]

コントロールバーの [90° 毎] をクリックする度に、[回転角] が「0° 」→「90° 」→「180° 」→「270° 」と、90° 毎の角度に切り替わります。

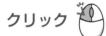

90°毎 をクリック する度に、角度が切り替わります

第4章 測定した寸法を基にワンルームの間取り図を作図しよう

① [図形] コマンドを選択します

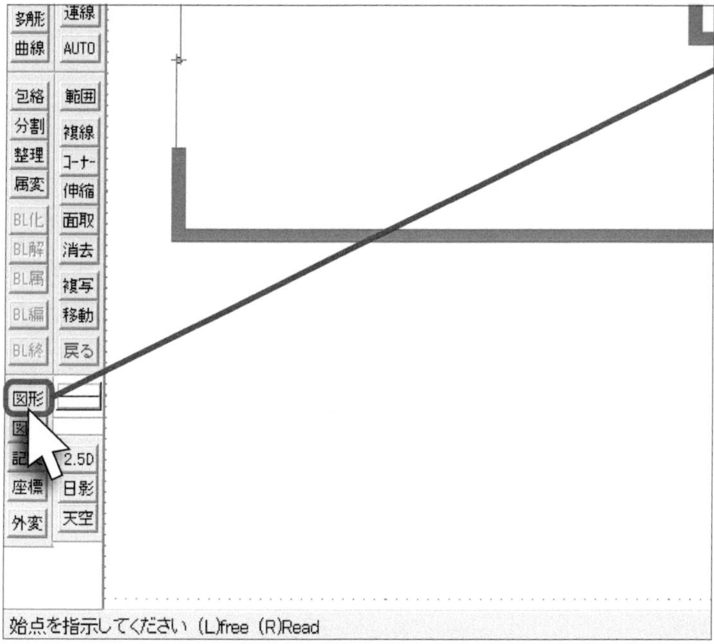

図形に を合わせて、そのまま、マウスをクリック します

② ユニットバスの図形を選択します

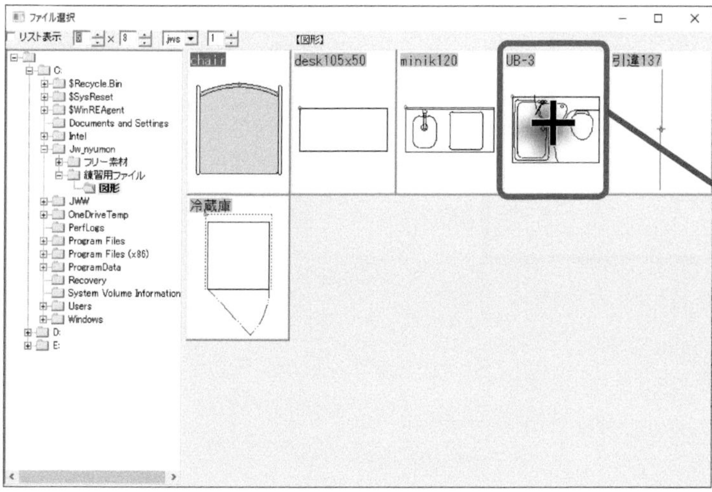

UB-3の枠内に を合わせて、そのまま、マウスをダブルクリック します

次のページに続く

3 ユニットバスの図形を配置します

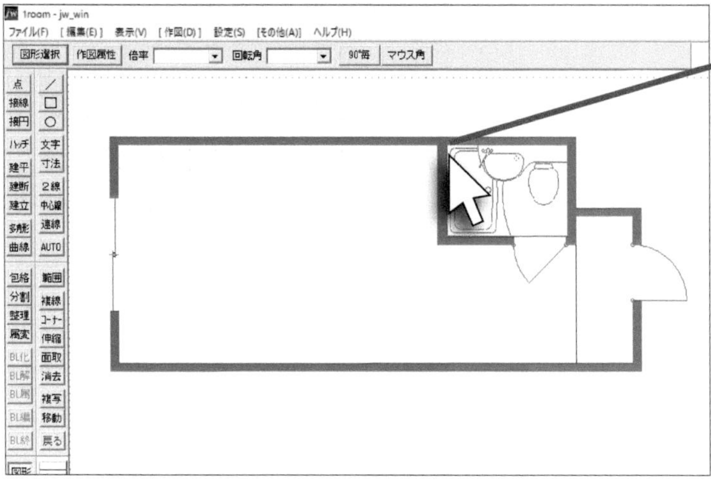

❶この角に を合わせます

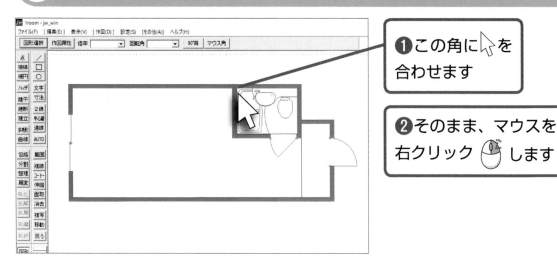

❷そのまま、マウスを右クリック します

4 再び［ファイル選択］ダイアログボックスを表示します

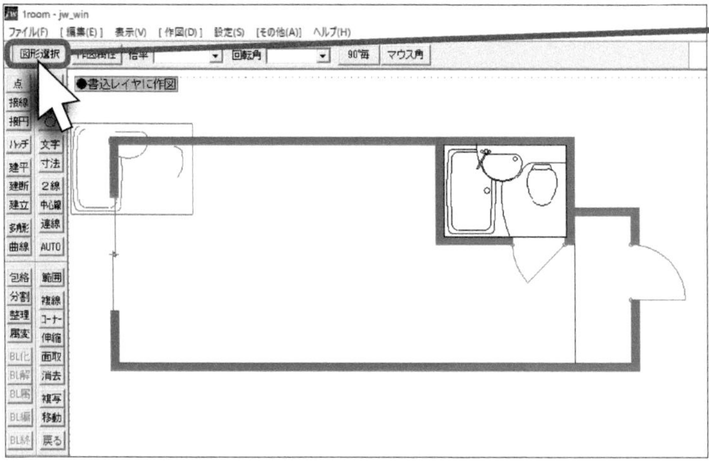

図形選択 に を合わせて、そのまま、マウスをクリック します

⑤ ミニキッチンの図形を選択します

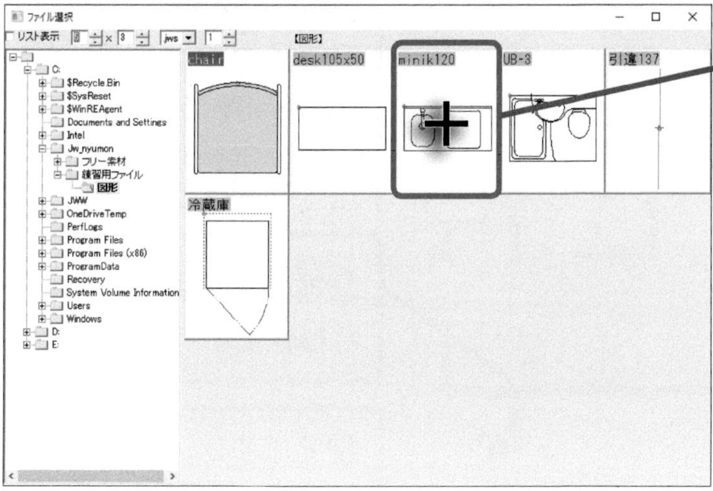

minik120の枠内に を合わせて、そのまま、マウスをダブルクリック します

⑥ 図形を180° 回転させます

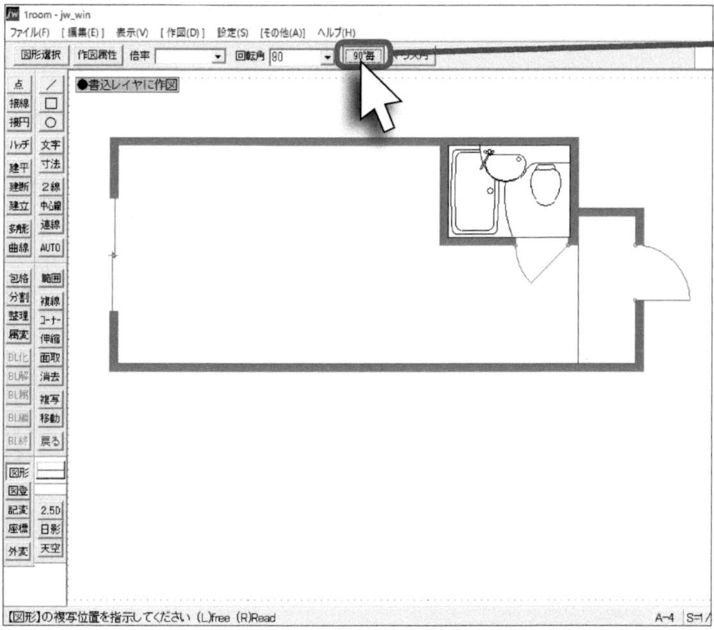

❶ 90°毎 に を合わせます

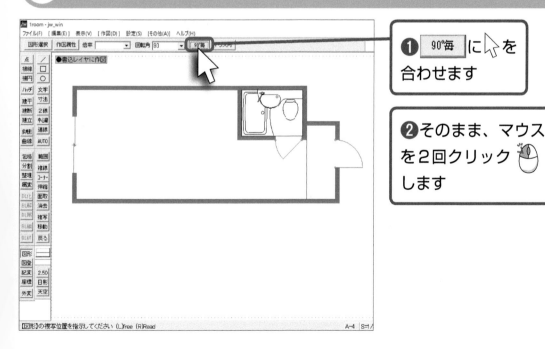

❷そのまま、マウスを2回クリック します

次のページに続く▶▶▶

7 ミニキッチンの図形を配置します

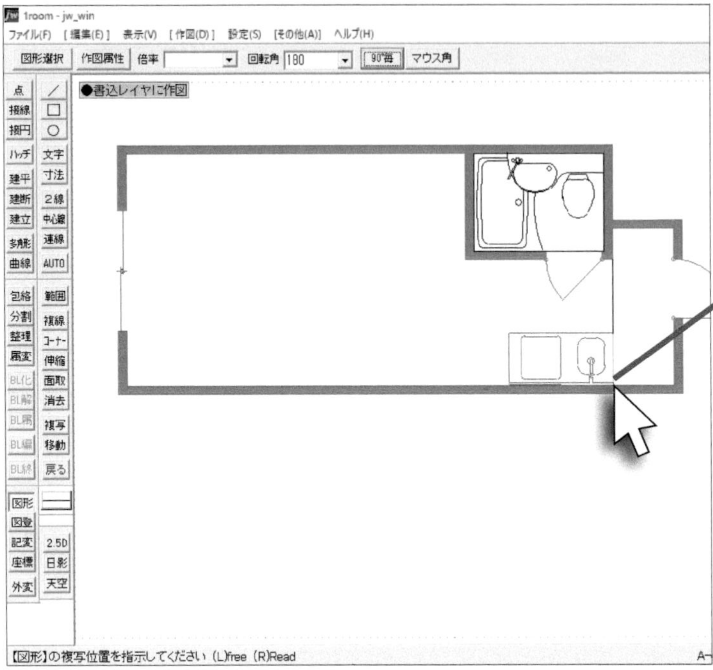

マウスカーソルのプレビュー表示の図形が180°回転します

❶框（かまち）の下端点に[カーソル]を合わせます

❷そのまま、マウスを右クリック[マウス]します

[線] コマンドを選択して [図形] コマンドを終了します

8 上書き保存します

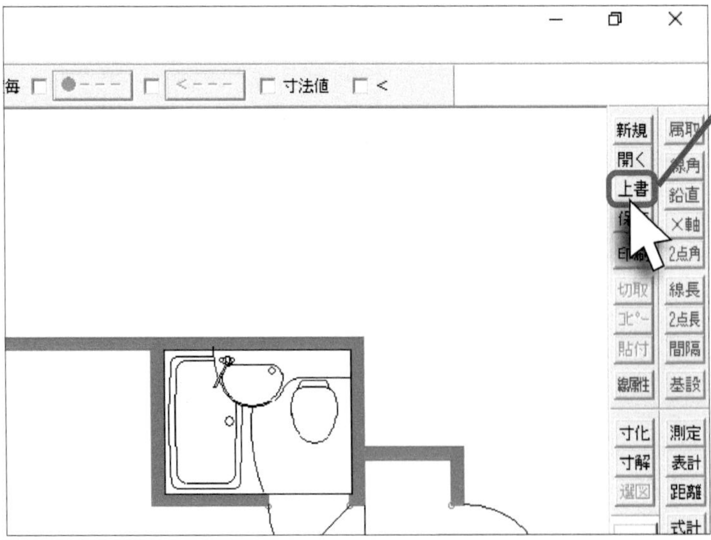

❶[上書]に[カーソル]を合わせます

❷そのまま、マウスをクリック[マウス]します

⑨ 図面を印刷します

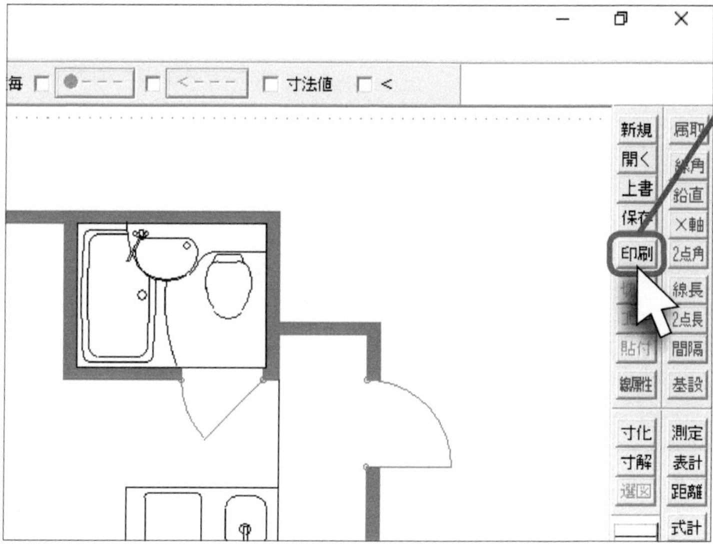

❶ 印刷 に を合わせます

❷そのまま、マウスをクリック します

レッスン⑰の手順3以降を参考に、図面を印刷します

ヒント

ここで配置したユニットバスは、[消去]コマンドでその一部を右クリックすると、ユニットバス全体が消えます。これはユニットバスを構成するすべての線をひとまとまりとし扱うように、あらかじめ設定してあるためです。

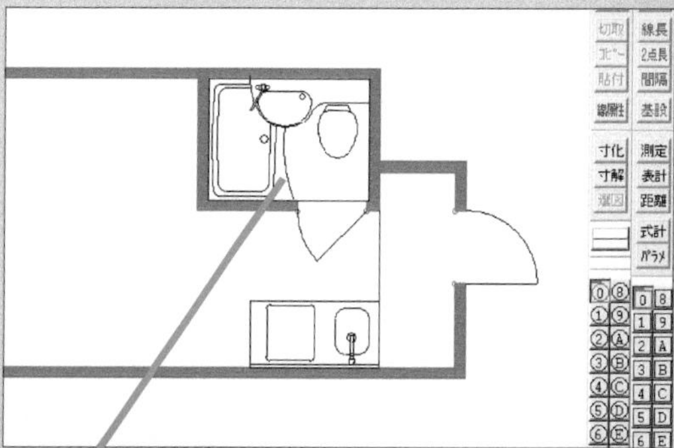

[消去] コマンドでユニットバスの線を右クリック します

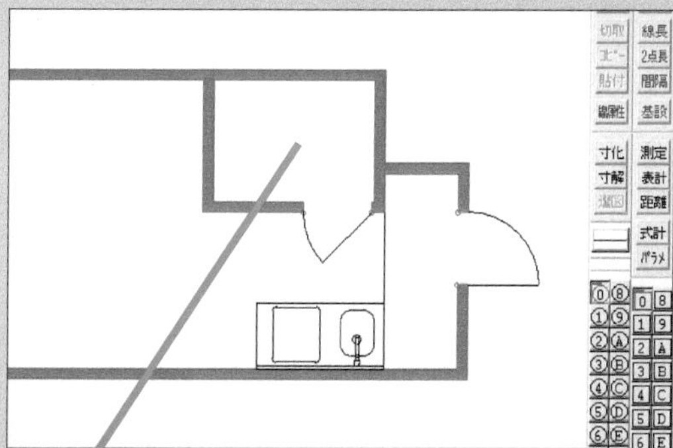

ユニットバス全体が消えました

終わり

Q 仮点を消したい

A [点] コマンドの [仮点消去] で消去します

仮点は、[消去] コマンドでは消せません。[点] コマンドで消します。

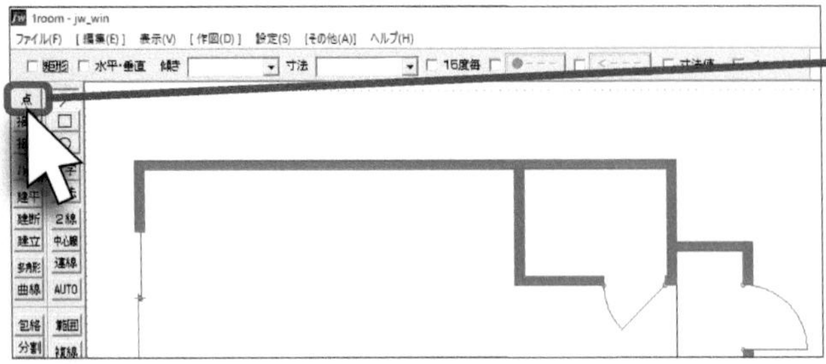

❶ [点] に を合わせて、そのまま、マウスをクリック します

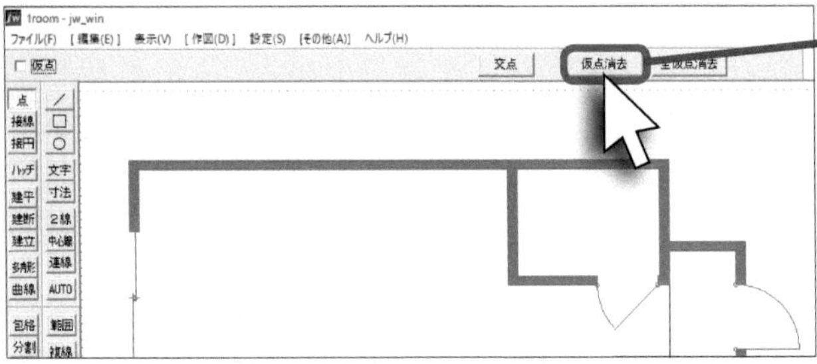

❷ [仮点消去] に を合わせて、そのまま、マウスをクリック します

❸仮点に を合わせて、そのまま、マウスをクリック します

仮点が消去されます

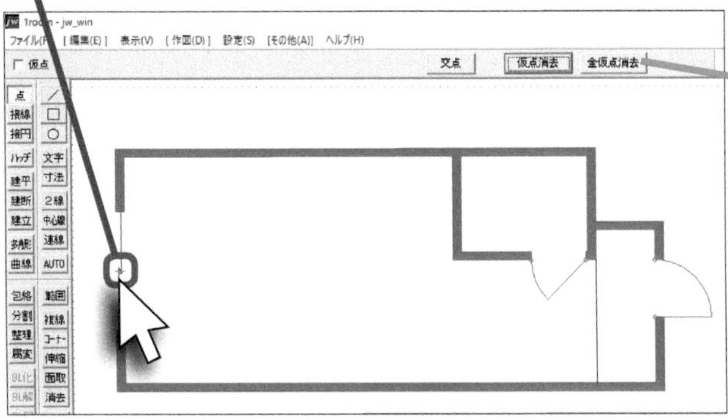

[全仮点消去] をクリック すると、すべての仮点が消去されます

Q 幅の違う開口部に図形「引違135」を利用したい

A ［伸縮］コマンドで引違線を伸縮します

図形「引違135」をレッスン㊶と同じ手順で配置した後、その引き違い戸の線を開口幅に合わせて伸縮します。ここでは図形「引違135」を90゜回転して、広い開口部と狭い開口部に配置した例を並べて説明します。

●線を伸ばす

❶伸縮に↖を合わせて、そのまま、マウスをクリックします

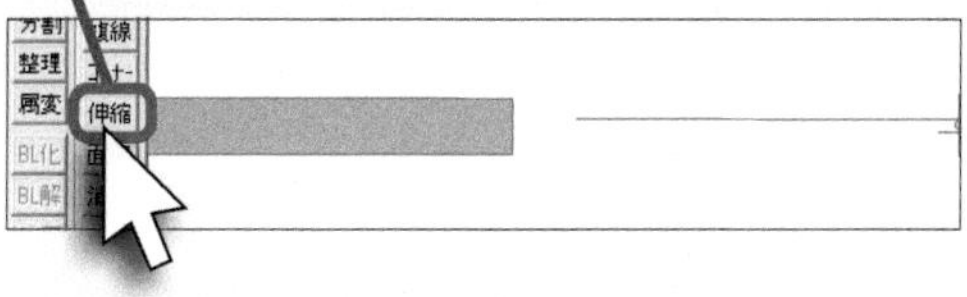

❷伸ばす線に↖を合わせて、そのまま、マウスをクリックします

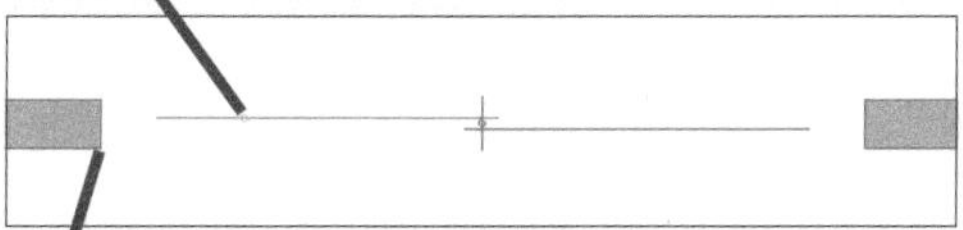

❸開口端の壁線まで伸ばすため、壁の角に↖を合わせて、そのまま、マウスを右クリックします

操作2でクリックした線が操作3の位置まで伸びました

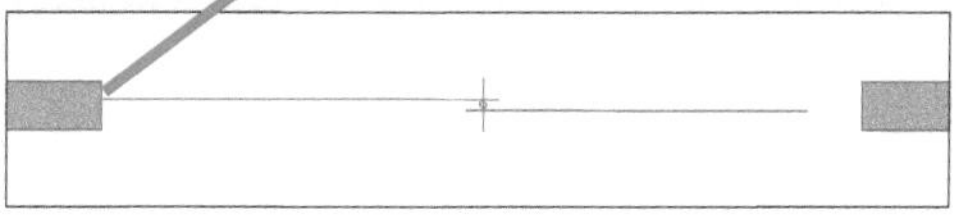

●線を縮める

❶縮める線をクリックします

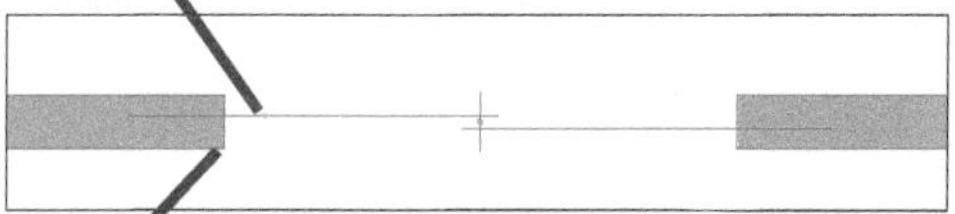

❷壁線まで縮めるため、壁の角を右クリックします

ヒント

長い線を縮める場合は、操作1で、次に指示する点よりも線を残す側でクリックしてください。

Q デスクトップやネットワーク上のフォルダーに保存するには？

A Windows標準のコモンダイアログを使う設定に変更します

設定を変更すると、[保存] や [開く] コマンドで、Jw_cad特有の [ファイル選択] ダイアログボックスの代わりに、Windows標準の [名前を付けて保存] ダイアログボックスや [開く] ダイアログボックスが表示され、[デスクトップ] や共有設定されているネットワーク上のフォルダーを簡単に指定できます。

レッスン❺の手順3を参考に、[Jw_win] ダイアログボックスの 一般(1) を表示しておきます

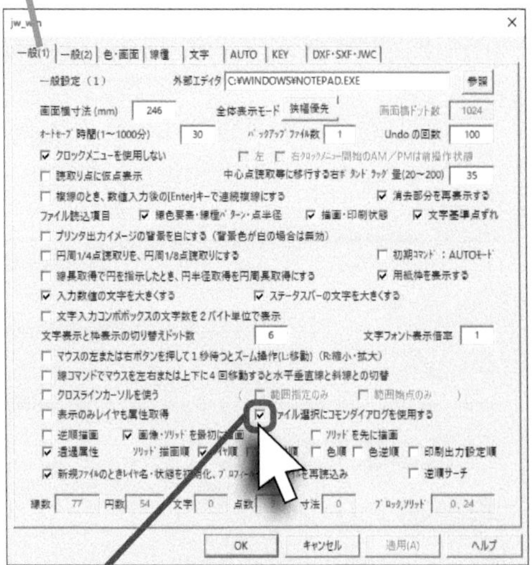

[ファイル選択にコモンダイアログを使用する] の□をクリックしてチェックマークを付けて、[OK] ボタンをクリックします

[保存] コマンドを選択すると、Windows標準の [名前を付けて保存] ダイアログボックスが表示されます

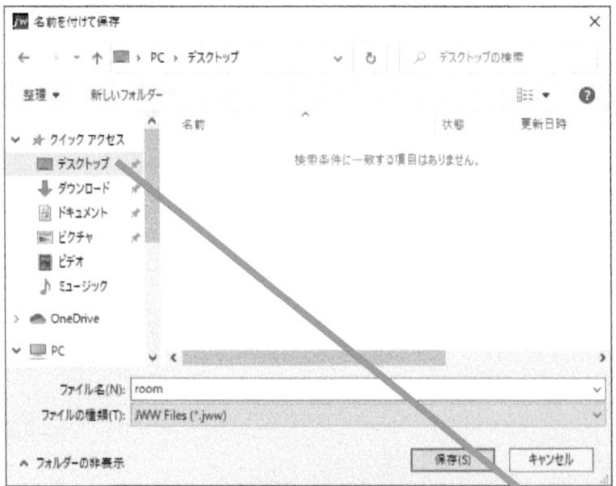

保存場所として [デスクトップ] を指定してファイルを保存できます

第5章

家具を配置しよう

第４章で作図したワンルームの間取り図に、あらかじめ図形として用意されている家具や第３章で作図したベッドなどをレイアウトします。

この章の内容

レッスン 45

家具を配置する大まかな手順を知ろう

キーワード 家具の配置

第３章でベッドの平面図を描き加えて上書き保存した［Chap3.jww］を開き、ラックとベッドの平面図を図形として登録します。また、第４章で作図したワンルームの間取り図を開き、そこに図形登録したラックとベッドやあらかじめ用意されている家具などをレイアウトします。

こんな感じに家具をレイアウトしてみます

第３章で作図したベッドをここに配置します

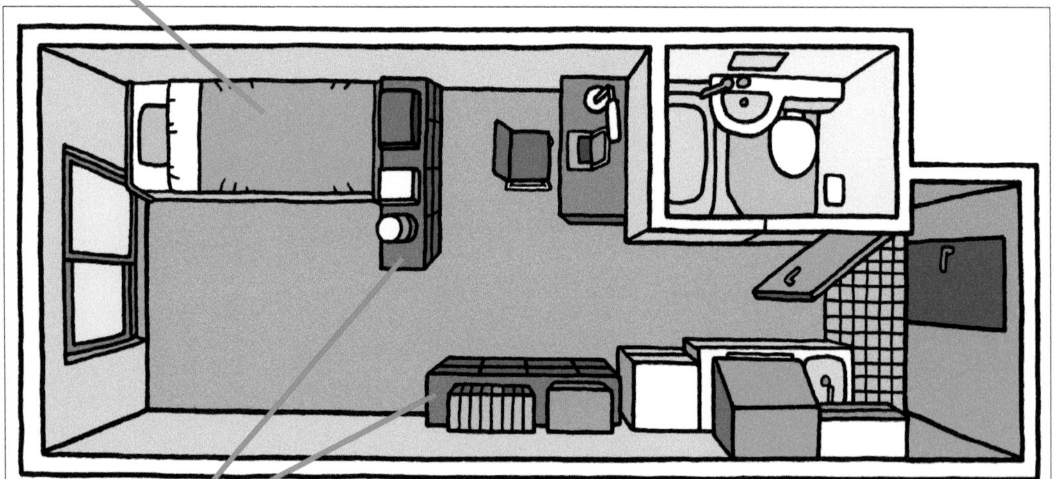

［Chap3.jww］に作図されていたラックをここに配置します

家具を配置する大まかな手順を確認しましょう

● 1.ラックとベッドをひとまとまりにして図形登録する

図形として登録する前に、[Chap3.jww] のラックと、第3章で作図したベッドそれぞれをひとまとまりで扱えるように設定します。

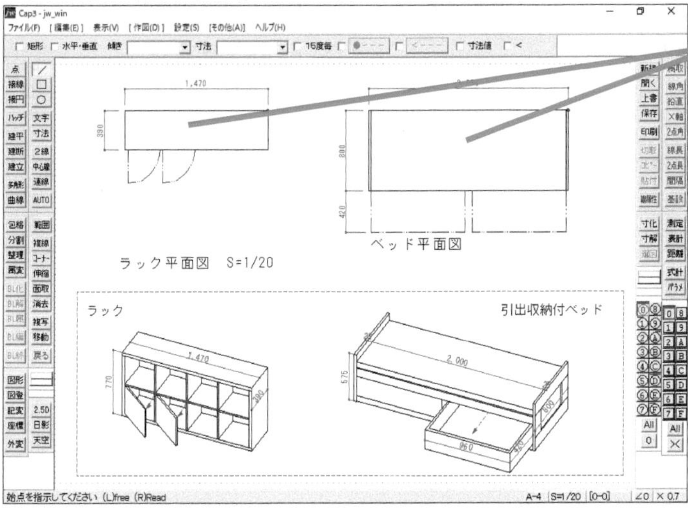

[練習用ファイル] フォルダー内の [図形] フォルダーに図形として登録します

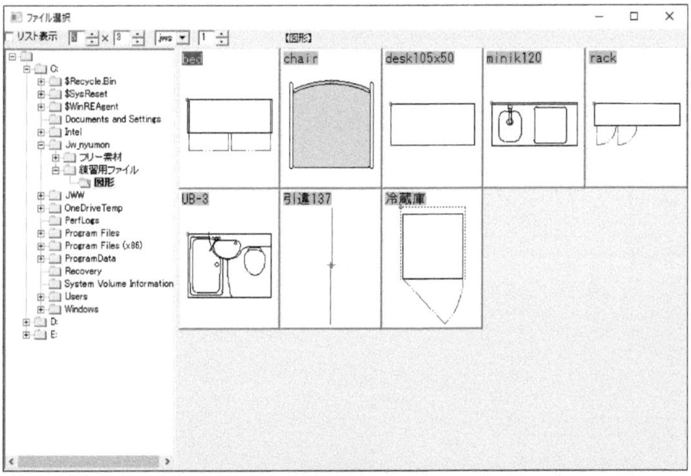

机や椅子、冷蔵庫も図形として用意されています

ヒント

図形は実寸で登録されます。S＝1/20の図面で、長さ2050mm×幅800mmの大きさで作図して図形登録したベッドは、S＝1/30や1/100などの異なる縮尺の図面に配置しても、長さ2050mm×幅800mmの大きさです。

次のページに続く▶▶▶

● 2.家具をレイアウトする先の間取り図を開く

[開く] コマンドを選択して、家具をレイアウトする先の間取り図として第4章で作図した [1room.jww] または [練習用ファイル] フォルダーに用意されているサンプル [Chap5.jww] を開きます。家具のレイアウトを検討する場合、部屋のコンセントの位置も重要です。サンプル [Chap5.jww] は第5章で作図した間取り図に、コンセントの位置を線色8の実点（印刷される点）で描き加えています。

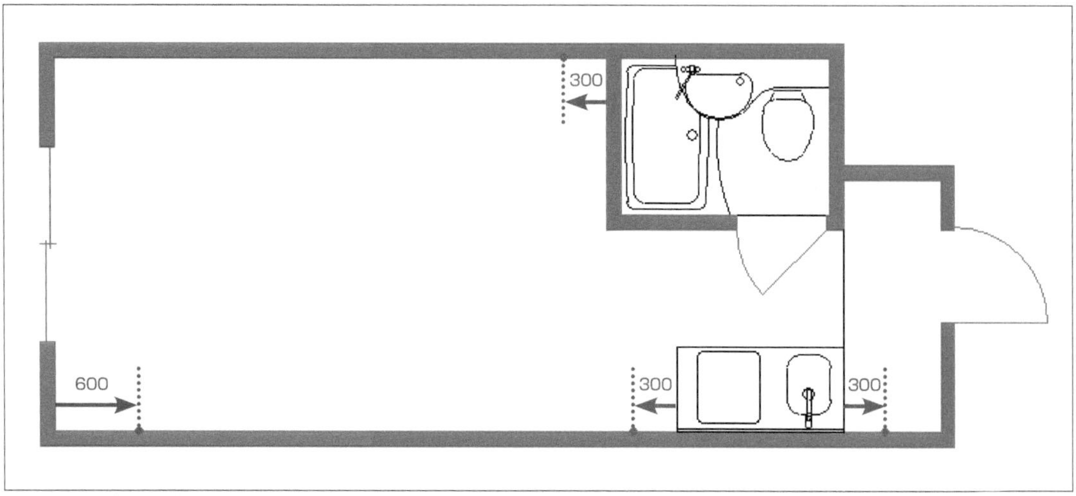

[Chap5.jww] には、コンセントの位置が、線色8の実点で描かれています

ヒント

コンセント位置を示す実点は、[距離] コマンドで配置します。操作手順はレッスン㉞の仮点の配置と同じです。ただし、コントロールバー [仮点] にチェックを付けずに書込線を「線色8」にします。書込線色と同じ「線色8」の実点が配置されます。

● 3.家具を配置する

実際の家具は、1mmの隙間もなく壁の角にぴったり付けて配置できるものではないので、おおよその位置でクリックして配置しましょう。

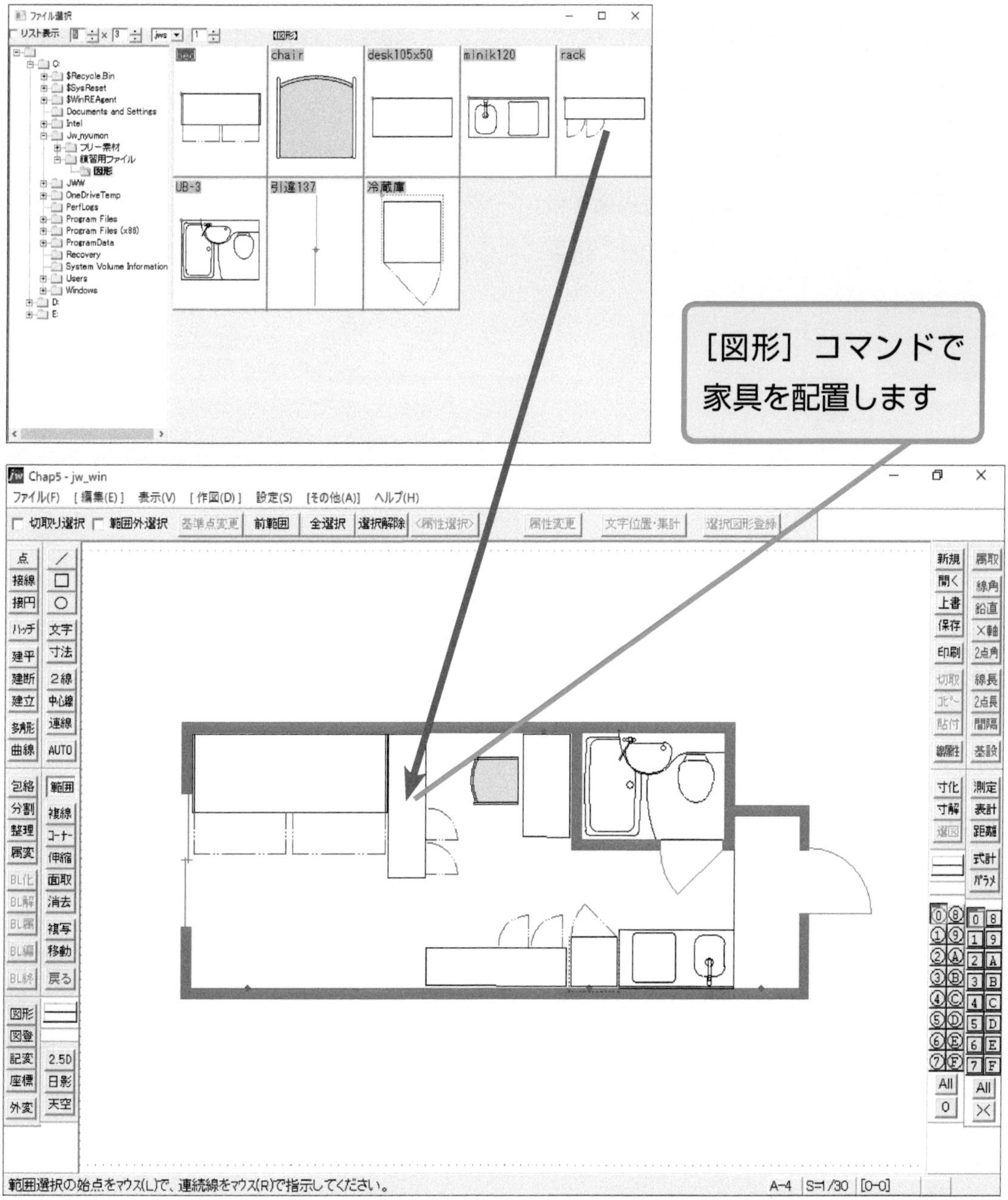

終わり

レッスン 46

家具をひとまとまりに設定しよう

キーワード 曲線属性　　練習用ファイル ▶Chap3.jww

レッスン㊹で配置したユニットバスは、その一部の線を［消去］コマンドで右クリックするとユニットバス全体が消えます。ラックとベッドも同じように右クリックで丸ごと消せるようにするため複数の線をひとまとまりとして扱える曲線属性を設定します。

操作はこれだけ　合わせる　クリック　右クリック

［範囲］コマンドで範囲を選択し、［属性変更］でひとまとまりにします

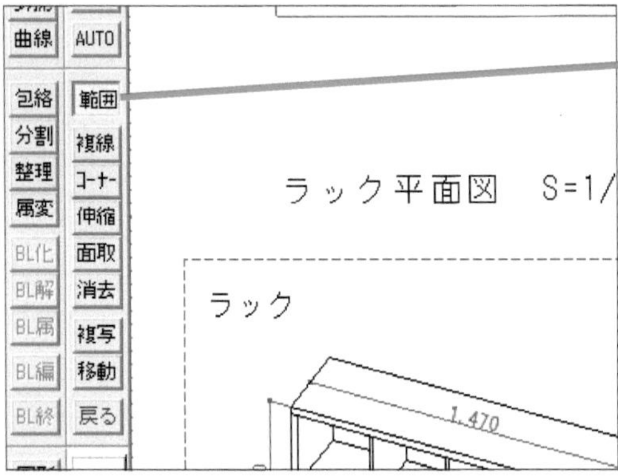

［範囲］コマンドで、家具を囲みます

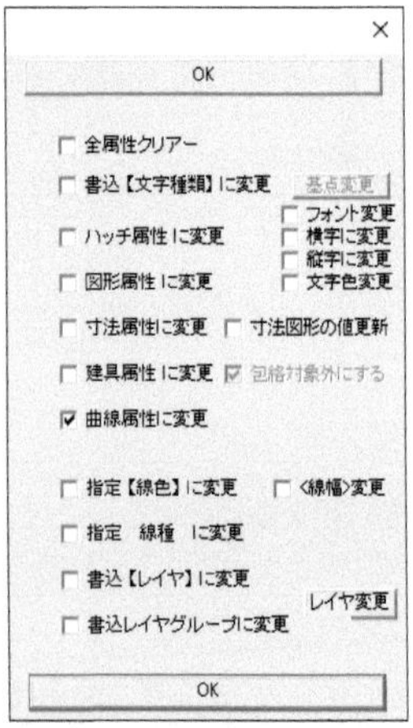

［属性変更］で、家具をひとまとまりにします

● 曲線属性

複数の線や円などをひとまとまりとして扱えるようにした性質のことをJw_cadでは曲線属性と呼びます。レッスン㊴で塗りつぶしを行う際に指定した［曲線属性化］も同じものです。

① [範囲] コマンドを選択します

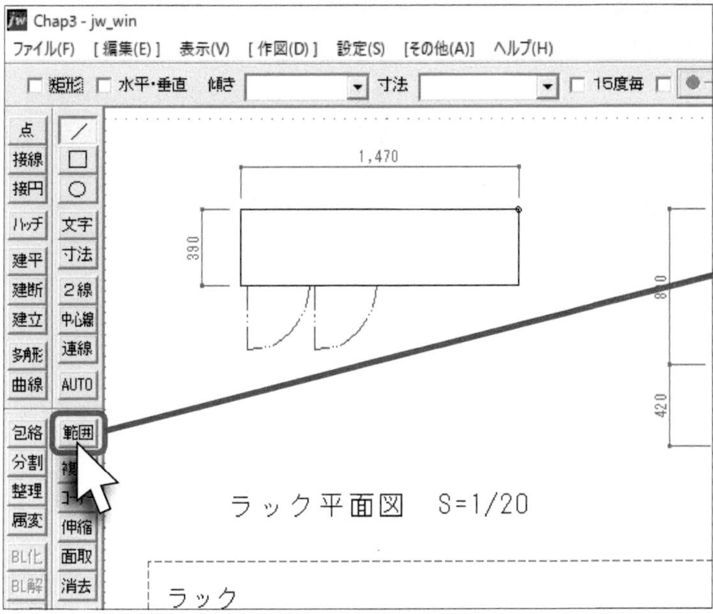

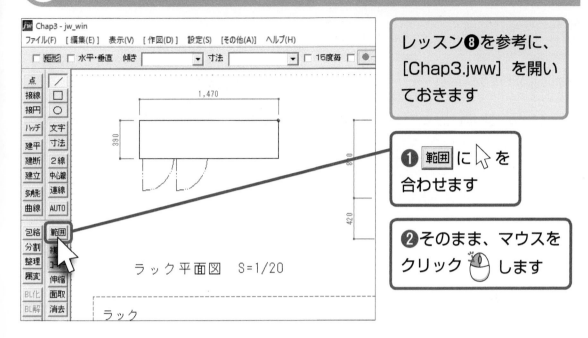

レッスン❽を参考に、[Chap3.jww] を開いておきます

❶ 範囲 に を合わせます

❷そのまま、マウスをクリック します

② 選択する範囲の始点を指示します

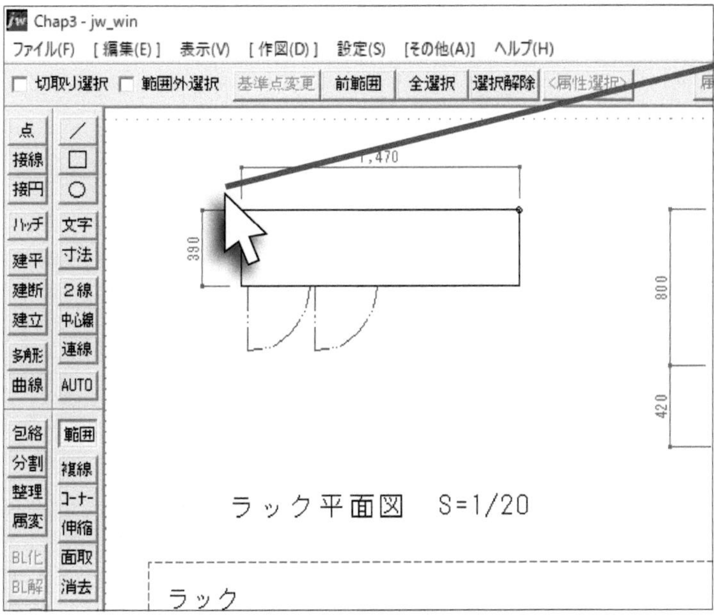

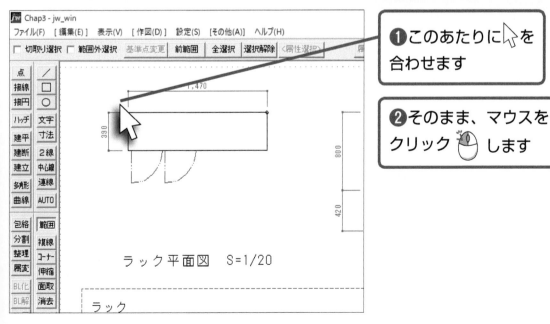

❶このあたりに を合わせます

❷そのまま、マウスをクリック します

次のページに続く ▶▶▶

3 選択する範囲の終点を指示します

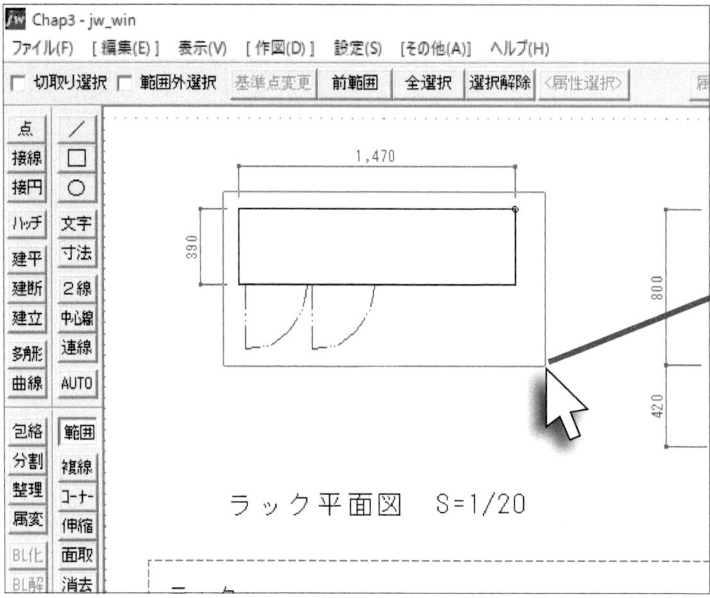

ひとまとまりにするラック全体が選択枠に入るように囲みます

❶このあたりにを合わせます

❷そのまま、マウスを右クリック します

4 属性を指定するためのダイアログボックスを表示します

ラックが選択されピンク色になります

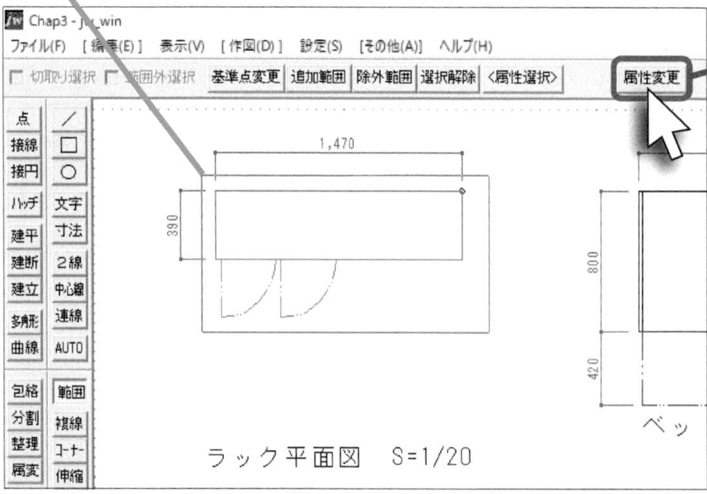

❶ 属性変更 にを合わせます

❷そのまま、マウスをクリック します

⑤ 曲線属性を指定します

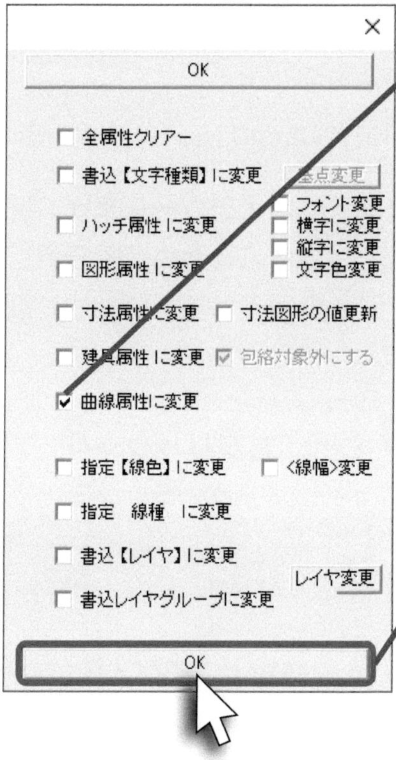

❶曲線属性に変更の□をクリックしてチェックマークを付けます

❷ OK に を合わせて、そのまま、マウスをクリックします

⑥ ラックがひとまとまりの要素になりました

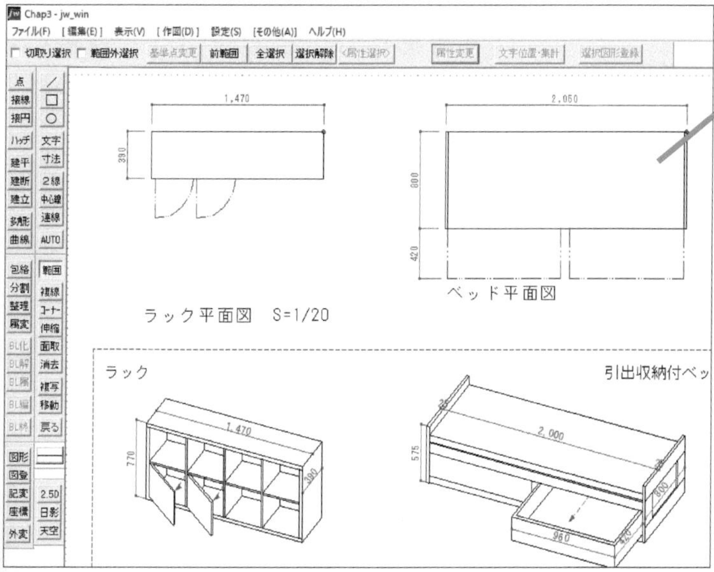

同様の手順でベッドもひとまとまりの要素にしておきます

レッスン㊼で続けて操作するので、ファイルを開いたままにしておきます

終わり

レッスン
47 家具を図形登録しよう

キーワード 図形登録

練習用ファイル ▶Chap3.jww（レッスン㊻の続

レッスン㊻で曲線属性を設定して、ひとまとまりにしたラックとベッドを図形ファイルとして登録します。ここで、図形登録したラックとベッドは、レッスン㊽で、間取り図にレイアウトします。図形は実寸法で登録されるため、登録時とは異なる縮尺の図面でも正しい寸法で配置されます。

操作はこれだけ　合わせる　クリック　右クリック

［図形登録］コマンドで図形を登録します

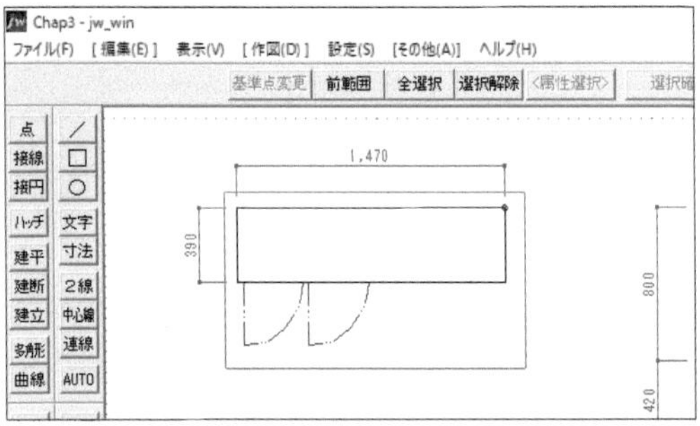

［図形登録］コマンドで、登録する図形を選択します

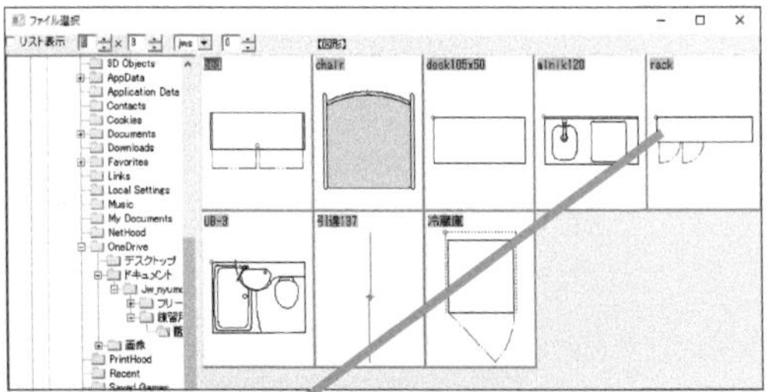

図形が登録されました

● ［図形登録］コマンド

ツールバーでは「図登」と表記されています。登録する対象を選択し、基準点を指示します。表示される［ファイル選択］ダイアログボックスで、登録場所を指定し、名前を付けて登録します。図形は実寸法で登録されます。

① [図形登録] コマンドを選択します

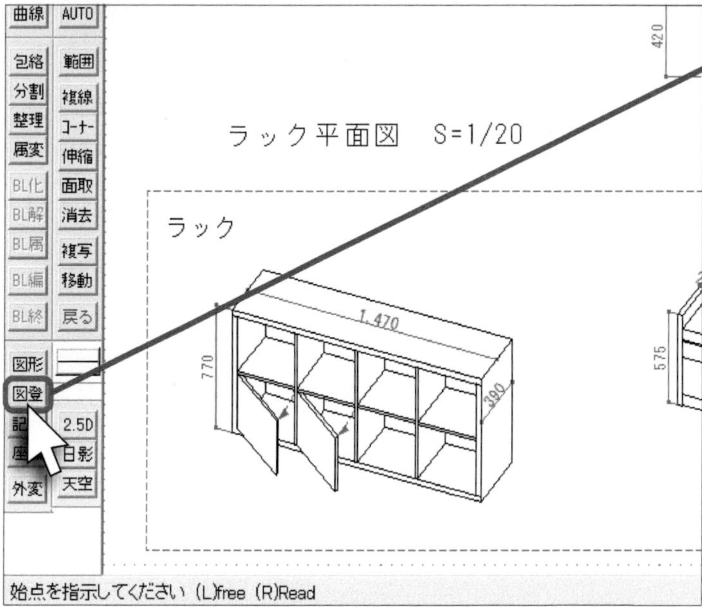

図登に を合わせて、そのまま、マウスをクリック します

② 図形登録する範囲の始点を指示します

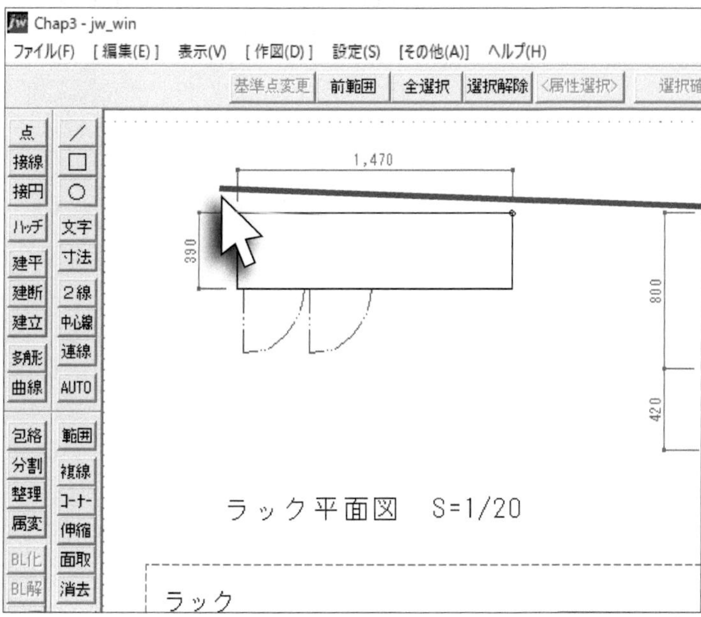

ここでは左上のラックを図形登録します

❶このあたりに を合わせます

❷そのまま、マウスをクリック します

次のページに続く▶▶▶

③ 図形登録する範囲の終点を指示します

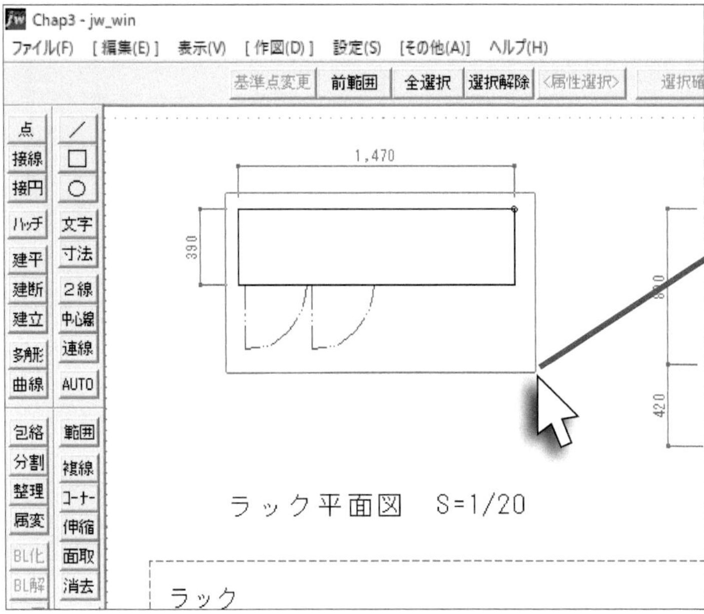

ラック全体が選択枠に入るように囲みます

❶このあたりに を合わせます

❷そのまま、マウスを右クリック します

ヒント

ここでは一般的な図形登録手順を学習するため、手順2～3のように、ラックを選択枠で囲んで選択しました。この図面のラックとベッドは、レッスン㊻でひとまとまりに設定してあるため、手順2で、ラックの線を右クリックすることで、ラック全体を選択できます。

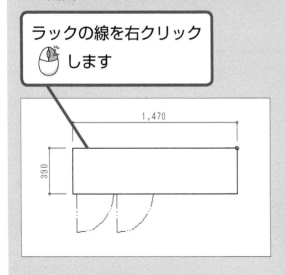

ラックの線を右クリック します

ひとまとまりにしたラック全体が選択されます

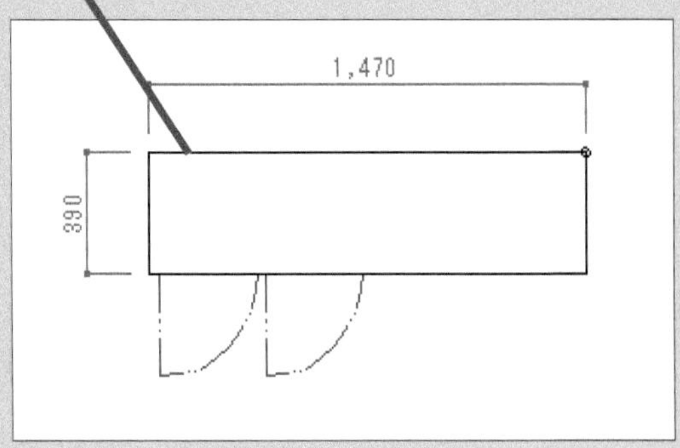

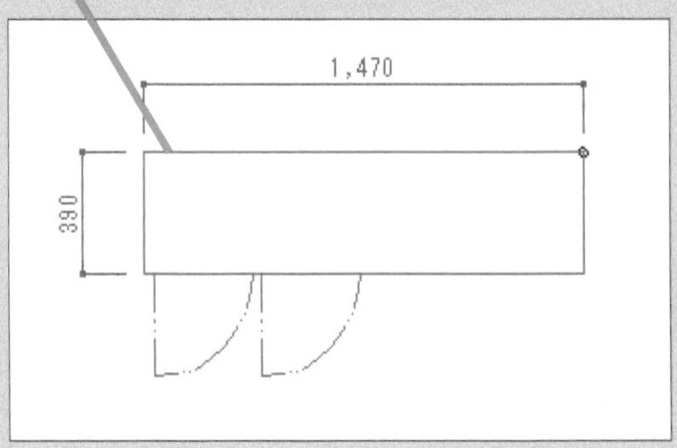

第5章 家具を配置しよう

④ 選択範囲を確定します

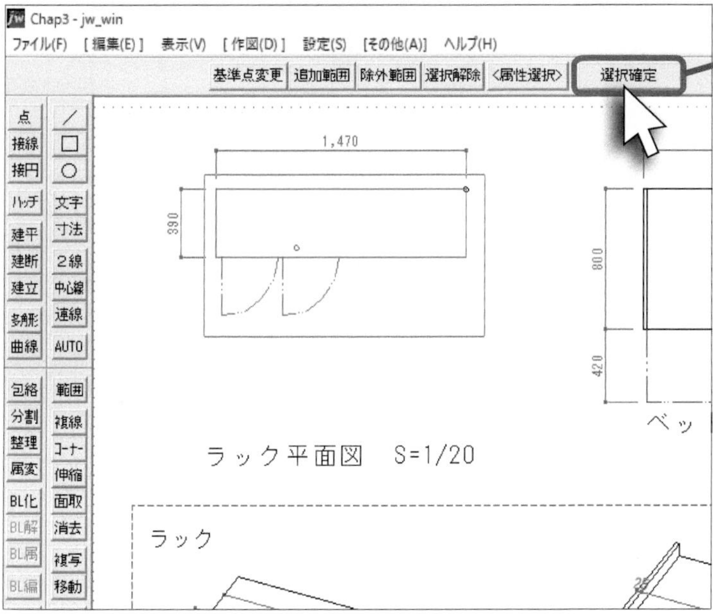

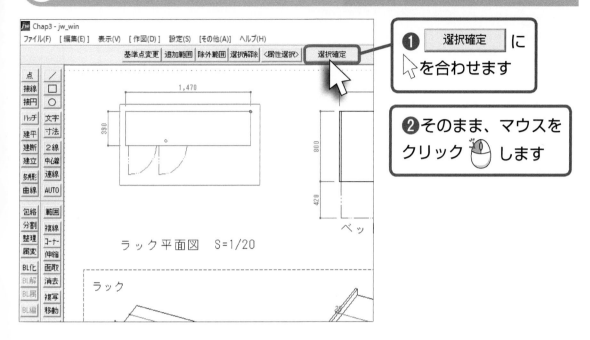

❶ 選択確定 に を合わせます

❷そのまま、マウスをクリック します

⑤ 基準点を指示します

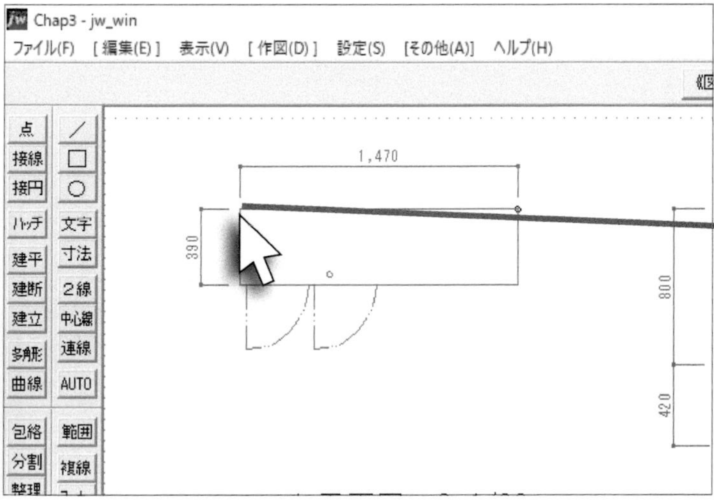

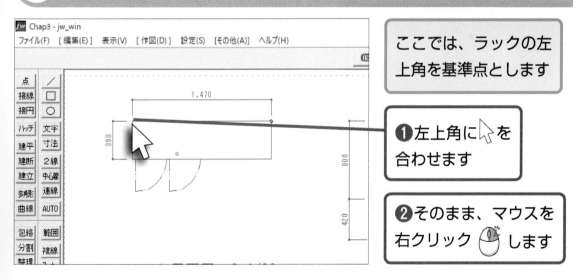

ここでは、ラックの左上角を基準点とします

❶左上角に を合わせます

❷そのまま、マウスを右クリック します

次のページに続く▶▶▶

6 [ファイル選択]ダイアログボックスを表示します

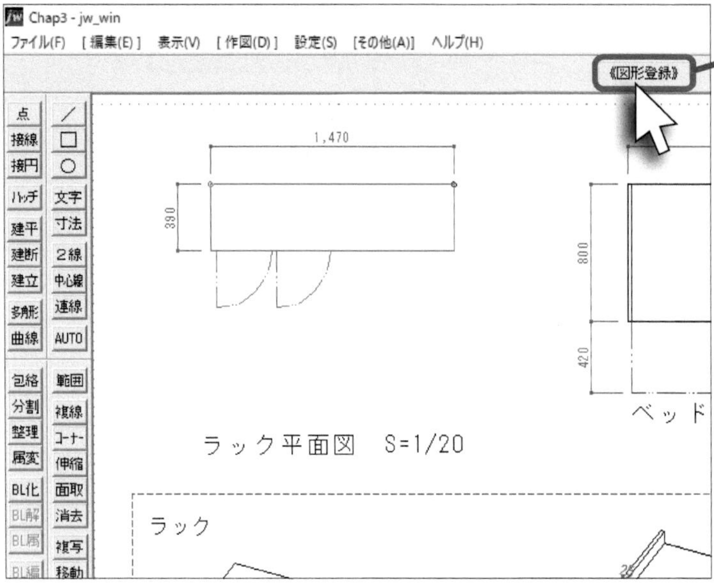

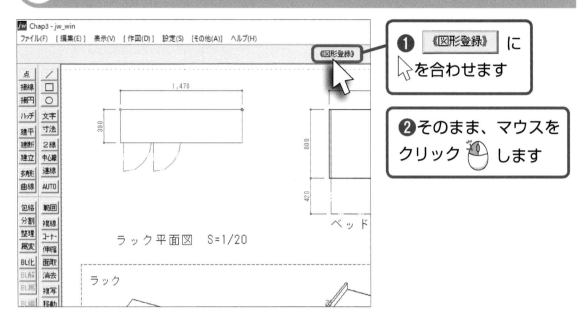

❶《図形登録》にを合わせます

❷そのまま、マウスをクリックします

7 [新規作成]ダイアログボックスを表示します

図形を登録するフォルダーを選択しておきます

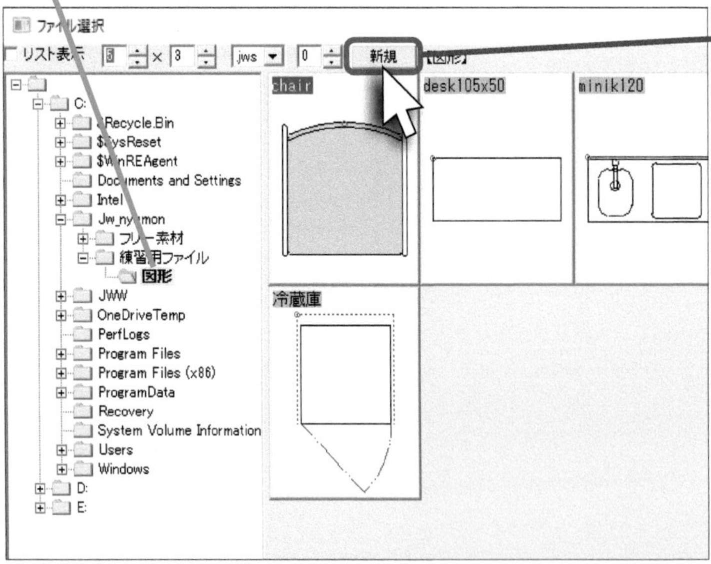

❶ 新規 にを合わせます

❷そのまま、マウスをクリックします

8 図形の名前を付けます

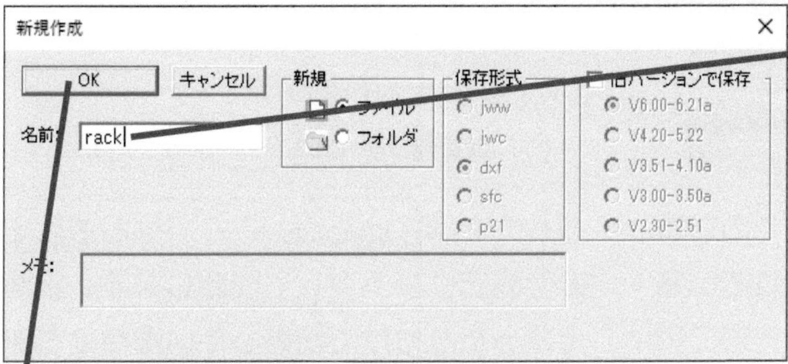

❶「rack」と入力します

❷ OK に を合わせて、そのまま、マウスをクリック します

9 ラックの図形が登録されました

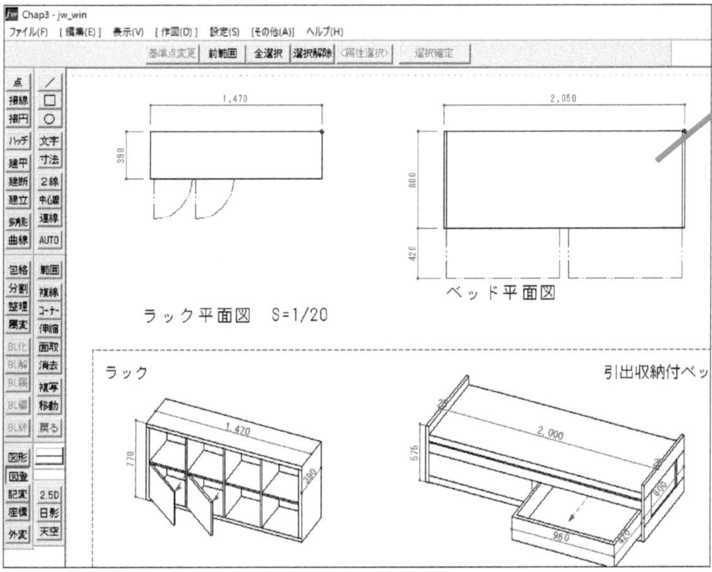

同様の手順で、ベッドも左上角を基準点として「bed」という名前で図形登録しておきます

図面ファイルを上書き保存します

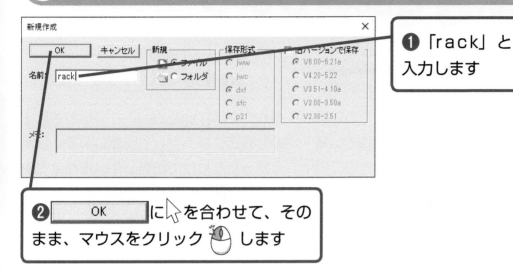

終わり

レッスン 48 家具を配置しよう

キーワード 登録した図形の配置

練習用ファイル ▶Chap5.jww

間取り図を開いて、レッスン㊼で図形登録したラック、ベッドや用意されている家具などの図形を配置します。実際の家具は1mmの隙間なくぴったり配置できるものではないため、ここではおおよその位置でクリックして配置します。図面上ぴったり付けて配置したい場合は右クリックで配置してください。

操作はこれだけ　クリック　右クリック　ダブルクリック

[図形] コマンドで家具を配置します

● 登録した図形の利用

図形は実寸法で登録されているため、登録時とは異なる縮尺の図面にも正しい実寸法で配置されます。

● 家具の図形の配置

[図形] コマンドの [90° 毎] で、適宜、図形を回転させて配置します。

このように図形を配置していきます

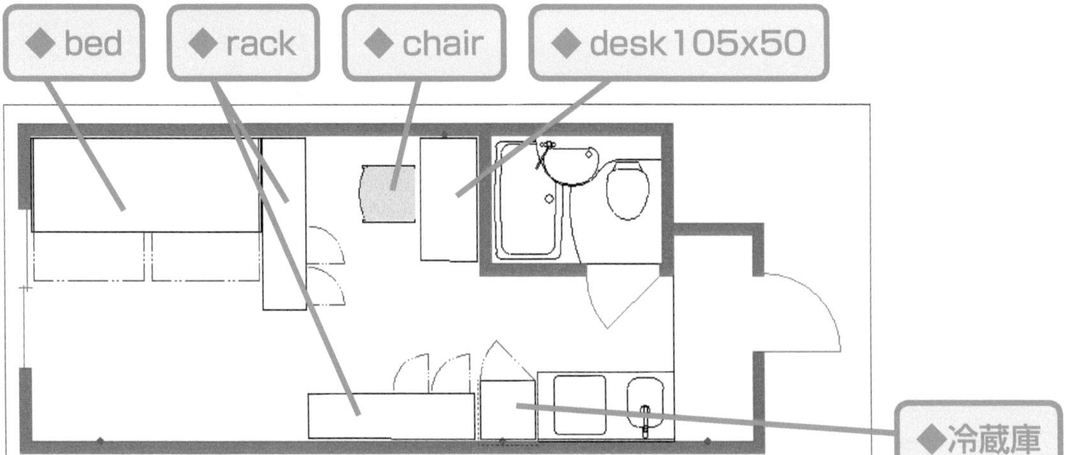

① 間取り図の図面を開きます

レッスン㊼で使用した図面［Chap3.jww］が表示されている状態で、レッスン❽を参考に、［開く］コマンドを選択しておきます

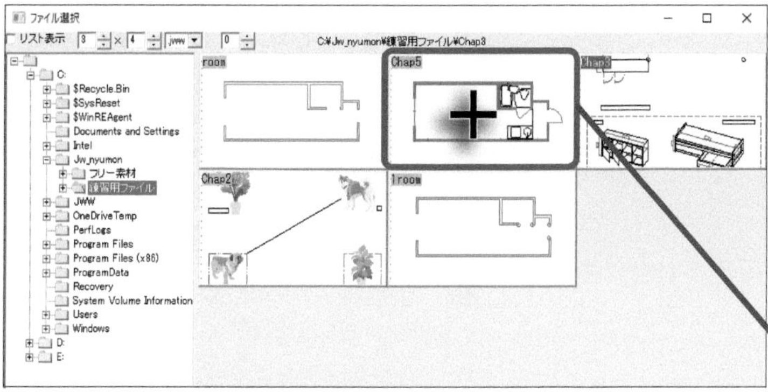

間取り図の図面［1room.jww］または［Chap5.jww］を開きます

［Chap5］の枠内に を合わせて、そのまま、マウスをダブルクリック します

ヒント

レッスン㊼で上書き保存をしていないと「Chap3.jwwへの変更を保存しますか」と表示されます。「はい」をクリックすると上書き保存されて選択した図面が開きます。

② 登録したベッドの図形を選択します

レッスン㊹の手順1を参考に、［ファイル選択ダイアログボックス］を表示しておきます

ここでは、ベッドを配置します

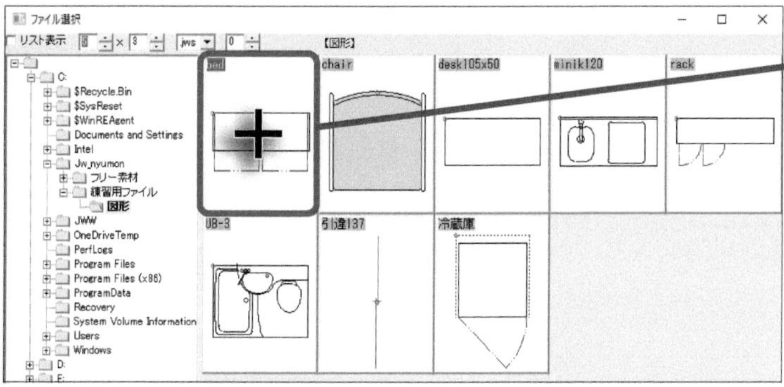

bedの枠内に を合わせて、そのまま、マウスをダブルクリック します

次のページに続く▶▶▶

3 部屋の左上にベッドの図形を配置します

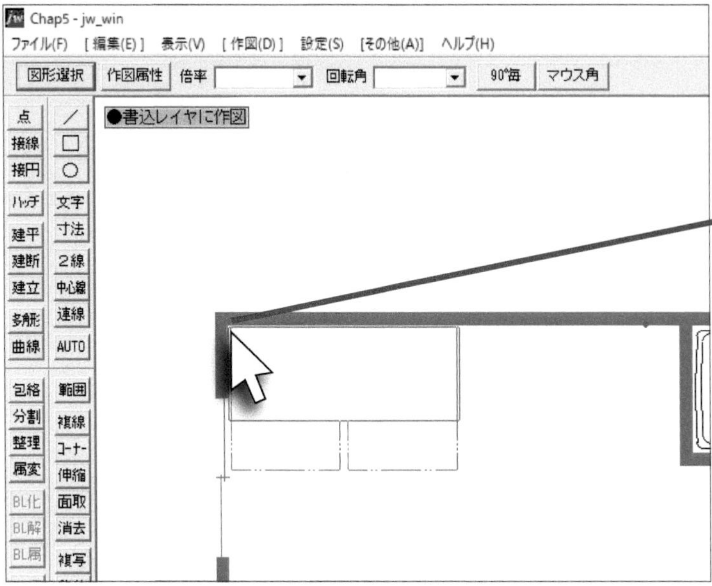

部屋の壁の左上に［bed］のプレビューが合うようにを合わせて、そのまま、マウスをクリックします

ヒント

壁にぴったり付けて配置する場合は右クリックします。

4 ［ファイル選択ダイアログボックス］を表示します

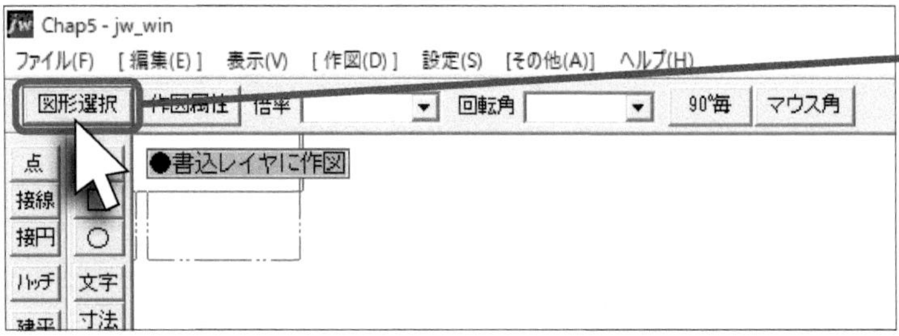

❶ 図形選択 にを合わせて、そのまま、マウスをクリックします

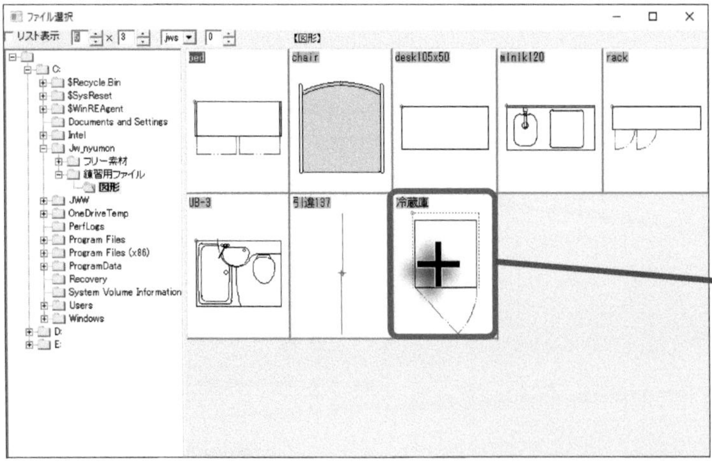

［ファイル選択ダイアログボックス］が表示されました

❷ 冷蔵庫 の枠内にを合わせて、そのまま、マウスをダブルクリックします

⑤ 冷蔵庫の図形を180° 回転させます

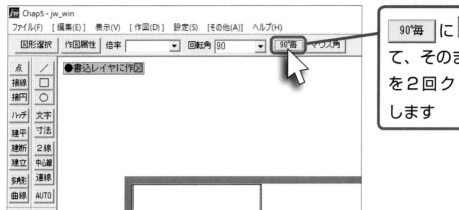

90°毎 に を合わせて、そのまま、マウスを2回クリック します

⑥ 冷蔵庫の図形をミニキッチンの横に配置します

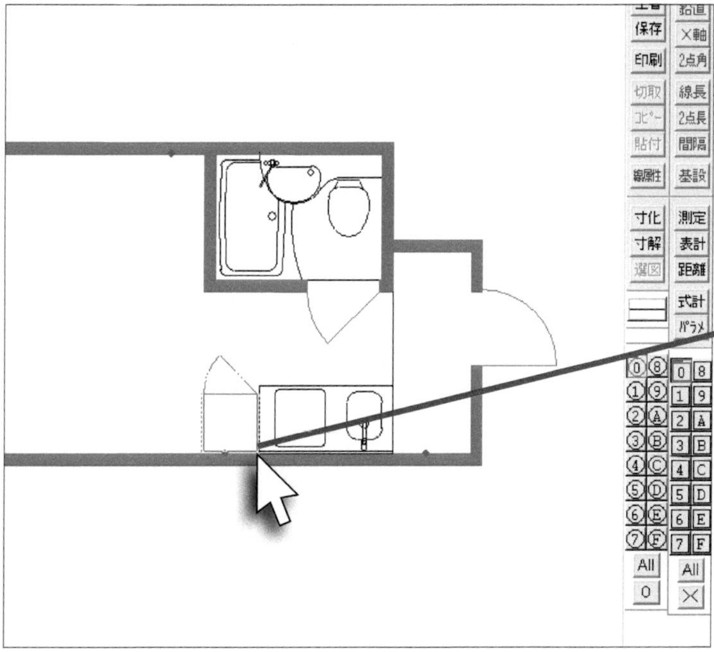

図形［冷蔵庫］の基準点は、冷蔵庫の最小設置スペースを示す点線の角にあります

❶ミニキッチンの左下角あたりに を合わせます

❷そのまま、マウスをクリック します

ヒント

ミニキッチンの左下角にぴったり付けて配置する場合は右クリックします。

次のページに続く▶▶▶

7 ラックの図形を配置します

手順4を参考に図形［rack］を選択します

手順5で指定した角度のままプレビュー表示されます

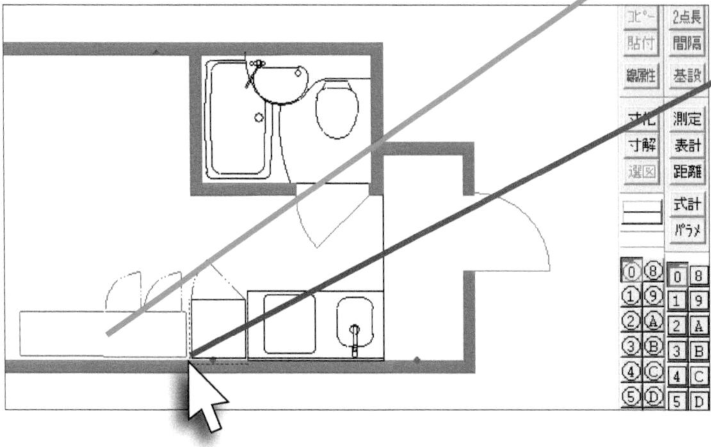

冷蔵庫の左下角あたりにを合わせて、そのまま、マウスをクリックします

8 同じ図形をベッドのわきに配置します

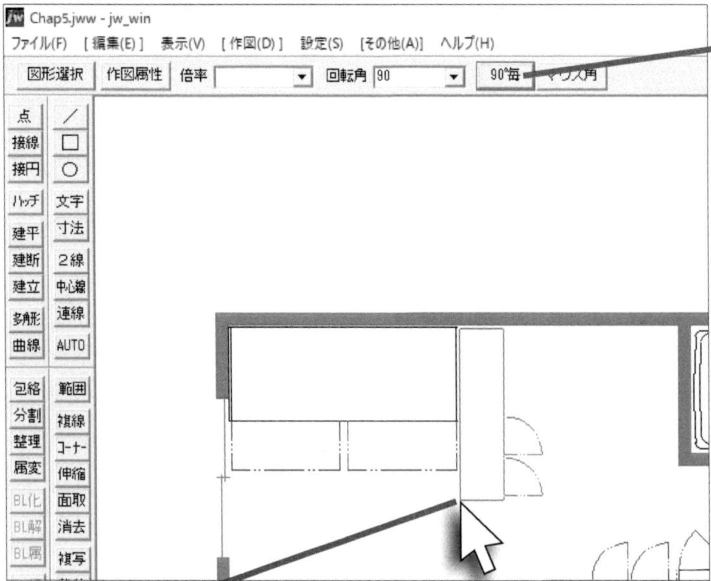

❶ 90°毎 にを合わせて、そのまま、マウスを右クリックします

ヒント

90°毎 を右クリックすると、クリックしたときと逆回りで90° 毎回転します

❷プレビュー表示を目安に、配置位置にを合わせて、そのまま、マウスをクリックします

9 ほかの図形も配置します

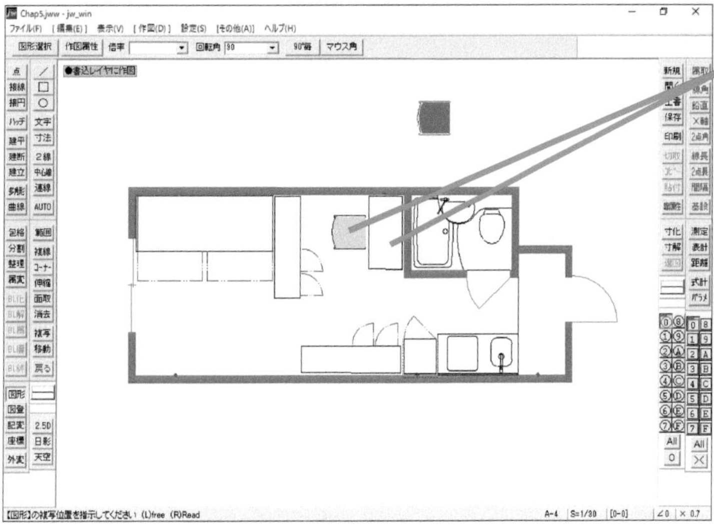

同様の手順で、[chair][desk105x50]の図形も、それぞれ配置しておきます

上書き保存しておきます

レッスン㊾で続けて操作するので、ファイルを開いたままにしておきます

ヒント

ベッドの右上角に、ラックの角をぴったり合わせて配置したい場合は、手順8で適当な位置をクリックして配置した後、ラックの左上角を基準点として移動します。移動の手順は、222ページの「Jw_cadの「困った!」に答えるQ&A」を参考にしてください。

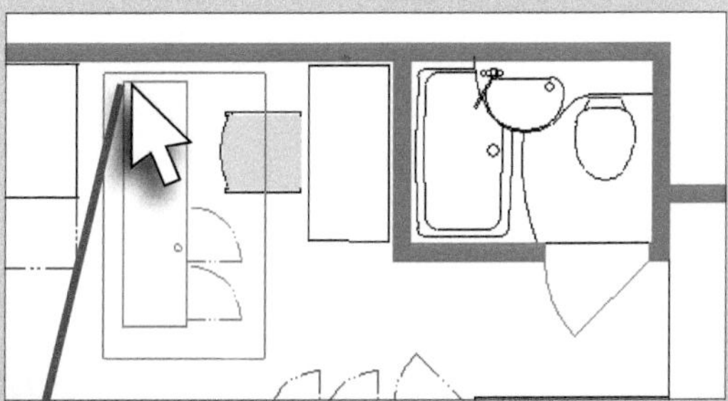

❶[範囲]コマンドでラックを右クリックして選択して、基準点を左上角にします

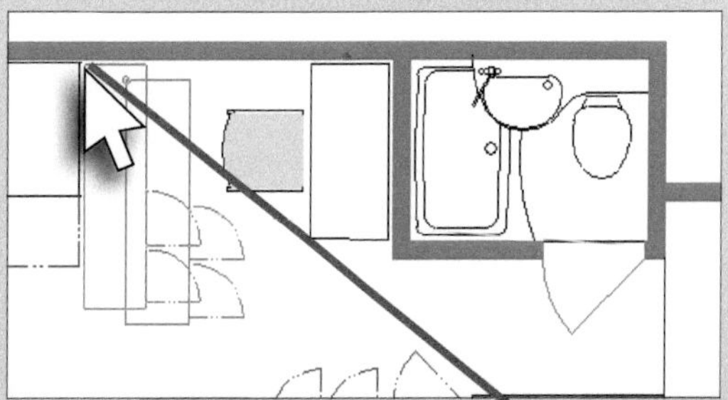

❷[移動]コマンドを選択して、移動先としてベッドの右上角を右クリックします

終わり

レッスン 49

家具と家具の間を測定しよう

キーワード 測定

練習用ファイル ▶Chap5.jww（レッスン48の続き）

部屋の現況図の寸法で正確に作図した間取り図に、実寸法で作図し、図形登録した家具をおおよその目安で配置しました。配置した家具と家具の間は、人が通れるだけの間隔があるのかなどは、図面上の2点の距離を測定すれば、すぐ分かります。［測定］コマンドで、家具と家具の間の距離を測定してみましょう。

操作はこれだけ　合わせる　クリック　右クリック

［測定］コマンドで、家具と家具の間の距離を測ります

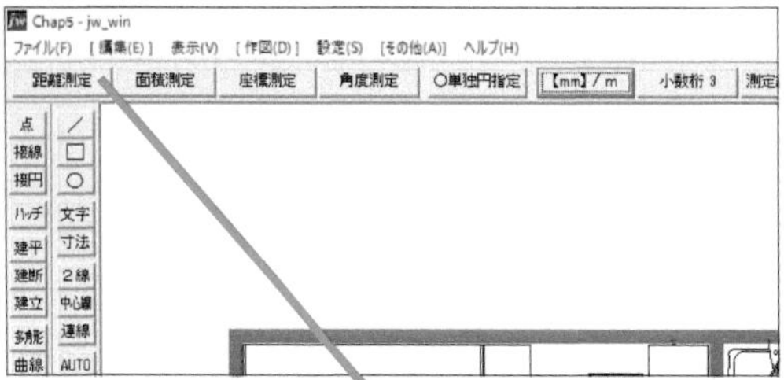

［距離測定］を選択します

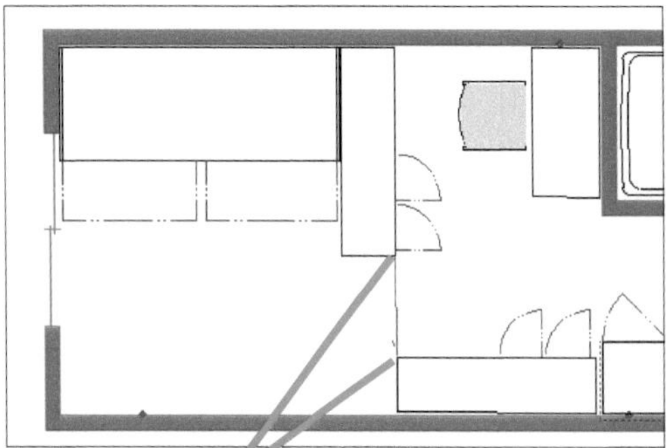

家具と家具の間の距離を測定します

● ［測定］コマンド

ここでは、図面上の2点間の距離を測定するため、［距離測定］を選択して2点を右クリックします。［測定］コマンドでは、面積や角度を測定することもできます。

ヒント

家具と家具の間が600mm以上あれば、家具にぶつかることなくとりあえず人が通れます。何かを持って通るには750mm以上欲しいところです。

① [測定] コマンドを選択します

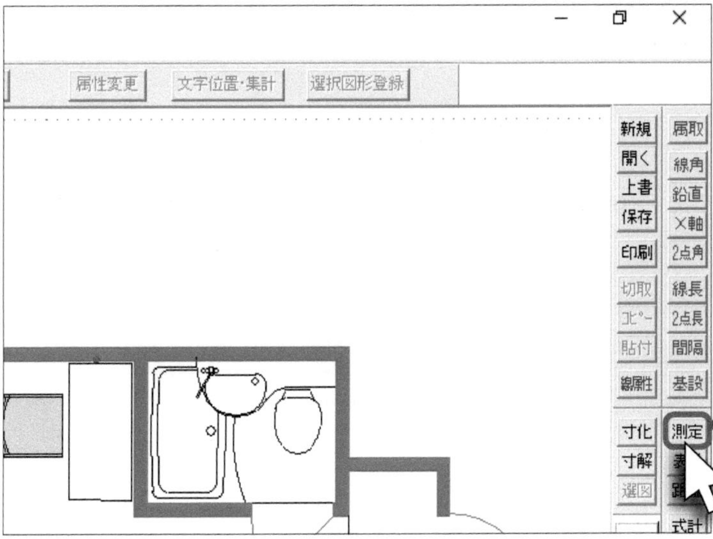

測定にを合わせて、そのまま、マウスをクリック します

② 測定単位を[mm] に切り替えます

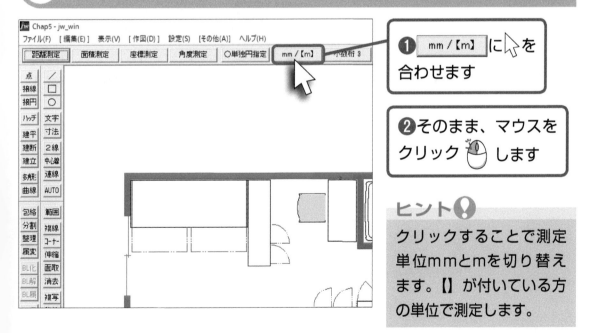

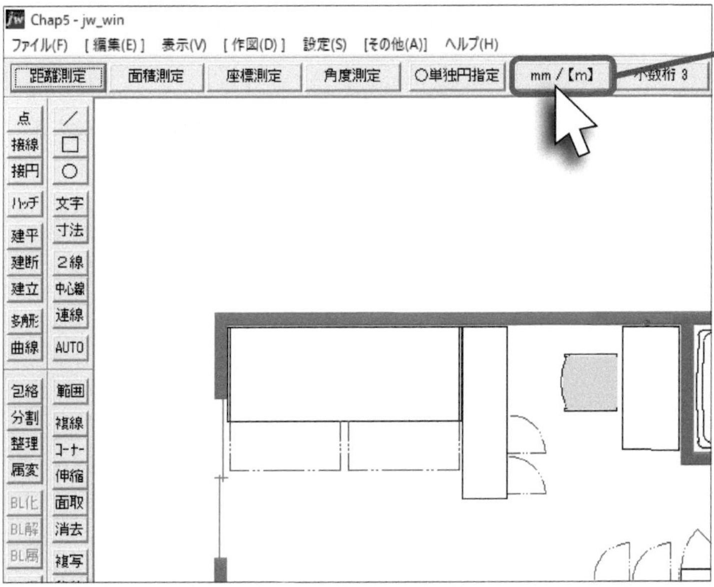

❶ mm / 【m】 にを合わせます

❷そのまま、マウスをクリック します

ヒント

クリックすることで測定単位mmとmを切り替えます。【】が付いている方の単位で測定します。

次のページに続く▶▶▶

③ 測定する項目を選択します

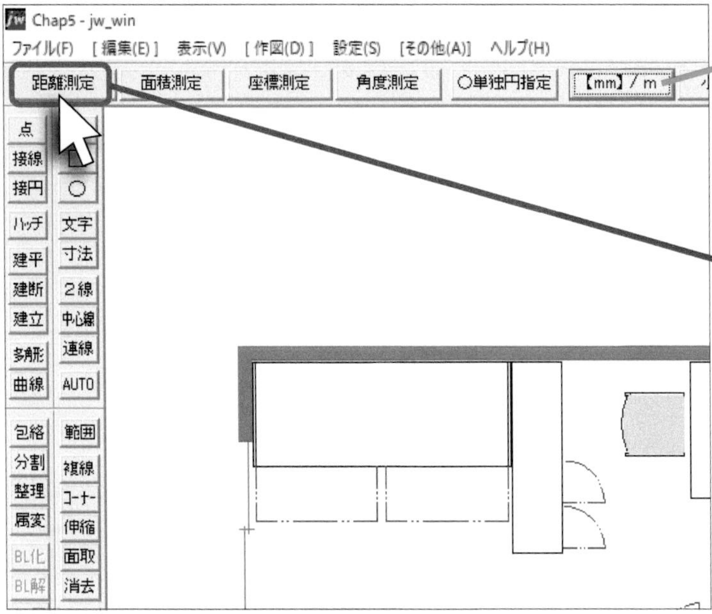

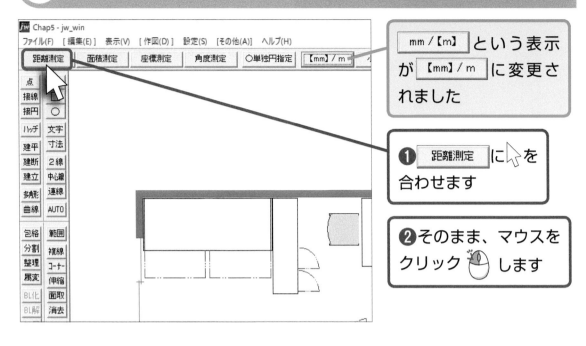

mm /【m】という表示が【mm】/ m に変更されました

❶ 距離測定 に ⇖ を合わせます

❷そのまま、マウスをクリック します

④ 測定する距離の始点を指示します

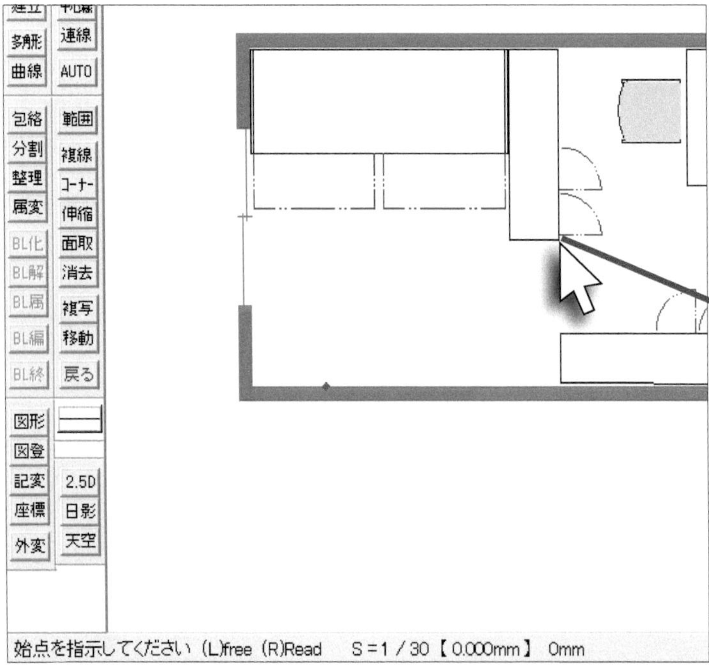

ここでは、ベッドの横のラックと、冷蔵庫の横のラックの間の距離を測定します

❶この角に ⇖ を合わせます

❷そのまま、マウスを右クリック します

⑤ 測定する距離の終点を指示します

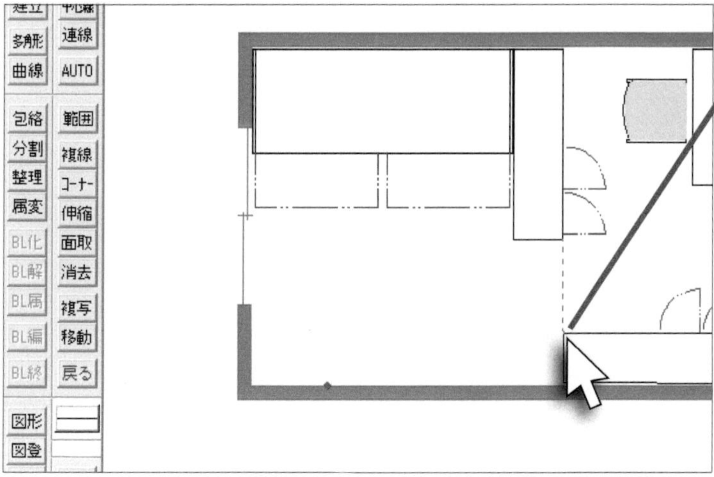

❶この角に を合わせます

❷そのまま、マウスを右クリック します

⑥ 距離が測定できました

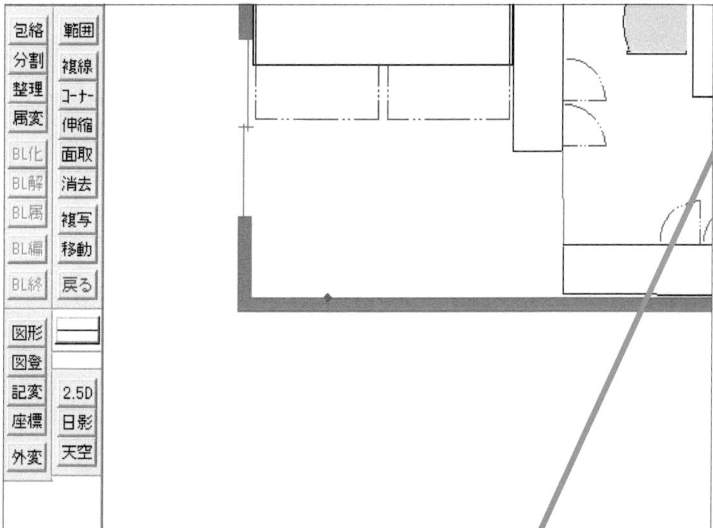

距離が、ステータスバーに表示されました

レッスン㉙を参考に、図面を上書き保存しておきます

ヒント

続けて次の点を右クリックすると、その点までの累計距離を測定できます。他の個所を測るにはコントロールバーの［クリアー］ボタンをクリックして、現在の測定結果をクリアします。

終わり

Q 家具を移動するには？

A [移動] コマンドで移動します

[移動] コマンドの操作手順は [複写] コマンドと同じです。ここでは冷蔵庫脇のラックを部屋の左に移動する例で説明します。

レッスン㉕を参考に、[範囲] コマンドで移動する家具を選択しておきます

❶ 基準点変更 に を合わせて、そのまま、マウスをクリック します

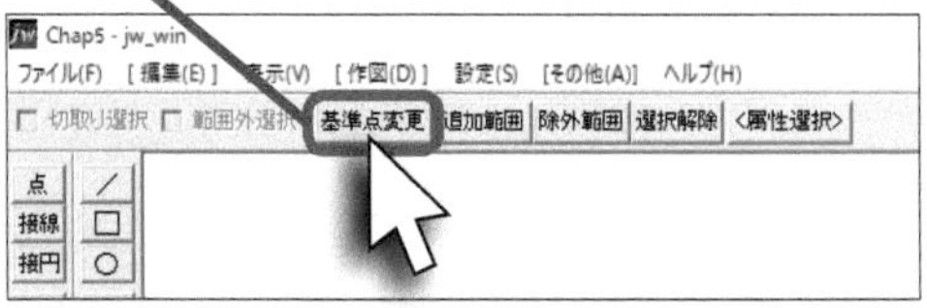

❷左下角に を合わせて、そのまま、マウスを右クリック します

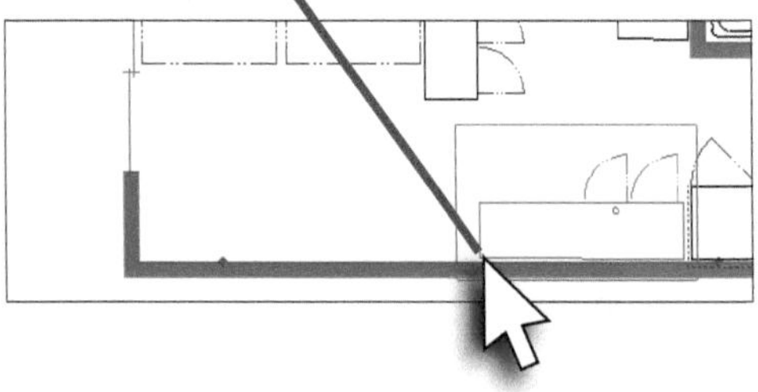

❸ 移動 に を合わせて、そのまま、マウスをクリック します

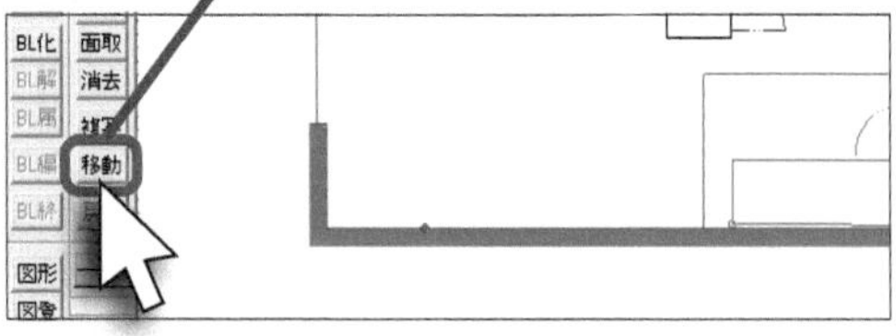

❹移動する位置に を合わせて、そのまま、マウスをクリック します

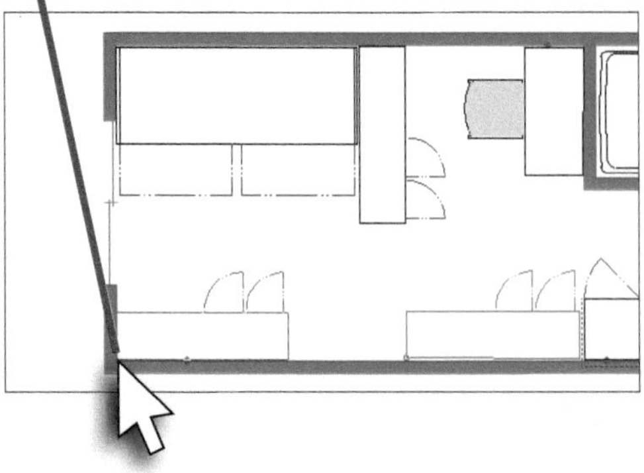

付録1 付属CD-ROMの構成

本書の付属CD-ROMには、Jw_cad Version 8.22eのインストーラーと、本書のレッスンで使用する練習用ファイル、すぐに使えるフリー素材が収録されています。これらの使い方は、下の図で示した参照ページに記載しています。

Jw_nyumon

[Jw_nyumon]

- 付属CD-ROMについて.txt
- jww822e.exe Jw_cad Version 8.22eのインストーラー
  ➔第1章レッスン❷へ（20ページ）
- [練習用ファイル] レッスンで使う練習用ファイルを収録したフォルダー
  - [図形] レッスンで使う家具の素材を収録したフォルダー
- [フリー素材] すぐに使えるフリー素材638点を収録したフォルダー
  ➔付録2へ（224ページ）
  - [家具] 家具の素材を収録したフォルダー
  - [車両] 車両の素材を収録したフォルダー
  - [樹木・植栽] 樹木や植栽の素材を収録したフォルダー
  - [住設機器] 住設機器の素材を収録したフォルダー
  - [人物] 人物の素材を収録したフォルダー

付録2 [フリー素材] のファイルを挿入するには

図形ファイルには、JWS形式とJWK形式の２種類があります。[ファイル選択] ダイアログボックスで図形ファイルを選択するときは、常にいずれか一方の形式しか表示できません。ここでは、表示する形式を切り替えて図形ファイルを選択する方法を解説します。

1 フリー素材のフォルダーの内容を表示します

レッスン㊶を参考に [ファイル選択] ダイアログボックスを表示しておきます

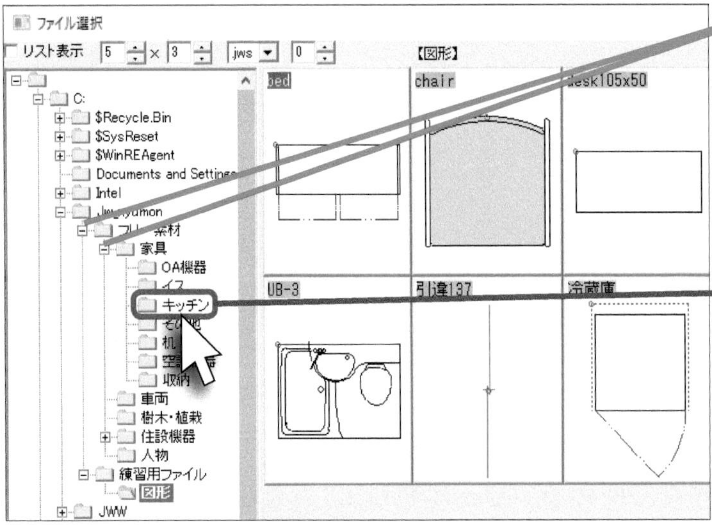

レッスン㊶を参考に、Jw_nyumon と フリー素材 の左の [+] をクリックして [家具] フォルダーを表示しておきます

キッチン に を合わせて、そのまま、マウスをクリックします

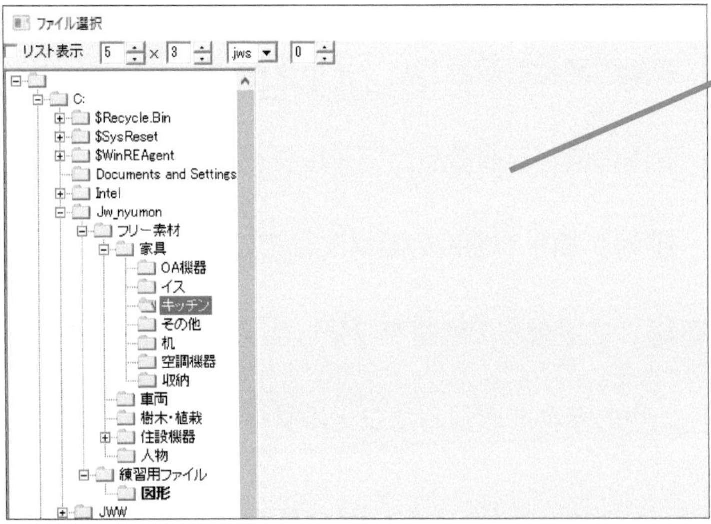

[キッチン] フォルダーが選択されましたが、何もファイルが表示されていません

付録

② 表示するファイルの拡張子を変更します

❶ ▼ に を合わせて、そのまま、マウスをクリック します

❷ .jwk に を合わせて、そのまま、マウスをクリック します

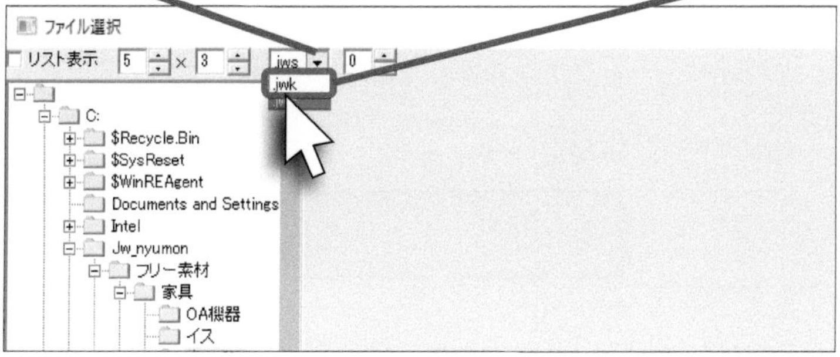

ヒント

[フリー素材] フォルダーに収録されている図形ファイルには、JWS形式とJWK形式の2種類があります。手順1の操作で、右側に図形ファイルのサムネイルが表示されない場合は、手順2の操作で「.jws」と「.jwk」を切り替えてみましょう。JWS形式とJWK形式については、用語集を参照してください。

③ JWK形式のファイルが表示されました

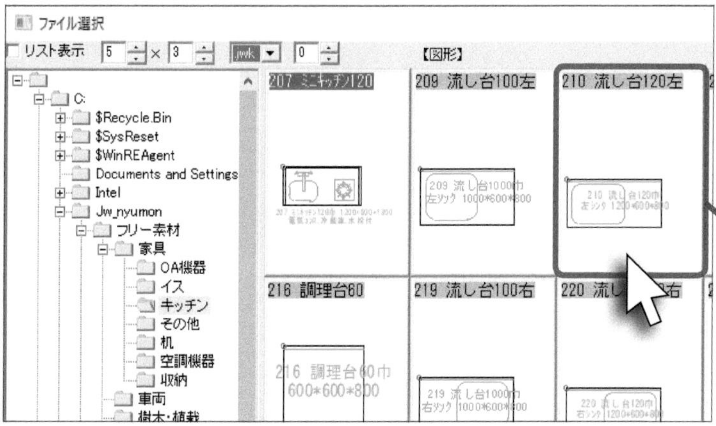

ここでは [210 流し台120左] を選択します

210 流し台120左 に を合わせて、そのまま、マウスをダブルクリック します

レッスン㊹を参考に、図形を配置します

終わり

付録

用語集

DXF（ディーエックスエフ）

多くのCADで開くことや保存することが可能な図面ファイル形式またはその拡張子を指します。異なるCAD間でのデータの受け渡しに広く利用されていますが、元の図面と100％同じものを受け渡しできるものではありません。

➡図面ファイル

JWC（ジェーダブリュシー）

MS-DOS版JW_CADの図面ファイル形式またはその拡張子を指します。［ファイル］メニューの［JWCファイルを開く］を選択して開くことができます。

➡ MS-DOS、図面ファイル

JWK（ジェーダブリュケー）

MS-DOS版JW_CADの図形ファイルの形式またはその拡張子を指します。付録CD-ROMの［フリー素材］フォルダー内の［家具］［住設機器］フォルダー内の各フォルダーに収録されているファイルが、拡張子「.jwk」の図形ファイルです。Jw_cadでの使用方法については224ページを参照してください。

➡ MS-DOS、図形ファイル

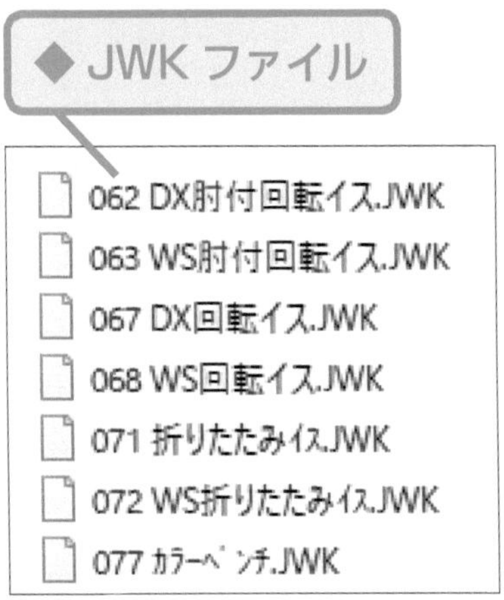

JWS（ジェーダブリュエス）

Jw_cadの図形ファイルの形式またはその拡張子を指します。付録の［練習用ファイル］フォルダー内の［図形］フォルダーに収録されているファイルが、拡張子「.jws」の図形ファイルです。

➡図形ファイル

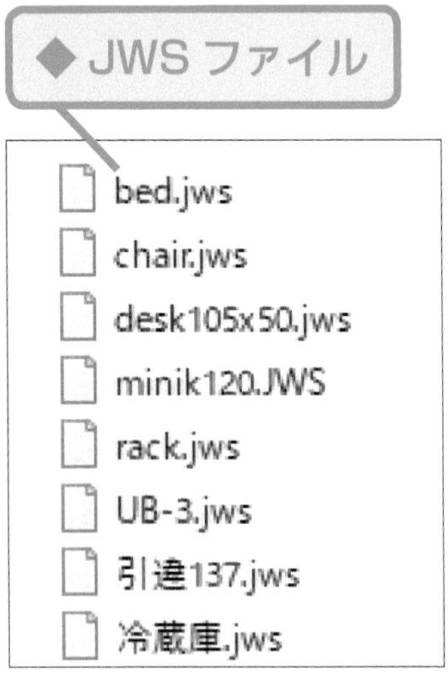

JWW（ジェーダブリュダブリュ）

Jw_cadの図面ファイル形式またはその拡張子を指します。付録の［練習用ファイル］フォルダーに収録されているファイルは拡張子が「.jww」の図面ファイルです。

➡図面ファイル

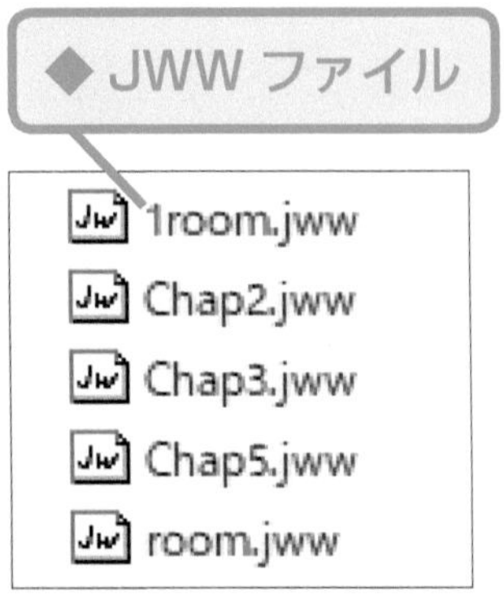

MS-DOS（エムエスドス）

Windows登場以前にパソコンで広く利用されていたOS（オペレーティングシステム）です。MS-DOSでマウスを使うソフトウェアは少なく、標準的な操作も決まっていなかったため、Jw_cad独自のマウス操作が生まれたと考えられます。

上書き保存

既にあるファイルを開いて、変更を加えた後、同じ名前で保存することです。同じ名前で保存した場合、変更を加える前のファイルは上書きされて無くなります。

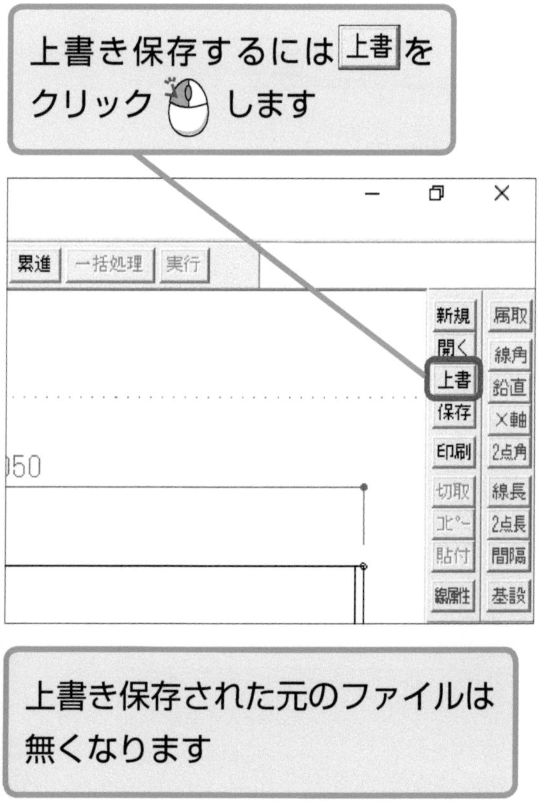

エクスプローラー

Windowsで、ファイルを管理（コピー、移動、削除、名前の変更など）するためのプログラムです。使用方法については、21ページと41ページを参照してください。

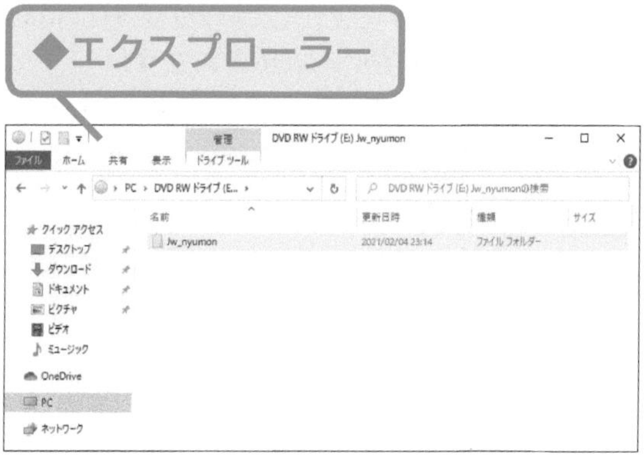

外形線

製図において、対象とする物の見える部分の形状を表す線のことで、実線で作図されます。

矩形（くけい）

長方形のことです。Jw_cadでは長方形を作図するコマンドを［矩形］コマンドと呼びます。

クロックメニュー

Jw_cad特有のコマンド選択方法で、マウスの左または右ボタンドラッグで時計の文字盤を模したクロックメニューが表示されます。本書では、34ページで［クロックメニューを使用しない］にチェックマークを付けて使用しない設定にしています。

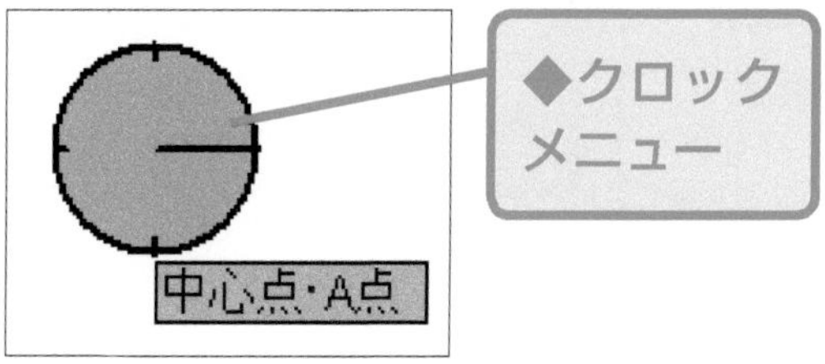

用語集

サムネイル

親指（サム）の爪（ネイル）を意味する言葉で、ファイルを開かなくとも、その内容が分かるように縮小して見せた絵のことを指します。48ページなどにも掲載しているように、Jw_cadの［ファイル選択］ダイアログボックス右には図面ファイルがサムネイル表示されます。
➡図面ファイル、ダイアログボックス

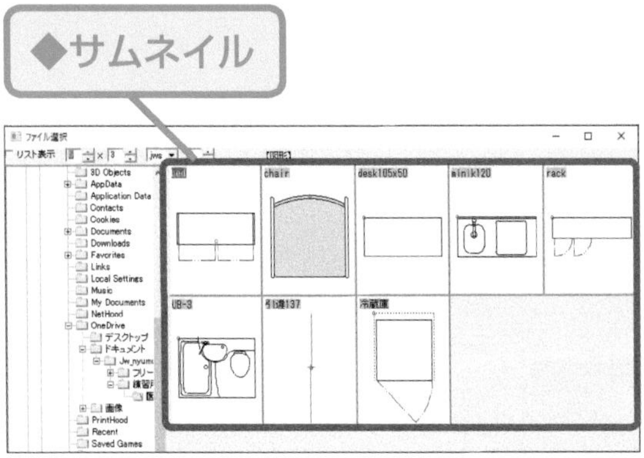

スクロール

画面の表示されていない部分を表示するために、表示画面の範囲を上下に動かすことを指します。一般には画面右に表示されるスクロールバーを上下にドラッグすることやキーボードの↓↑キーを押すことで行えます。

図形ファイル

Jw_cad独自の形式のデータファイルで［図形］コマンドで編集中の図面に配置できる、拡張子が「.jws」または「.jwk」のファイルを指します。［図形］コマンドについては174ページを参照してください。
➡JWK、JWS、データファイル

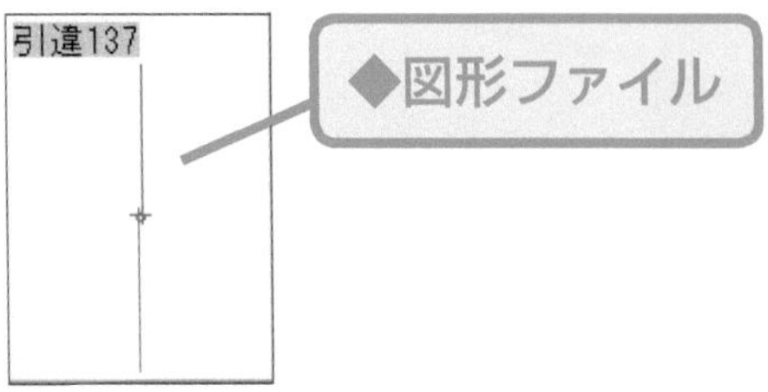

図面ファイル

CADで作図して保存した図面のデータファイルを指します。本書の練習用ファイルや保存したファイルはすべて拡張子が「.jww」のJw_cadの形式の図面ファイルで、JWWファイルとも呼びます。JWCファイルや多くのCADで利用できるDXFファイルなども図面ファイルのひとつです。
➡DXF、JWC、JWW、データファイル

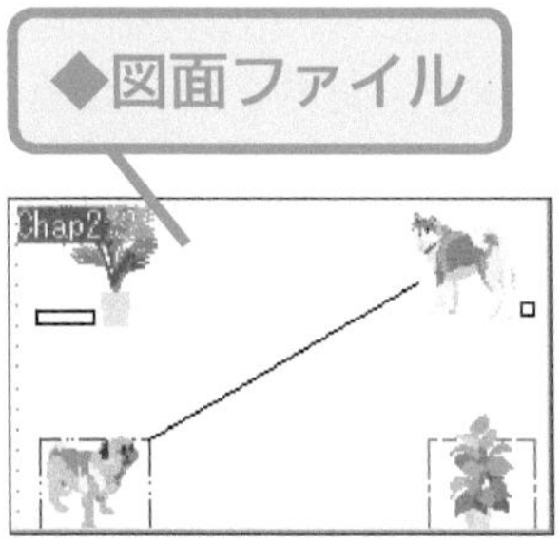

ソリッド

固体や密で固いことを意味する言葉ですが、Jw_cadにおいては塗りつぶした部分をソリッドと呼びます。

ダイアログボックス

パソコンの操作画面で利用者に何らかの確認や指示、入力を促すために表示されるウィンドウのことを指します。

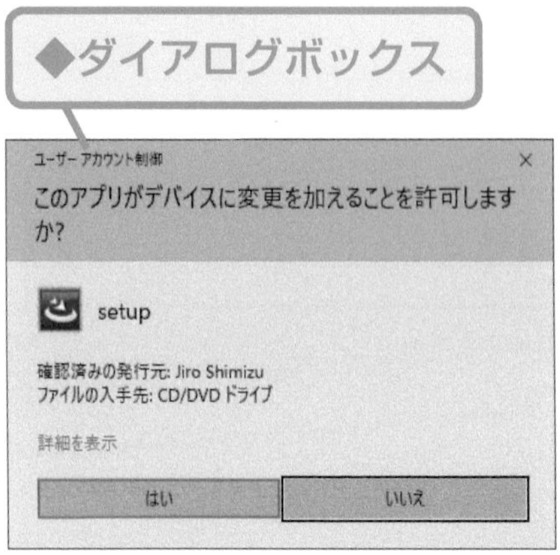

用語集

タブ

帳簿などの端から突き出した、表題や分類などを記した部分を指す言葉です。パソコンでの役割も同じで、上端などに並んで表示された表題部分をタブと呼び、クリックすることで表示がその内容に切り替わります。

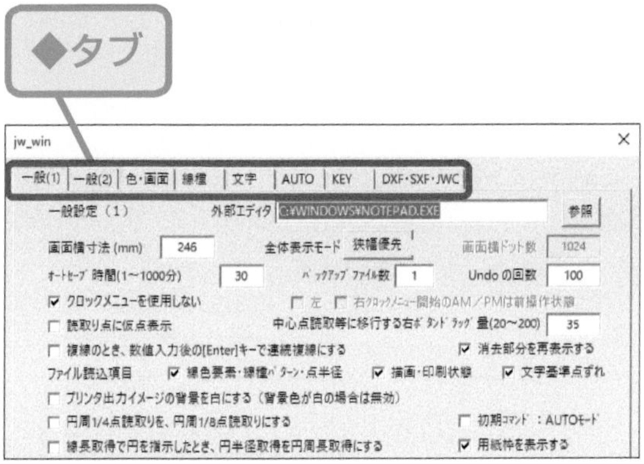

データファイル

Jw_cadで作図した図面ファイル、図形ファイルやデジタルカメラで撮った写真（画像ファイル）など、ユーザーがプログラムで表示・編集できるファイルをデータファイルと呼びます。

➡図形ファイル、図面ファイル

ドライブ

プログラムファイル、データファイルやそれらを収録したフォルダーの収録庫です。パソコンに内蔵のローカルディスク、DVD/CDドライブや都度、差替えて利用するUSBメモリーなど、ドライブ名の末尾に「(A:)」～「(Z:)」が表記されます。

➡データファイル、プログラムファイル

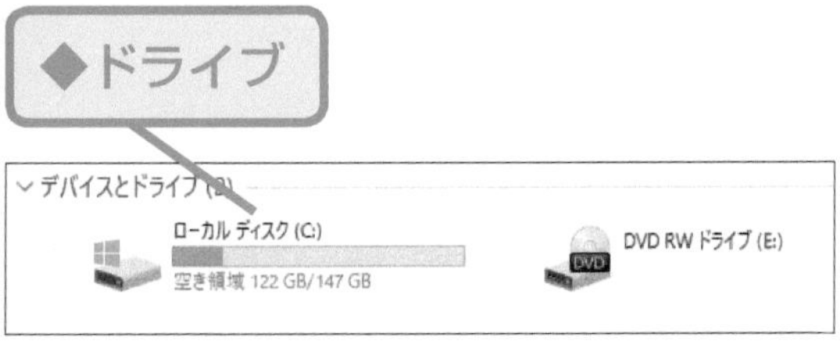

名前を付けて保存

新しく名前を付けてファイルとして保存すること。新規に作成したものを保存する場合や、既にあるファイルを開いて変更を加えた後に、元のファイルを残したまま保存するときも名前を付けて保存します。

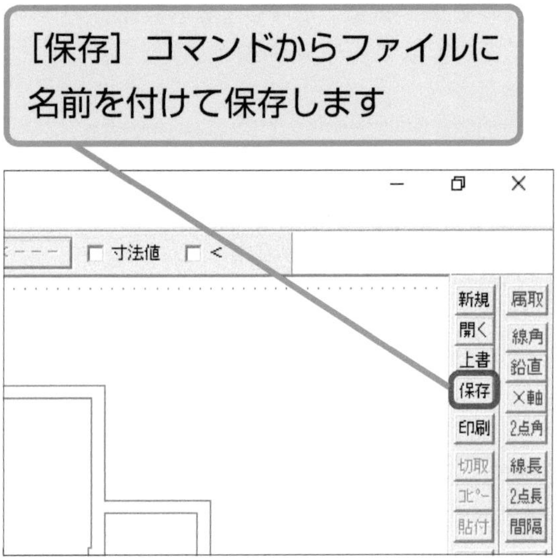

バージョン

ソフトウェアに改良などを施した際、それ以前のものと区別するために付ける番号で、数字および末尾のアルファベットが後ろのものほど新しいことを示します。Jw_cadのバージョンは［ヘルプ］メニューの［バージョン情報］を選択して表示される［バージョン情報］ダイアログボックスで確認できます。

➡ダイアログボックス

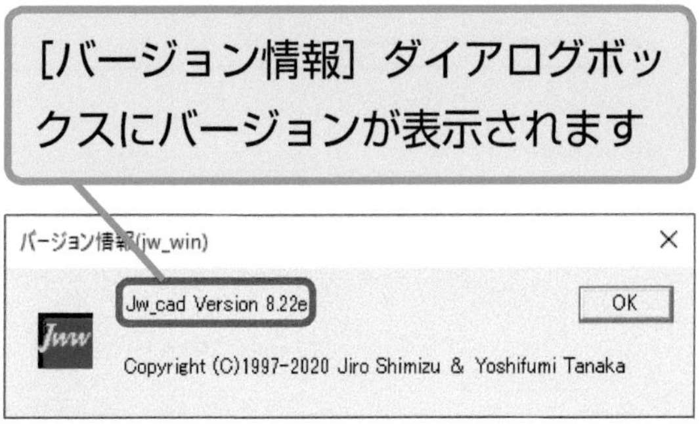

ピッチ

Jw_cadでは、点線（破線）、鎖線の線部分と空白部分の最小パターンの幅をピッチと呼びます。印刷される線種ごとのピッチは、以下の画面のように、［基本設定］コマンドの［線種］タブの［プリンタ出力］欄の［ピッチ］のボックスの数値で調整します。［基本設定］コマンドについては34ページを参照してください。

➡タブ

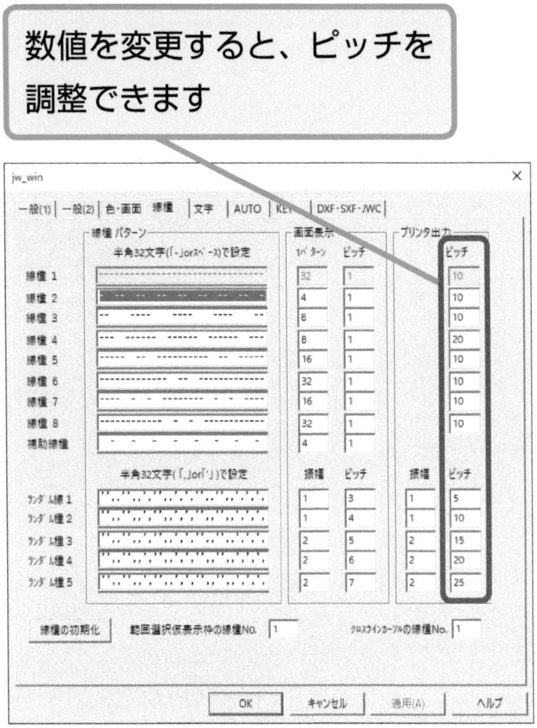

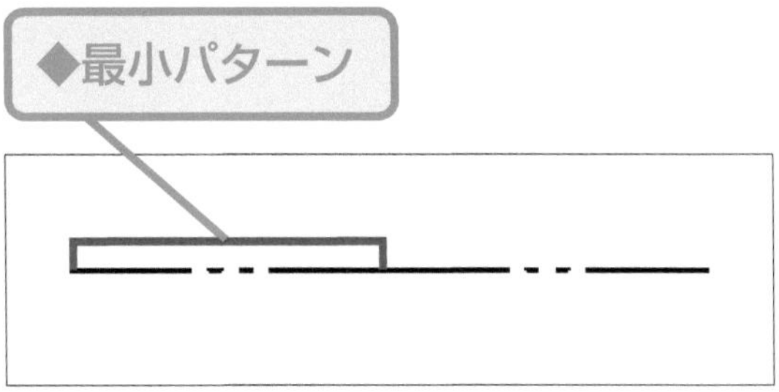

ピン留め

Windows 10で使用頻度の高いソフトウェアを起動するためのアイコンをタスクバーやスタートメニューに常に表示しておくことを指します。29ページのヒントでJw_cadをタスクバーにピン留めする手順を説明しています。

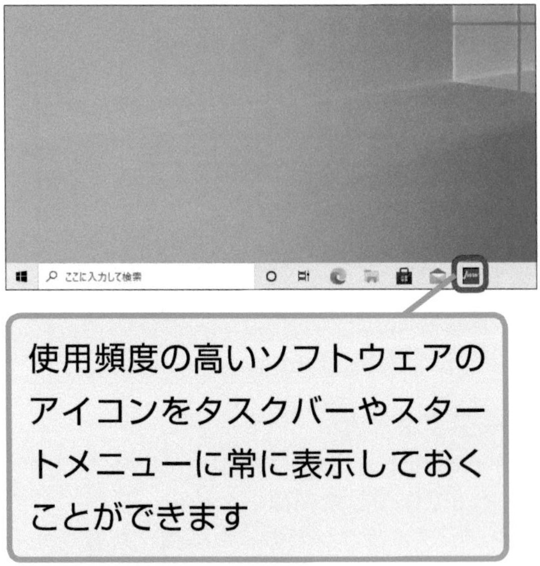

フォルダーツリー

ファイルを整理しておく入れ物であるフォルダーは、その中にさらにフォルダーを収録できます。その構造を枝分かれした図で表わしたものがフォルダーツリーです。エクスプローラーやJw_cadの［ファイル選択］ダイアログボックスの左側に表示されます。

➡エクスプローラー、ダイアログボックス

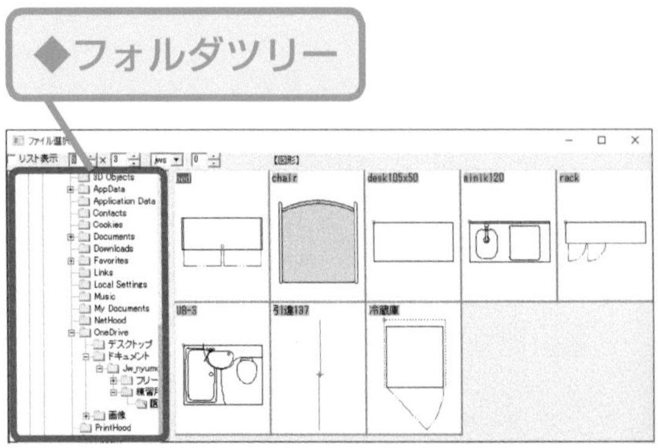

用語集

フォント

文字を画面表示、印刷する際の書体やそのための書体データを指します。Jw_cadでは［書込み文字種変更］ダイアログボックスでフォントを指定できます。

➡ダイアログボックス

◆［書込み文字種変更］ダイアログボックス

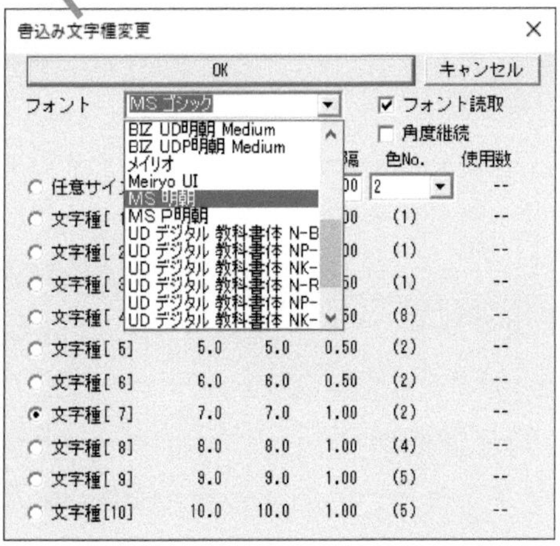

プレビュー

語源の「preview」には「試写する」などの意味があるように、パソコン画面上でも操作の確定前に確認のために仮に表示されることや、その姿を指してプレビューと呼びます。

プログラムファイル

23ページで起動したインストールプログラムのようにダブルクリックで起動するのがプログラムファイルです。Jw_cadはjw_win.exeという名前のプログラムファイルが起動します。Windowsも多くのプログラムファイルから成り立っています。プログラムファイルはユーザーが編集や移動・削除などをしてよいものではありません。正常稼働できなくなりますので、絶対にしないでください。

レイヤ

CADでは、複数の透明なシートに各部を描き分けてそれらを重ねて1枚の図面にすることもできます。そのシートに該当するのがレイヤです。超入門の本書では説明しませんが、Jw_cad右のツールバーに配置されたレイヤバーでレイヤのコントロールを行います。

◆レイヤバー

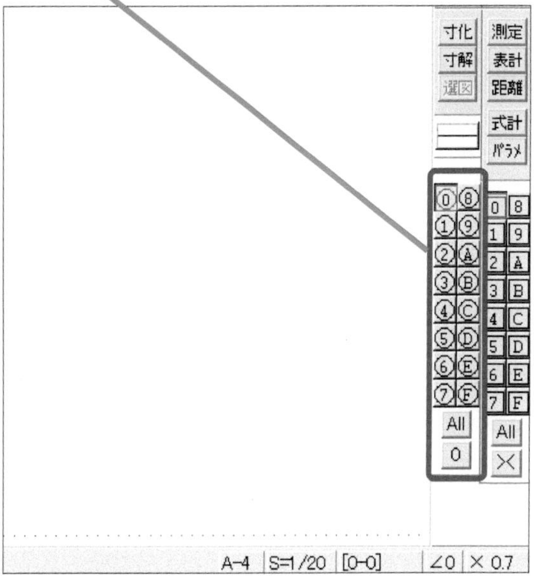

用語集

索　引

アルファベット

ア

カ

サ

索引

タ

ナ

ハ

索引

マ

ヤ

ラ

索引

できるサポートのご案内

無料サービス!

本書の記載内容について、無料で質問を受け付けております。受付方法は、電話、FAX、ホームページ、封書の4つです。「できるサポート」は「できるシリーズ」だけのサービスです。お気軽にご利用ください。なお、以下の質問内容はサポートの範囲外となります。あらかじめご了承ください。

サポート範囲外のケース

①**書籍の内容以外のご質問**（書籍に記載されていない手順や操作については回答できない場合があります）

②**対象外書籍のご質問**（裏表紙に書籍サポート番号がないできるシリーズ書籍は、サポートの範囲外です）

③**ハードウェアやソフトウェアの不具合に関するご質問**
（お客さまがお使いのパソコンやソフトウェア自体の不具合に関しては、適切な回答ができない場合があります）

④**インターネットやメール接続に関するご質問**（パソコンをインターネットに接続するための機器設定やメールの設定に関しては、ご利用のプロバイダーや接続事業者にお問い合わせください）

問い合わせ方法

電話　（受付時間：月曜日～金曜日　※土日祝休み　午前10時～午後6時まで）

0570-000-078

電話では、右記①～⑤の情報をお伺いします。なお、サポートサービスは無料ですが、通話料はお客さま負担となります。対応品質向上のため、通話を録音させていただくことをご了承ください。
また、午前中や休日明けは、お問い合わせが混み合う場合があります。
※一部の携帯電話やIP電話からはご利用いただけません

FAX　（受付時間：24時間）

0570-000-079

A4サイズの用紙に右記①～⑧までの情報を記入して送信してください。国際電話や携帯電話、一部のIP電話は利用できません。

ホームページ　（受付時間：24時間）

https://book.impress.co.jp/support/dekiru/

上記のURLにアクセスし、専用のフォームに質問事項をご記入ください。なお、お問い合わせの返信メールが届かない場合、迷惑メールフォルダーに仕分けされていないかをご確認ください。

封書

〒101-0051
東京都千代田区神田神保町一丁目105番地
株式会社インプレス　できるサポート質問受付係

封書の場合、右記①～⑦までの情報を記載してください。なお、封書の場合は郵便事情により、回答に数日かかる場合もあります。

受付時に確認させていただく主な内容

①**書籍名**
『できるゼロからはじめるJw_cad 8超入門』

②**書籍サポート番号→501120**
※本書の裏表紙（カバー）に記載されています。

③**質問内容（ページ数・レッスン番号）**

メモ欄

④**ご利用のパソコンメーカー、機種名、使用OS**

メモ欄

⑤**お客さまのお名前**
⑥**お客さまの電話番号**
⑦**ご住所**
⑧**FAX番号**
⑨**メールアドレス**

本書を読み終えた方へ

できるシリーズのご案内

シリーズ累計7500万部突破※1 ベストセラー 売上No.1※2

※1：当社調べ　※2：大手書店チェーン調べ

スマートフォン／タブレット 関連書籍

できるゼロからはじめる LINE超入門 iPhone&Android対応

高橋暁子＆
できるシリーズ編集部
定価：1,408円
(本体1,280円＋税10%)

メッセージやスタンプ、写真をやりとりする方法を丁寧に解説。トラブル解決インデックスで、知っておくと便利な機能だけでなく、困ったときに役立つ情報もわかる！

できるゼロからはじめる LINE&Instagram&Facebook&Twitter超入門

田口和裕・森嶋良子・
毛利勝久＆
できるシリーズ編集部
定価：1,518円
(本体1,380円＋税10%)

話題のインスタグラムから、定番のライン、フェイスブック、ツイッターまで、4つのSNSの利用登録と基本の使い方が1冊でわかる。いちばんやさしいSNS入門書！

できるゼロからはじめる Android スマートフォン超入門 改訂3版

法林岳之・清水理史＆
できるシリーズ編集部
定価：1,408円
(本体1,280円＋税10%)

戸惑いがちな基本設定を丁寧に解説！LINEなどの人気アプリや旅行などがもっと楽しくなるお薦めアプリもわかる。巻末には困ったときに役立つQ&Aも収録。

できるゼロからはじめる Android スマートフォン超入門 活用ガイドブック

法林岳之・清水理史＆
できるシリーズ編集部
定価：1,518円
(本体1,380円＋税10%)

「Androidスマホの基本はOK!」そんな人におすすめしたい一冊。定番アプリから楽しみ方が広がる注目アプリまで、一歩進んだ活用方法が満載!

できるゼロからはじめる iPad超入門 [改訂新版]

法林岳之・白根雅彦＆
できるシリーズ編集部
定価：1,408円
(本体1,280円＋税10%)

大きな画面と文字で読みやすい、いちばんやさしいiPadの入門書。全レッスンを動画でも公開しているので、iPadがすぐに使いこなせる。

できるゼロからはじめる iPhone 12/12 mini/SE 第2世代 超入門

法林岳之・白根雅彦＆
できるシリーズ編集部
定価：1,408円
(本体1,280円＋税10%)

iPhoneのいちばんやさしい解説書。大きな画面と大きな文字で操作手順を丁寧に解説しているので、iPhoneの使い方、楽しみ方がよくわかる。

Windows 関連書籍

できるゼロからはじめるパソコン超入門 ウィンドウズ 10対応 令和改訂版

法林岳之＆
できるシリーズ編集部
定価：1,100円
(本体1,000円＋税10%)

大きな画面と文字でいちばんやさしいパソコン入門書。操作に自信がなくても迷わず操作できる！一部レッスンは動画による解説にも対応。

できるWindows 10 2021年 改訂6版

特別版小冊子付き

法林岳之・一ケ谷兼乃・
清水理史＆
できるシリーズ編集部
定価：1,100円
(本体1,000円＋税10%)

最新Windows 10の使い方がよく分かる！流行のZoomの操作を学べる小冊子付き。無料電話サポート対応なので、分からない操作があっても安心。

読者アンケートにご協力ください！

https://book.impress.co.jp/books/1120101129

このたびは「できるシリーズ」をご購入いただき、ありがとうございます。
本書はWebサイトにおいて皆さまのご意見・ご感想を承っております。
気になったことやお気に召さなかった点、役に立った点など、
皆さまからのご意見・ご感想をお聞かせいただき、
今後の商品企画・制作に生かしていきたいと考えています。
お手数ですが以下の方法で読者アンケートにご回答ください。
ご協力いただいた方には抽選で毎月プレゼントをお送りします！

※プレゼントの内容については、「CLUB Impress」のWebサイト
（https://book.impress.co.jp/）をご確認ください。

ご意見・ご感想をお聞かせください！
できるもん
©インプレス

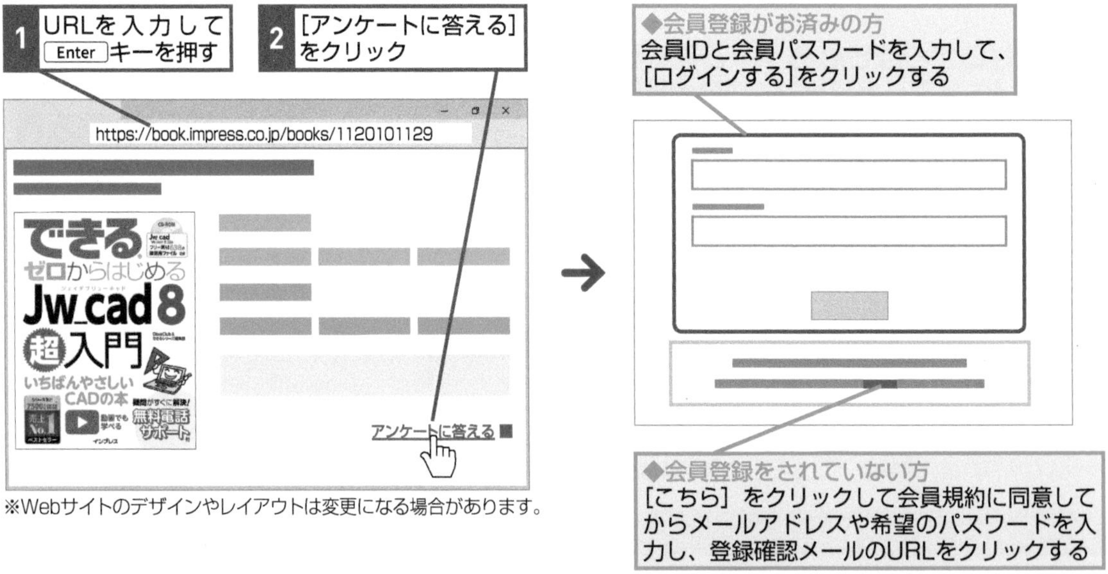
1 URLを入力して Enter キーを押す
2 [アンケートに答える]をクリック
https://book.impress.co.jp/books/1120101129
アンケートに答える
◆会員登録がお済みの方
会員IDと会員パスワードを入力して、[ログインする]をクリックする
◆会員登録をされていない方
[こちら] をクリックして会員規約に同意してからメールアドレスや希望のパスワードを入力し、登録確認メールのURLをクリックする

※Webサイトのデザインやレイアウトは変更になる場合があります。

本書のご感想をぜひお寄せください https://book.impress.co.jp/books/1120101129

「アンケートに答える」をクリックしてアンケートにご協力ください。アンケート回答者の中から、抽選で商品券（1万円分）や図書カード（1,000円分）などを毎月プレゼント。当選は賞品の発送をもって代えさせていただきます。はじめての方は、「CLUB Impress」へご登録（無料）いただく必要があります。

読者登録サービス CLUB Impress 登録カンタン 費用も無料！
アンケートやレビューでプレゼントが当たる！

■著者

ObraClub（オブラ クラブ）

設計業務におけるパソコンの有効利用をテーマとして活動。Jw_cadやSketchUpなどの解説書を執筆する傍ら、会員を対象にJw_cadに関するサポートや情報提供などを行っている。主な著作に『できる イラストで学ぶJw_cad』（インプレス刊）『はじめて学ぶJw_cad 8』『やさしく学ぶJw_cad 8』『CADを使って機械や木工や製品の図面をかきたい人のためのJw_cad8製図入門』『Jw_cadの「コレがしたい！」「アレができない！」をスッキリ解決する本』『Jw_cad 8 逆引きハンドブック』（エクスナレッジ刊）などがある。

STAFF

本文オリジナルデザイン	川戸明子
シリーズロゴデザイン	山岡デザイン事務所<yamaoka@mail.yama.co.jp>
カバーデザイン	阿部　修（G-Co.Inc.）
カバーイラスト	高橋結花
本文フォーマット&デザイン	町田有美
本文イメージイラスト	ケン・サイトー
本文イラスト	松原ふみこ・福地祐子
DTP制作	町田有美・田中麻衣子
デザイン制作室	今津幸弘<imazu@impress.co.jp>
	鈴木　薫<suzu-kao@impress.co.jp>
制作担当デスク	柏倉真理子<kasiwa-m@impress.co.jp>
編集制作	高木大地
デスク	進藤　寛<shindo@impress.co.jp>
編集長	藤原泰之<fujiwara@impress.co.jp>
オリジナルコンセプト	山下憲治

■商品に関する問い合わせ先

このたびは弊社商品をご購入いただきありがとうございます。本書の内容などに関するお問い合わせは、下記のURLまたは二次元バーコードにある問い合わせフォームからお送りください。

https://book.impress.co.jp/info/

上記フォームがご利用いただけない場合のメールでの問い合わせ先

info@impress.co.jp

※お問い合わせの際は、書名、ISBN、お名前、お電話番号、メールアドレス に加えて、「該当するページ」と「具体的なご質問内容」「お使いの動作環境」を必ずご明記ください。なお、本書の範囲を超えるご質問にはお答えできないのでご了承ください。

●電話やFAXでのご質問は、236ページの「できるサポートのご案内」をご確認ください。また、封書でのお問い合わせは回答までに日数をいただく場合があります。あらかじめご了承ください。
●インプレスブックスの本書情報ページ https://book.impress.co.jp/books/1120101129 では、本書のサポート情報や正誤表・訂正情報などを提供しています。あわせてご確認ください。
●本書の奥付に記載されている初版発行日から3年が経過した場合、もしくは本書で紹介している製品やサービスについて提供会社によるサポートが終了した場合はご質問にお答えできない場合があります。

■落丁・乱丁本などの問い合わせ先

FAX　03-6837-5023
service@impress.co.jp
※古書店で購入された商品はお取り替えできません。

できるゼロからはじめるJw_cad（ジェイダブリューキャド） 8超入門（ちょうにゅうもん）

2021年4月1日　初版発行
2024年9月21日　第1版第5刷発行

著　者　ObraClub &（オブラクラブ アンド）できるシリーズ編集部（へんしゅうぶ）

発行人　小川 亨

編集人　高橋隆志

発行所　株式会社インプレス
〒101-0051　東京都千代田区神田神保町一丁目105番地
ホームページ　https://book.impress.co.jp/

印刷所　株式会社ウイル・コーポレーション
ISBN978-4-295-01120-0 C3055
Printed in Japan